PAUL FINSLER

AUFSÄTZE ZUR MENGENLEHRE

PAUL FINSLER

AUFSÄTZE ZUR MENGENLEHRE

Herausgegeben von
GEORG UNGER

1975

WISSENSCHAFTLICHE BUCHGESELLSCHAFT
DARMSTADT

ω Bestellnummer 6307

© 1975 by Wissenschaftliche Buchgesellschaft, Darmstadt
Druck und Einband: Wissenschaftliche Buchgesellschaft, Darmstadt
Printed in Germany

ISBN 3-534-06307-4

INHALT

GELEITWORT

Der vorliegende Band enthält die mengentheoretischen Schriften Finslers. Die Sammlung hat den Zweck, diese in vielen Zeitschriften zerstreuten Arbeiten dem mathematisch interessierten Publikum leichter zugänglich zu machen.

Die Mengenlehre war für Finsler nach Cantorschem Vorbild das Fundament der Mathematik. Um die nach dem Bekanntwerden der mengentheoretischen Paradoxien eingetretene Lage zu klären, holte Finsler zu einer Revision der Cantorschen Lehre aus. Die wichtigsten Arbeiten dazu sind ›Formale Beweise und die Entscheidbarkeit‹ (1926), ›Ueber die Grundlegung der Mengenlehre‹ Teil I (1926), Teil II (1964). Im Gegensatz zu anderen, berühmten Versuchen, die sogenannte Grundlagenkrise zu überwinden (etwa dem Brouwerschen Intuitionismus, dem Hilbertschen Formalismus oder dem Logizismus Russells) ist die Theorie Finslers nicht zu Anerkennung gelangt. Ein Grund dafür ist, daß Finsler nicht lediglich die Gangbarkeit seines Lösungsweges behauptet hat, sondern auch mit Nachdruck die Ansicht vertrat, daß es sich dabei um den *einzigen* gangbaren Weg handle.

Für Finsler ist die „Substanz" der Mathematik, nämlich Dinge und Relationen zwischen ihnen, in einem wesentlichen Sinne unproblematisch; sie liegt in einer gewissen gegenständlichen Art und Weise vor und kann im Denken erfaßt werden. Sachverhalte können durch hinreichendes Bemühen insbesondere „richtig" erkannt werden. Am Vorhandensein einer einzigen („absoluten") Logik als Garanten für „richtiges" Denken hat Finsler nie gezweifelt. Absolute Logik reicht soweit, wie die Sätze der Identität, des Widerspruchs, des ausgeschlossenen Dritten. Existent ist in der Mathematik alles, was innerhalb der absoluten Logik gedacht werden kann. Möglich sein und existieren ist dasselbe. Begriffe wie „wahr" oder „Widerspruch" sind Grundbegriffe. Die Sprache ist dem Denken nützlich, im besonderen sind Formeln und Formalismen in der Mathematik sehr nützlich, bleiben aber bloßes Hilfsmittel. Finsler war entschiedener Gegner einer jeden Haltung, die sich *grundsätzlich* auf Formalismen stützen muß; Formales in diesem Sinne wurde von ihm als eine Art „Papiermathematik" verachtet.

Diese Annahmen haben sich als Arbeitshypothesen für den schöpferischen Mathematiker als äußerst fruchtbar erwiesen. Daß sie sich auch in einer Grundlegung aufrechterhalten lassen, hat Finsler in knapper Form darzulegen versucht. (Lange, schwierige Gedankengänge sind oft in wenige Sätze zusammengefaßt.) Die axiomatische Mengenlehre, die sich auf objektive mathematische Gegenständlichkeiten bezieht, die begrifflich faszinierende Idee der zirkelfreien Mengen, der ganze Finslersche Ansatz zur Grundlegung der Mathematik verdienen ausführlich untersucht zu werden.

Es sei noch erwähnt, daß die Arbeit ›Totalendliche Mengen‹ sich nicht auf die Grundlagenproblematik bezieht, sondern eine originelle Verallgemeinerung des Begriffs der natürlichen Zahl behandelt. Für eine Weiterführung dieser Theorie, sowie für weitere Literaturangaben sehe man ›Der Satz von der Zerlegung Finslerscher Zahlen in Primfaktoren‹ von G. Mazzola (Math. Ann. 195 [1972] 227—244) sowie ›Diophantische Gleichungen und die universelle Eigenschaft Finslerscher Zahlen‹ desselben Autors (Math. Ann. 202, (1973) 137—148).

Herbert Gross

NACHRUF

Paul Finsler †

Am 29. April 1970 hat die mathematische Welt einen bedeutenden Forscher und großen Lehrer verloren. Paul Finsler wurde am 1. April 1894 in Heilbronn geboren und entstammte einer alten Zürcher Familie. Zu seinen Vorfahren gehört Joh. Caspar Lavater.

Große Berühmtheit in der mathematischen Fachwelt erlangte Finsler mit seiner Dissertation über Kurven und Flächen in allgemeinen Räumen im Jahre 1918, die er unter der Leitung von Carathéodory in Göttingen schrieb. Wegen ihrer Bedeutung — es ist seither eine große Literatur über Finslersche Räume entstanden — ist die Arbeit 1951 von Birkhäuser in Basel als unveränderter Neudruck herausgegeben worden. Von Göttingen kam P. Finsler 1922 als Privatdozent nach Köln, und 1927 wurde er außerordentlicher Professor an der Universität seiner Heimatstadt Zürich. Von 1944 bis zu seiner Pensionierung im Jahre 1959 war er Ordinarius für Mathematik in Zürich. Während seiner letzten Jahre hat Professor Finsler rege am mathematisch-philosophischen Seminar der Universität Zürich teilgenommen. Seine letzten mathematischen Ideen zur Graphentheorie erwiesen sich als äußerst anregend, wie zahlreiche zur Zeit in Entstehung begriffene Untersuchungen zeigen. Zu den hauptsächlichsten mathematischen Interessen Finslers gehörten Geometrie, Grundlegung der Mathematik, elementare Zahlentheorie und Wahrscheinlichkeitsrechnung. Zu allen diesen Gebieten erschienen regelmäßig seine Publikationen.

Finsler verfügte in gleichem Maße über große logische Schärfe, rechnerische Fähigkeit und einen feinen Humor. Es war ein Erlebnis, als Mathematikstudent bei ihm Vorlesungen zu hören. Sein Stil erinnerte an die tiefen und witzigen Ausführungen Freges. Das wertvollste, das Finsler vielen seiner Schüler mitgegeben hat, ist ein großes Vertrauen in die Fähigkeiten menschlicher Vernunft und ein Mißtrauen jedem mathematischen Formalismus gegenüber, der vorgibt, mehr zu sein als eine Kurzschrift, in der mathematische *Gedanken* und Vorstellungen zum Ausdruck gebracht werden können.

Im Gegensatz zu seinen geometrischen Arbeiten haben ihm seine logischen Untersuchungen wenig Anerkennung eingetragen; und darunter hat Finsler gelitten. (Auch hier möchte man an Freges logische Untersuchungen denken, deren Bedeutung nach einem halb scherzhaften Russellschen Wort erst von Russell entdeckt worden ist.) Ein Grund für das Ausbleiben einer fruchtbaren Diskussion der Finslerschen Ansätze zu einer widerspruchsfreien Begründung der Mathematik lag wohl in dem « Ärgernis », das die von Finsler gewählte Terminologie bei seinen Fachkollegen stets darstellte, eine merkwürdige Ausdrucksweise, von der abzuweichen er nie bereit war.

1924 entdeckte Finsler in Bonn seinen ersten Kometen, 1937 in Zürich den nach ihm benannten zweiten Kometen. Astronomie war bis zu seinem Tode eine Lieblingsbeschäftigung.

Einiges Aufsehen und wohl viele Mißverständnisse hatte Finslers Schrift « Vom Leben nach dem Tode » zur Folge, die 1958 als 121. Neujahrsblatt zum Besten des Waisenhauses in Zürich erschienen ist. Untersucht werden in dieser Abhandlung Fragen nach dem ewigen Leben, Geburt und Tod, Einzelseele und Weltseele. Die von Finsler aufgestellte und abgehandelte Hypothese lautet: Ein jeder Mensch hat das Leben eines jeden Menschen zu durchlaufen. Beim aufmerksamen Lesen der Finslerschen Schrift stellt man fest, daß ihr Anliegen ein moralisches ist. Von einer « Jenseitsbezogenheit » fehlt nicht nur jegliche Spur, vielmehr gibt es nach Finsler überhaupt nur « dieses Leben »: Eine Flucht aus dieser Welt gibt es nicht. So wie wir die Erde gestalten, werden wir auf ihr leben.

Finsler war besorgt über den Gang der Weltgeschichte und das mangelnde Bewußtsein darüber, daß wir unser Geschick selbst bestimmen.

Finsler war ein scharfsinniger Philosoph; mathematisches Denken war für ihn eine natürliche Grundlage des Lebens. Nicht im Wahrheitsuchen lag für ihn ein Glück; nur im Finden der Wahrheit erwartete er Glück und Freiheit.

Herbert Gross

[Dieser Nachruf erschien in El. Math. 26, 19—21 (1971).]

VORWORT DES HERAUSGEBERS

Die vorgelegte Sammlung von Schriften zur Mengenlehre von PAUL FINSLER soll als Quellenwerk für das Studium der Grundlegung im Sinn einer nicht formalisierten Axiomatik dienen. Der Vollständigkeit halber waren einzuschließen: die Arbeiten *11** ›Eine transfinite Folge arithmetischer Operationen‹ und *17* ›Zur Goldbachschen Vermutung‹, wie auch *12* ›Über die Berechtigung infinitesimal geometrischer Betrachtungen‹; und zwar wegen ihres wesentlich mengentheoretischen Inhaltes.

Bei der Herausgabe sollte an den von FINSLER veröffentlichten Formulierungen grundsätzlich nichts geändert werden. Es kommen Korrekturen in Betracht:

a) bei den seltenen, stehengebliebenen Druckfehlern,
b) bei Stellen, zu denen sich in den nachgelassenen Papieren Korrekturen von der Hand FINSLERS fanden,
c) der Fall einer vom Autor selbst stammenden Berichtigung (*6* S. 540) eines Versehens.

Es wird nun in der vorliegenden Ausgabe so verfahren, daß durch *Marginalziffern* auf den Anhang verwiesen wird, in welchem sich die Korrekturen, eventuelle Änderungen und wichtige Verweise wie auch ein vollständiges Schriftenverzeichnis finden.

Die folgenden Bemerkungen wollen mit wenigen Worten in die Eigenart der FINSLERschen Begriffsbildung einführen und erheben nicht den Anspruch, eine Erklärung oder Rechtfertigung zu sein. Bereits in der Antrittsvorlesung von 1923, publiziert 1925, ist das Programm der ganzen späteren Arbeit dargelegt. Nach Besprechung der in der kurz referierten Geschichte der Grundlagenforschung aufgetretenen Widersprüche und der wichtigsten Versuche (nach POINCARE, RUSSELL, BROUWER und HILBERT), die Schwierigkeiten aufzuklären oder zu vermeiden, nimmt FINSLER sich vor, zunächst die Widersprüche „wirklich" aufzuklären. Er hat dabei das Ziel: ist dies einmal mit Hilfe der „absoluten Logik" (siehe S. XII) gelungen, so ist der Weg für einen zweiten Schritt frei. „Zu einer vollen Erledigung der behandelten Fragen gehört nicht nur das Aufweisen von Fehlschlüssen, sondern man muß auch zeigen, wie man diese vermeiden kann, wie man insbesondere zu einer brauchbaren und widerspruchsfreien Mengenlehre gelangen kann." (*1* S. 153). Es wird auf die reinen Mengen und eine axiomatische, nicht „inhaltliche" Definition in dieser Grundlegung hingewiesen und daß

---

* Die kursiven Ziffern weisen auf die hier chronologisch numerierten Arbeiten FINSLERS hin. Seitenzahlnennungen (im Vorwort und im Anhang) ohne nähere Angabe beziehen sich auf die vorliegende Veröffentlichung (laufende Paginierung am Außenrand). Ziffern in [ ] verweisen auf die Literatur zum Vorwort, S. 240.

die Unterscheidung zwischen zirkelfreien und zirkelhaften Mengen einen Aufbau ohne Paradoxien erlauben wird; programmatisch die bis in die letzten Arbeiten festgehaltene philosophische Grundauffassung: „Auf jeden Fall aber, glaube ich, steht das Ergebnis fest, daß alle Widersprüche tatsächlich nur scheinbar sind; die Mathematik als solche ist widerspruchsfrei, es gibt noch eine Wissenschaft, in der nichts gilt als die reine Wahrheit" (*1* S. 155).

Kein Mathematiker bestreitet, daß man zu einer Begründung, wie immer sie vorgenommen wird, im metamathematischen Bereich d e n k e n muß. FINSLER ist nun der Auffassung, daß man mit diesem natürlichen Denken zu einer durchschaubaren, n i c h t   f o r m a l i s i e r t e n Axiomatik der Mengen fortschreiten kann — allerdings erst nach Aufklärung der Paradoxien. Er formuliert selber (*8* S. 88) in ›Die Existenz der Zahlenreihe und des Kontinuums‹:

„1. Wer die Paradoxien und Antinomien der Logik und Mengenlehre nicht lösen kann (oder sie gar für unlösbar hält), der kann auch keine Kritik üben, denn mit einer Antinomie kann man alles beweisen, also auch alles widerlegen.
2. Wer die Antinomien in richtiger Weise lösen kann, der weiß, daß die reine (absolute) Logik einen sicheren Grund darstellt, auf dem man aufbauen kann. Ein System von Formeln als „schärfer" zu betrachten, ist ein Irrtum; Formeln allein genügen nicht, um die Antinomien auszuschließen, dies kann nur der Gedanke tun, der darüber steht und der sich auf die Logik stützt.
3. Die endliche, aber nicht beschränkte Induktion als gegeben anzunehmen, wäre eine petitio principii; nur Finites zuzulassen, eine Einschränkung. Die Mathematik ist mehr als ein Handwerk oder ein Schachspiel. Auch transfinite Widersprüche müssen ausgeschlossen werden."

Die frühe Axiomatik HILBERTS bietet in der Tat ein gutes Beispiel für die Strukturuntersuchung eines Gebietes auf nicht formalisierte Weise. Dabei ist die implizite Definition der Grundbegriffe ein wichtiges Hilfsmittel. Denn es ist ein bedeutender Schritt der durch HILBERT eingeleiteten modernen Axiomatik, daß man die Begriffe n u r   i m p l i z i t   d e f i n i e r t.

FINSLER findet für die Auflösung der Paradoxien die beiden folgenden Quellen von Widersprüchen:
(1) einen Verstoß gegen den Satz des Widerspruches, indem (verdeckt) A und non-A postuliert werden,
(2) den unerfüllbaren Zirkel.

Ein Beispiel für (1) ist eine Zahl, die zugleich auf einer Tafel stehen und nicht auf ihr stehen soll. Ein Beispiel für (2) ist die bekannte „Menge der sich nicht selbst enthaltenden Mengen". In dem Aufbau mit Hilfe des natürlichen Denkens legt das zweite Beispiel nahe, daß nicht jede Klasse von Mengen selbst eine Menge im axiomatischen Sinn bildet. Als FINSLER seine Grundlegung schrieb, war der Unterschied zwischen Klasse und Menge noch nicht Gemeingut. BOURBAKI ([1] S. 47) sagt: „Um die paradoxen Mengen zu vermeiden, hatte letzterer [Cantor] in seiner Korrespondenz mit DEDEKIND schon vorgeschlagen, zwei Arten von ‚Mengen' zu unterscheiden: die ‚Vielheiten' und die eigentlichen ‚Mengen', wobei die zweiten sich dadurch charakterisieren lassen, daß sie als ein einziges Objekt gedacht werden können. Diesen Gedanken präzisiert VON NEUMANN und unterscheidet zwei Typen von Objekten: die ‚Mengen' und die ‚Klassen'. In seinem (fast vollständig formalisierten) System unterscheiden die Klassen sich darin von den Mengen, daß sie nicht links von ε stehen können." FINSLER formalisiert den Unterschied zwischen System und Menge nicht und spricht auch kein Verbot gegen zirkelhafte Mengen aus.

Der Neuaufbau FINSLERS setzt sich ein anderes Ziel als beispielsweise die Axiomatiken von ZERMELO-FRAENKEL und von VON NEUMANN. Die Formalisierung wird soweit als möglich vermieden. Es werden nicht verschiedene symbolische Operationen mit Zeichen postuliert, sondern allein die Grundbeziehung β zwischen den undefinierten Grundelementen, den „Mengen".

Natürlich bildet eine jede Axiomatik die Grundbeziehungen gewissen intuitiven Begriffen nach. In diesem Sinn sind FINSLERS Grundelemente, die reinen Mengen, nichts anderes als S t r u k t u r e n, wie man leicht an den elementaren Beispielen und ihren graphischen Darstellungen (Nullmenge, die ersten Kardinal- und Ordinalzahlen) erkennt. (Vgl. die Figuren weiter unten.)

Die drei Axiome FINSLERS beschreiben:
1. die β-Relation,
2. die Isomorphie,
3. die Vollständigkeit oder Nichterweiterbarkeit des Systems der betrachteten axiomatischen Mengen.

Wir betrachten sie der Reihe nach, vor allem im Hinblick auf die charakteristischen Verständnisschwierigkeiten, die sich ihnen entgegenstellen können.

1. FINSLER hält sich strikte daran, daß zwar Mengen ihre Elemente determinieren müssen, um bestimmt zu sein, daß man aber nicht aus Elementen ohne weiteres Mengen bilden kann. Das führt ihn dazu, den Unterschied zwischen $A\varepsilon M$ und $M\beta A$ fast pedantisch zu betonen und gelegentlich nicht ohne Schärfe hervorzuheben. Primär ist also die Menge M, als axiomatisch geregelte Beziehung zu anderen Mengen (oder als Nullmenge zu keiner); für die Existenz von M ist es unerheblich, in welchen anderen Mengen M vorkommen mag, aber entscheidend, zu welchen Mengen sie in der β-Beziehung steht. Man kann sich leicht die Eigenschaften dieser Beziehung, die nichts anderes sein soll als eine unsymmetrische Relation, an der Pfeildarstellung veranschaulichen; an ihr läßt sich auch die Unverfänglichkeit einer Menge $J = \{J\}$ einsehen.

$$0 = \{\ \} \qquad 1 = \{0\} \qquad 2 = \{1\} \qquad 2 = \{1, 0\} \qquad J = \{J\}$$

Selbstverständlich bringt der Verzicht darauf, daß jeder Gesamtheit von axiomatischen Mengen eine solche entsprechen soll, eine „Beweislast" mit sich. Das führt zum Einwand, daß diese Mengenlehre keine irgendwie abgeschlossene Theorie sein könne. Ein eventueller Widerspruchsfreiheitsbeweis könne gar nicht „alle" denkbaren Mengen umfassen, denn sie müssen ja einzeln geprüft werden; daher leiste sie nicht, was mit der Axiomatisierung angestrebt ist. — Der Einwand besteht solange zu Recht, als nicht für gewisse Teilbereiche (die zirkelfreien Mengen; siehe unten) weitergehende Aussagen gemacht werden können.

2. Um Mengen von gleicher Struktur isomorph nennen zu können, braucht es den Begriff des Mengensystems (siehe oben, S. XII: Gegensatz von Menge und Klasse). Ich möchte sagen: Soweit das überhaupt möglich ist, repräsentiert das „System von Mengen" die CANTORsche Idee der naiven Menge (Inbegriff, Zusammenfassung, wohldefinierte Gesamtheit). — Mehr nebenbei unterscheidet FINSLER noch die „Gesamtheit" (= die vielen einzelnen Elemente) von der „Zusammenfassung" oder dem System (insofern man die vielen als Eines denkt). Diese Unterscheidung ist in der Tat für FINSLER sekundär, weil er sich vornimmt, die „Existenz" einer (axiomatischen) Menge jedesmal durch den Nachweis ihrer Widerspruchsfreiheit zu sichern. Dann darf in manchen Fällen offenbleiben, ob man die wohldefinierten vielen Dinge, die dennoch keine Menge bilden, wirklich als Einheit denken kann oder nicht, da sie nicht Objekte der Theorie sind.

Jedenfalls sind die nicht weiter fixierbaren Begriffsbildungen der Metamathematik unbedenklich, solange sie nicht Anlaß zu neuen Antinomien geben. Das tun sie nicht, wenn man „Systeme" nicht wieder ungeprüft als Mengen ansieht oder zu Elementen neuer „Mengen" macht.

Die Struktur einer Menge drückt sich natürlicherweise aus in den β-Beziehungen der Menge M zu ihren Elementen, von diesen wieder zu ihren Elementen usw.; sie wird durch die folgenden Begriffsbildungen — o h n e das rekursive „usw." — gefaßt. Ein v o l l s t ä n d i g e s System ist eines, das mit einer jeden Menge auch deren Elemente enthält. Mengen, die in allen eine Menge M enthaltenden vollständigen Systemen vorkommen, heißen i n M w e s e n t l i c h. Es sei Σ_M das System der in M wesentlichen Mengen. Nun läßt sich die Isomorphie zweier Mengen M, M' festlegen; wenn nämlich ihre Systeme Σ_M und $\Sigma_{M'}$ (der in ihnen wesentlichen Mengen) in geeigneter Weise beziehungstreu aufeinander bezogen sind (4 S. 694).

Indem Axiom II die Identität isomorpher Mengen fordert, ist FINSLERS Mengenlehre „ m i n i m a l". (Jede Struktur ist nur einmal vertreten.)

3. Vermöge des Axiom III ist diese Mengenlehre „ m a x i m a l" in einem anderen Sinn: Die Vereinigung Σ aller Systeme von Mengen, die I und II genügen, soll das größtmögliche System sein, welches den Axiomen I und II genügt. — Das führt zur FINSLERschen Auffassung der Widerspruchsfreiheit. Diese ist im absoluten Sinn gemeint. Sie ist es, die dem formalistisch Geschulten bedenklich erscheint.

Zunächst sei bemerkt, daß hier die Widerspruchsfreiheit in zwei Aspekten auftaucht. Der erste ist der in der Axiomatik geläufige. Er wird auch bei formalisierten Systemen metamathematisch so gedacht. In diesem Sinn heißt es (4 S. 698): „Es ist aber noch zu zeigen, daß auch wirklich ein System Σ existiert, welches allen Forderungen genügt, mit anderen Worten, daß das

Axiomensystem selbst keinen Widerspruch enthält." — Der andere Aspekt berührt die Grundvoraussetzung des FINSLERschen Denkens: es werden nur solche Objekte betrachtet, welche „existieren", d. h. welche widerspruchsios denkbar sind.* Das steht im Einklang mit der oben als „Beweislast" bezeichneten Bürde, daß von Systemen zu beweisen ist, wenn ihnen axiomatische Mengen entsprechen. Es dürfte nicht überflüssig sein, dies zu betonen, weil die wenigen Zeilen (!) der ›Grundlegung‹, in denen Widerspruchsfreiheit, Vollständigkeit und Unabhängigkeit der Axiome behandelt werden, das formidable Problem anscheinend leichtnehmen. Hierin dürfte der Hauptgrund für die Ablehnung liegen, die die ›Grundlegung‹ bei ihrem Erscheinen gefunden hat. Die formelle Entwicklung der Axiomatik hatte ja den Weg genommen, daß sie uns den von Fall zu Fall zu leistenden Nachweis der Existenz (im Sinne von Widerspruchsfreiheit) der geforderten Dinge ein für allemal ersparen will und daher die volle Bürde schon beim Widerspruchsfreiheitsbeweis des Axiom-Systems zu tragen hat. Bei FINSLER wäre ohne das Kapitel III der ›Grundlegung‹, ›Die Bildung von Mengen‹, der genannte Beweis ohne Konsequenz und der oben formulierte Einwand (S. XIII, XIV) bliebe den einzelnen Mengen gegenüber gültig.

Der Beweis in § 11 der ›Grundlegung‹ beruht nun auf dem Gedanken eines Systems Σ „als Vereinigung a l l e r überhaupt möglichen Systeme Σ_A, in denen die Axiome I und II gelten. Von allen diesen Systemen zu sprechen, bedeutet keinen Zirkel, da es sich nur um Systeme von Mengen, nicht um Systeme von Systemen handelt. Die Vereinigung kann genau in der in § 9 angegebenen Weise vollzogen werden" (4 S. 698).

Entscheidend dafür, daß man der Argumentation des FINSLERschen Beweises folgen kann, ist, d a ß m a n e s f ü r m ö g l i c h h ä l t , v o n a l l e n D i n g e n (und nur von ihnen) z u s p r e c h e n , w e l c h e o h n e W i d e r s p r u c h m i t d e n A x i o m e n I u n d II v e r t r ä g l i c h s i n d . Die Skepsis im Gefolge der Grundlagenkrise führt zur latenten Frage, ob nicht die e i n z e l n mit I und II verträglichen Dinge nicht doch u n t e r e i n a n d e r Widersprüche enthalten, wenn man versucht, sie koexistent zu denken; Widersprüche, die zunächst verborgen sind. Ich interpretiere FINSLER so, daß er überhaupt nur von denjenigen Dingen spricht, die nicht nur I und II erfüllen, sondern auch untereinander widerspruchslos sind. Die Frage, ob ein solches System dem menschlichen Geist zugänglich ist, beantwortet sich praktisch durch das Aufweisen der Nullmenge und anderer elementarer Strukturen, welche als Beispiele dienen. Sie sind gewiß im Vereinigungssystem der mit I und II u n d u n t e r e i n a n d e r verträglichen Dinge vorhanden. Dieses ist somit nicht leer.

Die unmittelbar nach dem Beweis (§ 11) behandelten Einwände nehmen Wesentliches an später von anderen Vorgebrachtem vorweg. Man kann zum Beispiel nicht einfach ein neues Ding „adjungieren" und damit Axiom III zu widerlegen suchen. (Ein neues Ding ist „neu" nur, wenn es keinem der

---

* Darauf bezieht sich auch die Änderung von der Hand FINSLERS auf (4 S. 690).

I und II genügenden Systeme angehört und kann nicht mit Σ doch ein solches System bilden, wie durch eine Adjunktion gefordert würde [siehe *4* S. 700].)

In dem Kapitel ›Die Bildung von Mengen‹, auf das schon hingedeutet wurde, findet sich zum zweiten Mal die „Ausnützung einer Paradoxie" für den neuen Aufbau der Mengenlehre. Die erste war: Die Notwendigkeit, den Unterschied zwischen Menge und System zu machen, wird belegt durch das (wohlbestimmte!) System der sich nicht selbst enthaltenden Mengen, dem keine Menge entsprechen kann. Die zweite Ausnützung betrifft das „Prinzip des circulus vitiosus". („Ein Element, dessen Definition die Gesamtheit der Elemente einer Menge umschließt, kann selbst nicht zu dieser Menge gehören." Zitiert nach [1] N. BOURBAKI aus [2] B. RUSSELL und A. N. WHITEHEAD: Principia Mathematica.) Im Unterschied zu dem hier ausgesprochenen Verbot wird die (natürlich zirkelhafte!) Gesamtheit der zirkelfreien Mengen gedacht. Im Bereich der zirkelfreien Mengen wird man dann unbedenklich operieren dürfen, ähnlich wie es im Anfang der naiven Mengenlehre geschah. „Gefährliche" Bildungen werden dann einfach zu Mengen führen, die nicht zirkelfrei sind, aber nicht Widersprüche erzeugen. Damit erübrigt sich das Verbot. Das Hauptgewicht liegt hier darauf, daß für ein Teilsystem des Systems aller Mengen nachgewiesen werden kann, daß in ihm die Mengenbildung unbeschränkt möglich ist und daß es weit genug ist, die natürlichen Zahlen und das Kontinuum, kurz die Grundlage der Analysis zu umfassen. Es wird nicht überraschen, daß den beiden genannten Systemen (von allen Mengen und von den zirkelfreien Mengen) sogar Mengen entsprechen. Die Widersprüche der naiven Mengenlehre treten nicht auf, weil z. B. dem System der Teilmengen der Menge aller Mengen nicht a priori eine Menge entsprechen muß, so daß die Paradoxie einer größten Kardinalzahl, zu der die der Menge aller Teilmengen eine größere wäre, nicht auftreten kann. Zirkelhafte Bildungen unter den Elementen der Menge aller zirkelfreien Mengen sind denkbar und führen eben nicht mehr zu zirkelfreien Mengen. — Die Axiome ZERMELOS werden als erfüllt im Bereich der zirkelfreien Mengen nachgewiesen und dadurch die Widerspruchsfreiheit dieses Axiomensystems gezeigt.

Damit schließe ich die Bemerkungen, welche sich bewußt allein auf die ›Grundlegung‹ und die sie vorbereitenden Arbeiten beziehen, um die metamathematische Stärke der Auffassung von FINSLER sichtbar zu machen, die eine gradlinige Fortführung der frühen HILBERTschen Axiomatik ist. Auch wer den philosophischen Standpunkt von FINSLER nicht teilt, wird wohl Bewunderung hegen für Gedanken wie den der so geistvollen zirkelhaften Begründung der „zirkelfreien Menge".

Georg Unger

1. GIBT ES WIDERSPRÜCHE IN DER MATHEMATIK? [1]

Verehrte Anwesende! Kann es in der Mathematik Widersprüche geben? *Unlösbare* Widersprüche? Ist nicht in dieser, der exaktesten der Wissenschaften, jeder Satz *entweder richtig oder falsch,* ganz unabhängig von allen persönlichen Ansichten oder Anschauungen oder von sonstigen Einflüssen? Ist es da möglich, daß man einen Satz *beweisen* kann und gleichzeitig auch sein *Gegenteil?* |

Manchem mögen diese Fragen überflüssig scheinen. In der Tat steht die Mathematik schon seit alters her vielfach in dem Ruf *absoluter Wahrheit, unanfechtbarer Richtigkeit.* Abgesehen wird dabei freilich von bloßen Fehlschlüssen, von Irrtümern oder Rechenfehlern, die zwar dem einzelnen passieren können, die sich aber doch bei genügender Aufmerksamkeit vermeiden lassen. Daß man aber zu Widersprüchen gelangt, *ohne* einen Fehlschluß begangen zu haben, das muß doch als ausgeschlossen erscheinen.

Und doch! Selbst diese innere Widerspruchslosigkeit der Mathematik wurde schon in Zweifel gezogen.

Schon im Altertum glaubte Zeno in der Lehre von der Bewegung wirkliche Widersprüche aufweisen und damit diese Wissenschaft ad absurdum führen zu können. Die Argumente, die er gab, waren anschauliche Einkleidungen von rein mathematischen Fragen, und sie waren in der damaligen Zeit wohl geeignet, ernsthafte Bedenken hervorzurufen. Heute jedoch, wo wir die scharfen Begriffe der Konvergenz und der Stetigkeit besitzen, können diese Dinge mathematisch als vollständig geklärt betrachtet werden.

In späterer Zeit, besonders als nach der Erfindung der Infinitesimalrechnung die Mathematik einen neuen Aufschwung nahm, da kümmerte man sich weniger um die strenge Begründung derselben. Es galt vor allem, Resultate zu erhalten; ob dann der Weg, auf dem man sie erhielt, ganz einwandfrei war, das war von geringerer Bedeutung.

So kam es, daß man, ohne es zunächst zu merken, tatsächliche Fehlschlüsse beging, und wenn man dabei doch zu richtigen Resultaten gelangte, so hatte man dies mehr einem sicheren Gefühl, das einen leitete, zu verdanken.

Als sich dann aber die begangenen Fehlschlüsse doch als solche herausstellten, da machte sich das Bedürfnis nach einem festen Aufbau der gesamten Mathematik geltend, der die größtmögliche Sicherheit gegen irgendwelche Irrtümer bieten sollte.

Aber, als man eben glaubte, dieses Ziel erreicht zu haben, und als sich weiter schon herausgestellt hatte, daß man auch mit dem Unendlichen, d. h. mit Mengen von unendlich vielen Dingen, in eindeutiger Weise rechnen

---

[1] Antrittsvorlesung an der Universität Köln 1923.

kann, da stieß man auf einige sonderbare Widersprüche, die das ganze Fundament bedrohten und die bis heute noch keine allgemein anerkannte Erklärung gefunden haben.

Mit diesen *Antinomien*, wie man sie genannt hat, müssen wir uns also beschäftigen, wenn wir wissen wollen, ob oder wie weit die Mathematik als widerspruchsfrei betrachtet werden kann. |

Das Wesen dieser Widersprüche möchte ich an zwei nicht zu schwierigen Beispielen erläutern, die beide von R u s s e l l herrühren, und von denen das eine, im Prinzip einfachere, mehr rein logischer Natur ist, während das andere direkt die Grundlagen der Mengenlehre und damit die Grundlagen der Mathematik berührt.

Das erstere knüpft an folgende Frage an:

Welches ist die kleinste natürliche Zahl, die nicht mit weniger als 100 Silben in deutscher Sprache definiert werden kann? Und vor allem, *gibt es eine solche Zahl?*

Man kann zeigen, daß es eine solche Zahl geben muß. Denn unter den natürlichen Zahlen (also den gewöhnlichen ganzen Zahlen 1, 2, 3 usw.) gibt es sicher nur endlich viele, die mit weniger als 100 Silben einzeln definiert werden können. Es gibt nur endlich viele Silben, also auch nur endlich viele Kombinationen von solchen bis zu 100, und nur ein kleiner Teil von diesen Kombinationen stellt in sinnvoller Weise die Definition einer natürlichen Zahl dar. Es gibt also noch andere Zahlen, die in dieser Weise nicht dargestellt werden können, und unter diesen muß eine die kleinste sein. Dies ist dann eben die gesuchte.

Andererseits aber schließt man, daß es eine solche Zahl doch nicht geben kann. Denn würde sie existieren, so würde sich daraus sofort ein Widerspruch ergeben, man könnte sie nämlich doch mit weniger als 100 Silben definieren, nämlich eben durch den Satz: „Die kleinste natürliche Zahl, die nicht mit weniger als 100 Silben in deutscher Sprache definiert werden kann." Dieser Satz hat weniger als 100 Silben.

Das zweite Beispiel ist der Widerspruch von der *Menge aller sich nicht selbst enthaltenden Mengen.*

Wenn irgendwelche Dinge gegeben sind, so kann man sie zu einer *Menge* zusammenfassen und nennt dann diese Dinge die *Elemente* der Menge. So kann man z. B. von der Menge aller Menschen sprechen, jeder einzelne Mensch ist in dieser Menge enthalten, ist ein Element dieser Menge. Ebenso kann man die Menge aller Zahlen bilden, oder die Menge aller Kreise in einer Ebene usw.

Es sind dies Beispiele von Mengen, die sich nicht selbst enthalten. Die Menge aller Menschen ist nicht selbst ein Mensch, sie ist also nicht mit einem ihrer Elemente identisch. Ebenso ist die Menge aller Zahlen nicht selbst eine Zahl, sie ist also ebenfalls nicht in sich enthalten. Ob es auch noch andere Mengen gibt, die sich selbst enthalten, das mag vorläufig dahingestellt bleiben, das tut nichts zur Sache. Es genügt, daß es Mengen gibt, die sich *nicht* enthalten. Und diese Mengen sollen nun alle wieder zu einer Menge zusammengefaßt | werden. Dies gibt dann eben „die Menge aller der Mengen, die sich nicht selbst enthalten".

Wie steht es nun aber mit dieser Menge? Enthält sie sich selbst, oder enthält sie sich nicht?

Angenommen, sie enthielte sich selbst. Dann wäre sie eine sich selbst enthaltende Menge. Sie sollte aber doch *nur* solche Mengen enthalten, die sich nicht selbst enthalten, also ist es nicht möglich, daß sie sich enthält.

Nun aber angenommen, sie enthielte sich nicht. Dann wäre sie eine sich nicht enthaltende Menge. Nun sollte sie aber doch *alle* derartigen Mengen enthalten, also müßte sie auch sich selbst enthalten.

Also, wenn sie sich enthält, so darf sie sich nicht enthalten, und, wenn sie sich nicht enthält, so muß sie sich doch enthalten. Und das ist ein Widerspruch.

Dieser Widerspruch ist nicht ohne Bedeutung für die *Mengenlehre*. Die Mengenlehre ist ein verhältnismäßig neuer Zweig der Mathematik; sie wurde vor einigen Jahrzehnten durch G e o r g C a n t o r begründet und hat inzwischen für viele Teile der Mathematik grundlegende Bedeutung erlangt. Man hat versucht, die ganze Mathematik auf die Mengenlehre aufzubauen, ist aber dabei eben an diesen Antinomien gescheitert. Man kann zwar spezielle Mengen bilden, die ganz einwandfrei zu sein scheinen, und man kann Mengen von immer höherer „Mächtigkeit" bilden, aber es ist die Frage, *wie weit* man so gehen kann — schließlich kommt man doch zu den Widersprüchen.

Und, wenn man nicht alle Mengen von einer bestimmten Eigenschaft zusammenfassen kann, darf man dann von allen Zahlen reden, die eine bestimmte Eigenschaft besitzen? Sind da nicht ebensolche Widersprüche möglich? Und solche Schlußweisen braucht man doch fortwährend in der Mathematik.

Es sind schon viele Versuche unternommen worden, um diese Schwierigkeiten *aufzuklären* oder zu *vermeiden*; ich kann hier nur die wichtigsten derselben kurz charakterisieren.

Das erste der angeführten Beispiele betrachten wohl viele nicht als besonders ernsthaft und begnügen sich mit irgendeiner plausiblen Erklärung. Den meisten Anklang findet wohl die, daß es sich dabei nur um *Ungenauigkeiten der Sprache* handelt. Die Sprache ist nichts logisch Exaktes, die Zahl der Silben einer Definition ist keine mathematisch brauchbare Größe.

Dem ist aber entgegenzuhalten, daß man dann wenigstens zeigen müßte, *worin* in diesem Falle die Ungenauigkeit der Sprache besteht, | und ob man sie nicht so verbessern kann, daß solche Dinge nicht mehr vorkommen. Denn wenn die Sprache tatsächlich zu unlösbaren Widersprüchen führen würde, dann dürfte man sie überhaupt nicht mehr verwenden.

Nicht sehr verschieden davon ist der Erklärungsversuch von H e n r i P o i n c a r é. Er sagt, eine Einteilung nach der Silbenzahl der verwendeten Sätze ist *nicht wohlbestimmt*. Denn während der Durchmusterung der Sätze können gewisse von ihnen, die von der Einteilung selbst abhängen, ihren Sinn verändern, und deshalb ist auch die Einteilung selbst nicht unveränderlich, sie kann nie fertig abgeschlossen werden.

Wie ist es aber, wenn man sich auf *ganz eindeutige* Sätze beschränkt? Wenn ich nur diejenigen Zahlen ausscheide, die in ganz eindeutiger und unveränderlicher Weise mit weniger als 100 Silben in deutscher Sprache definiert werden können, dann ist diese Einteilung doch wohlbestimmt. Dann muß es aber wieder unter den übrigbleibenden Zahlen eine kleinste geben, und diese ist dann ebenfalls ganz eindeutig und unveränderlich festgelegt. Und der Widerspruch ist nicht gelöst.

In anderer Weise geht R u s s e l l vor, der die verschiedenen Widersprüche mit Hilfe seiner *Typenlehre* zu lösen sucht. Eine ähnliche Theorie stammt von J u l i u s K ö n i g.

R u s s e l l sagt etwa in bezug auf das zweite Beispiel: Wenn man Mengen von einem bestimmten Typus zusammenfaßt, so entsteht eine Menge von einem neuen Typus. Und Mengen von verschiedenem Typus darf man nicht wieder zusammenfassen.

Damit werden die Widersprüche vermieden; aber auch nur vermieden und nicht gelöst, denn es ist wirklich nicht einzusehen, warum man nicht auch Mengen von verschiedenem Typus soll zusammenfassen können. Sobald man aber beliebige Typen zusammenfaßt, entstehen die Widersprüche aufs neue. Zudem ist der Begriff des Typus, wenn er brauchbar sein soll, schwer zu definieren, ein großer Teil der Theorie ist nach R u s s e l l s eigenen Worten noch heute chaotisch, verworren und dunkel.

In neuster Zeit sind nun zwei Mathematiker, nämlich B r o u w e r und W e y l, sogar so weit gegangen, daß sie den *Satz vom ausgeschlossenen Dritten* verwerfen. Sie sagen z. B., es ist nicht nötig, daß zwei Zahlen entweder gleich oder verschieden sind, es gibt noch ein Drittes; es könnte nämlich sein, daß die beiden Zahlen weder gleich, noch auch ungleich, sondern daß sie etwa *ununterscheidbar* wären.

Solche Annahmen mögen an sich zu ganz interessanten Untersuchungen führen; eine *exakte* Wissenschaft läßt sich aber darauf doch | wohl nicht gründen, abgesehen von der großen Komplizierung, die dadurch entstehen würde; auch müßten viele der gesichertsten Resultate preisgegeben werden.

Um nun wenigstens einen Teil der Mengenlehre zu retten, der für die Anwendungen wichtig ist, stellte Z e r m e l o ein System von *Axiomen* auf, nach denen allein die Bildung von Mengen gestattet sein soll. Dies kann aber insofern nur als ein Notbehelf betrachtet werden, als Z e r m e l o zwar zeigt, daß er die bekannten Widersprüche vermeidet, jedoch nicht zeigt, daß in diesem eingeschränkten Gebiet nun wirklich alle Widersprüche ausgeschlossen sind.

H i l b e r t endlich, der Hauptverfechter der axiomatischen Methode, sucht die Widerspruchslosigkeit der einzelnen Teile der Mathematik zu *beweisen*. Er zeigt in seinen „Grundlagen der Geometrie", daß sich die gewöhnliche Geometrie vollständig auf die Arithmetik der reellen Zahlen zurückführen läßt. Jeder Widerspruch, der sich in der Geometrie findet, müßte sich ebenso in der Arithmetik zeigen, und wenn also diese als widerspruchsfrei vorausgesetzt wird, so ist es auch jene.

Wie aber soll man die Widerspruchsfreiheit der Arithmetik zeigen? Man müßte, eventuell auf dem Weg über die Mengenlehre, auf die *reine Logik* zurückgehen. Aber eben hier liegen die Schwierigkeiten, hier stößt man auf die Antinomien.

Hilbert sucht deshalb auch die Logik zu axiomatisieren und zu formalisieren. Er entwickelt die Logik und die Arithmetik gleichzeitig, und zwar Schritt für Schritt, um bei jedem Schritt auch die Widerspruchsfreiheit nachweisen zu können. Und das Ursprüngliche, worauf er sich stützt, ist die *primitive Anschauung.*

Dies allerdings scheint mir bedenklich zu sein. Die primitive Anschauung, der doch immer etwas subjektiv Menschliches anhaftet, die Anschauung von mathematischen Zeichen und deren Zusammenstellung, sollte verläßlicher sein als die reine Logik als solche? So daß man diese auf jene stützen könnte?

Aber, davon abgesehen, und bei aller Anerkennung der Bemühungen und Erfolge Hilberts auf diesem Gebiet, muß man doch sagen, daß, um „der Mathematik den alten Ruf der unanfechtbaren Wahrheit wiederherzustellen", solche Beweise allein nicht genügen können. Denn wenn auch nur an einer Stelle in der Mathematik ein wirklich unerklärbarer Widerspruch vorhanden ist, so sind, strenggenommen, alle Beweise nutzlos; denn man ist doch nie sicher, ob sich in dem scheinbar am sichersten Bewiesenen nicht plötzlich ein ebenso unerklärbarer Widerspruch zeigt. Es *nützt nichts,* zu sagen, die Widersprüche kommen nur in den *Grenzgebieten* der Mathematik vor; denn wo liegt etwa in | der Mengenlehre die Grenze zu den Grenzgebieten? und bewegen sich die Untersuchungen Hilberts nicht selbst auch auf diesen Grenzgebieten?

Nein, der *einzige* Weg, der zum Ziel führen kann, ist der, die Widersprüche wirklich aufzuklären, sie wirklich zu lösen.

Aber, ist dieser Weg gangbar?

Nach den vielen vergeblichen Versuchen wurde schon die Ansicht ausgesprochen, eine Lösung durch Aufweisen von Fehlschlüssen sei überhaupt nicht möglich, man müsse sich eben mit diesen Dingen abfinden, oder zum mindesten müßte erst eine Umgestaltung unserer Logik abgewartet werden.

Aber, kann man sich mit Widersprüchen in der Mathematik abfinden? Wie schon erwähnt, würden dann alle Beweise an Glaubwürdigkeit einbüßen; ja noch mehr, es läßt sich zeigen, daß jeder einzelne Widerspruch alle anderen Widersprüche zur Folge hat. Wenn man auch nur einen Widerspruch zuläßt, ebenso, wie wenn man auch nur von einer falschen Voraussetzung ausgeht, so kann man alles beweisen, alles Richtige und alles Falsche. Damit aber wäre jede Wissenschaft unmöglich.

Und eine Umgestaltung der Logik? Läßt sich die Logik überhaupt umgestalten? Irgendeine geschriebene oder formalisierte Logik wohl, eine solche kann fehlerhaft oder zu eng sein, nicht aber die reine Logik als solche, *die* Logik, der man sich als denkendes Wesen unterwerfen *muß*. Könnte diese verändert werden, oder würde sie zu Widersprüchen führen, dann wäre wieder jede Wissenschaft unmöglich.

Wenn man also nicht auf alle Wissenschaft verzichten will, so muß man schließen, die Widersprüche sind lösbar, dieser Weg muß gangbar sein.

Ich will nun versuchen, diesen Weg zu gehen. Ich beginne mit dem Einfachsten.

Das erste der angeführten Beispiele ist noch ziemlich kompliziert; insbesondere ist nicht leicht ersichtlich, um welche Zahl es sich eigentlich handelt. Ich will deshalb alles Störende abstreifen und nur das Wesentliche beibehalten.

Dazu schreibe ich auf diese Tafel zunächst die Zahlen 1, 2 und 3, und dann weiter noch den Satz:

„Die kleinste natürliche Zahl, die n i c h t auf dieser Tafel angegeben ist.“
Gibt es eine solche Zahl?

Man kann die früheren Schlüsse wiederholen: Es sind auf der | Tafel nur endlich viele Zahlen angegeben. Unter den übrigen muß es eine kleinste geben. Andererseits aber, wenn diese existieren würde, so wäre sie durch diesen Satz hier doch auf der Tafel angegeben.

Jetzt liegt aber die Sache so einfach, daß man doch die Lösung finden muß. Und in der Tat, wenn man nur rein logisch vorgeht, so kommt man zu einem ganz *eindeutigen* Resultat. Und das ist ja das Ziel, jede Frage muß eine eindeutige Antwort erhalten.

Es ist aber gut, diese einfachen Dinge doch nicht zu leicht zu nehmen; sie sind notwendig zum Verständnis der schwierigeren mengentheoretischen Fragen, bei denen Schlüsse von ganz derselben Art vorkommen.

Wie also verhält es sich hier? Ich schließe, wie man sonst in der Mathematik zu schließen gewohnt ist. Es handelt sich um die Frage: Welche Zahlen sind auf dieser Tafel angegeben?

Erstens sind es die Zahlen 1, 2 und 3. Ist weiter die Zahl 4 auf der Tafel angegeben? Angenommen, sie wäre angegeben, dann kann sie nur durch diesen Satz hier angegeben sein. Dieser Satz aber verlangt, daß die betreffende Zahl nicht auf der Tafel angegeben sein soll. Dies steht in Widerspruch zu der gemachten Annahme, diese ist also falsch und es folgt, daß die Zahl 4 nicht auf der Tafel angegeben ist.

Weiter aber: es gibt Zahlen, die nicht auf der Tafel angegeben sind, und unter diesen gibt es eine kleinste. Wir haben eben gesehen, daß die Zahlen 1, 2 und 3 auf der Tafel angegeben sind, und daß die Zahl 4 nicht angegeben ist. Also ist tatsächlich die Zahl 4 „die kleinste natürliche Zahl, die nicht auf dieser Tafel angegeben ist“.

Ist dies nun ein Widerspruch? Ist sie dann nicht doch durch diesen Satz hier angegeben?

Antwort: Nein! Denn dieser Satz, wie er hier steht, verlangt nicht nur explizit, daß die betreffende Zahl nicht auf der Tafel stehen soll, sondern

er verlangt gleichzeitig auch implizit, dadurch, daß er auf der Tafel steht,
daß die durch ihn angegebene Zahl doch auf der Tafel angegeben sein muß,
und diesen zwei sich widersprechenden Forderungen genügt die Zahl 4 nicht.

Der eigentliche *Fehlschluß* bei der üblichen Überlegung besteht also darin,
daß man diese implizite Forderung, in diesem Falle die Forderung, daß die
Zahl doch auf der Tafel stehen muß, erst nachträglich berücksichtigt und
nicht, wie es sein muß, schon zu Anfang. Es ist eben ein Unterschied zwischen
dem Satz auf der Tafel und demselben Satz, wenn er ausgesprochen wird.
Der ausgesprochene Satz enthält die implizite Forderung nicht, der Satz auf
der Tafel aber enthält sie. |

Ein gutmütiger Leser könnte vielleicht sagen, es wird doch mit diesem Satz
die Zahl 4 gemeint sein. Aber die Logik ist nicht so gutmütig. Rein logisch
genommen ist vielmehr dieser Satz vollkommen identisch mit dem folgenden:

Es soll die Zahl 4 gemeint sein, wenn die Zahl 4 nicht gemeint ist. Es
soll aber die Zahl 5 gemeint sein, wenn die Zahl 4 gemeint ist.

Und bei dieser Form ist es ganz klar, daß durch diesen Satz überhaupt
keine Zahl angegeben wird, weder die Zahl 4 noch eine andere.

In derselben Weise lösen sich noch verschiedene ähnliche Paradoxien.
Etwas schwieriger sind die eigentlich mengentheoretischen.

Es zeigt sich z. B. bei der Menge aller sich nicht selbst enthaltenden Mengen, daß diese tatsächlich nicht existieren kann.

Man könnte nun ähnlich schließen wie vorher und sagen, der Widerspruch
steckt schon in der Definition, die Definition verlangt etwas Unmögliches,
die Menge kann überhaupt nicht einwandfrei definiert werden. Und etwas,
was man überhaupt nicht einwandfrei definieren kann, das braucht auch
nicht zu existieren.

Diese Erklärung ist zwar richtig, aber nicht befriedigend. Es bleibt noch
die Frage, und dies ist der Kern der mengentheoretischen Antinomien:

*Wie kommt es oder wie ist es möglich, daß es Dinge gibt, die nicht zu
einer Menge zusammengefaßt werden können?*

Wir müssen uns fragen: Was ist eine Menge? Nach C a n t o r ist es „die
Zusammenfassung wohlbestimmter Objekte zu einem Ganzen". Also die
Zusammenfassung selbst. Und es scheint so, als ob man irgendwelche Dinge
stets zu einem Ganzen zusammenfassen könnte. Was sollte einen auch daran
hindern? Und doch muß man hier vorsichtig sein.

Ja, wenn es sich um konkrete, etwa materielle Dinge handelt, oder überhaupt um solche, die an sich mit der Bildung von Mengen gar nichts zu tun
haben, dann liegt in der Tat keinerlei Grund vor, warum man sie nicht
sollte zusammenfassen können.

Anders ist es aber, wenn die Dinge oder ihre Zugehörigkeit zur Menge
in Abhängigkeit treten kann von der zu bildenden Menge selbst. Dann kann
diese Abhängigkeit von solcher Art sein, daß sie nicht erfüllt werden kann.

Genauer ist zu sagen: Wenn man auch Mengen von Mengen bildet, oder
allgemein Dinge als Elemente zuläßt, die von Mengen ab- | hängig sind,

dann ist die Definition Cantors eine *Zirkeldefinition,* und eine solche braucht nicht stets erfüllbar zu sein.

Dies letztere möchte ich, da es wichtig ist, an einem einfachen Beispiel erläutern.

Man kann eine Zahl x durch einen algebraischen Ausdruck definieren, etwa durch den Ausdruck $a - b$. Es soll also

$$x = a - b$$

sein. Wenn nun a und b feste Zahlen sind, die nicht von x abhängen, so liegt kein Zirkel vor, die Definition ist stets erfüllbar, es gibt stets eine Zahl x, die ihr genügt.

Nun kann aber der algebraische Ausdruck, durch den x definiert werden soll, von x selbst abhängen. Das ist dann eine Zirkeldefinition, und eine solche kann unter Umständen ebenfalls eindeutig erfüllbar sein. Wenn etwa

$$x = a - x$$

sein soll, so genügt dieser Forderung die Zahl $x = \frac{a}{2}$ und nur diese.

Eine Zirkeldefinition braucht aber nicht erfüllbar zu sein; bei

$$x = a + x$$

z. B. gibt es, wenn a von Null verschieden ist, keine Zahl, die ihr genügt.

Man kann die Zirkel nicht einfach verbieten, solche Gleichungen kommen selbst in der angewandten Mathematik oft genug vor, sondern man muß mit ihnen zu rechnen wissen.

Genauso ist es bei den Mengen: Cantors allgemeine Definition ist eine Zirkeldefinition, da darf es einen nicht wundern, daß es Fälle gibt, in denen sie versagt.

Auch die Definition auf der Tafel (s. o.) ist zirkelhaft; die zu definierende Zahl ist in Abhängigkeit gebracht von der Definition dieser selben Zahl, und diese Abhängigkeit ist hier von solcher Art, daß sie nicht erfüllt werden kann.

Daß alle die Antinomien zirkelhafter Natur sind und daß damit die Widersprüche zusammenhängen, diese Erkenntnis ist natürlich nicht neu. Aber man hat daraufhin versucht, alle Zirkel zu vermeiden, durch irgendeine Stufen- oder Typentheorie etwa, und man ist damit ebenfalls nicht zum Ziel gelangt. Die Lösung ist die, daß es eben nicht angeht, alle Zirkel zu vermeiden, man muß sich vielmehr darüber klar sein, daß ein Zirkel sehr wohl eindeutig erfüllbar sein kann, daß er aber keineswegs immer erfüllbar sein muß. |

Es ist noch ein Einwand zu besprechen. Man sagt etwa:

Wenn man sich alle wirklich existierenden Mengen, die sich nicht selbst enthalten, gegeben denkt, so kann man sich doch *vorstellen,* daß nun diese alle wieder zu einem Ganzen, zu einer Menge zusammengefaßt werden.

Darauf ist zu erwidern: Das ist nicht wahr! Das kann man sich nicht vorstellen. Man stellt sich irgend etwas anderes dabei vor, aber nicht das, worauf es ankommt. Denn, wenn man sich dies vorstellen könnte, so müßte man doch auch sagen können, ob man diese Zusammenfassung selbst mit zusammenfaßt oder nicht, ob man sich diese Menge als eine solche vorstellt, die sich enthält, oder als eine solche, die sich nicht enthält; und das kann man nicht sagen. Nein, etwas logisch Widerspruchsvolles kann man sich überhaupt niemals vorstellen, diese Menge ebensowenig wie etwa die größte natürliche Zahl, die es eben auch nicht gibt.

Zu einer vollen Erledigung der behandelten Fragen gehört nicht nur das Aufweisen von Fehlschlüssen, sondern man muß auch zeigen, wie man diese vermeiden kann, wie man insbesondere zu einer *brauchbaren* und *widerspruchsfreien Mengenlehre* gelangen kann.

Ich muß mich jedoch hier darauf beschränken, nur einiges Wesentliche anzudeuten.[1]

Es wäre wünschenswert, wenn in der Mengentheorie das *System aller Mengen* ein ebenso *festes* und *eindeutiges System* wäre, wie etwa in der Zahlentheorie das System aller natürlichen Zahlen.

Dieses Ziel, das auch durch das Axiomensystem Z e r m e l o s nicht erreicht wird, läßt sich erreichen, wenn man *nur* eine gewisse Beschränkung vornimmt, die zwar einschneidend zu sein scheint, die jedoch für alle Anwendungen genügend Spielraum gewährt.

Zunächst muß man nämlich, um ein wirklich festes System zu erhalten, alles Nichtmathematische ausschließen; die Menge aller Menschen z. B. darf hier nicht vorkommen. Aber auch das Gebiet beliebiger mathematischer Dinge läßt sich nicht scharf genug umgrenzen; deshalb müssen auch diese noch ausgeschieden werden, und es bleibt nichts mehr übrig als nur die *reinen Mengen* selbst, d. h. diejenigen Mengen, deren Elemente selbst nur wieder reine Mengen sind.

Es gibt solche reinen Mengen: z. B. die Nullmenge $\{\}$, das ist diejenige Menge, welche kein Element besitzt; sie spielt in der Mengenlehre eine große Rolle. Sie enthält kein Element, also auch keines, | das nicht eine reine Menge wäre. Ferner kann man diejenige Menge bilden, welche als einziges Element die Nullmenge enthält $\{\{\}\}$, dies ist ebenfalls eine reine Menge. Weiter diejenige Menge, welche die soeben definierte Menge enthält $\{\{\{\}\}\}$, oder auch diejenige, welche die ersten beiden Mengen enthält $\{\{\},\{\{\}\}\}$ usf. Auch beliebig viele unendliche Mengen lassen sich in dieser Weise herstellen.

Für die Anwendungen kann man dann die anderen Mengen auf solche reinen Mengen abbilden oder auch, soweit es sich um mathematische Objekte handelt, direkt durch reine Mengen definieren. Die Folge $\{\},\{\{\}\},\{\{\{\}\}\}$, ... z. B. kann als Repräsentant der natürlichen Zahlenreihe betrachtet werden.

---

[1] Eine Arbeit über die Grundlegung der Mengenlehre, in der diese Dinge ausgeführt werden, ist in Vorbereitung. (In der vorliegenden Ausgabe 4. Hrsg.)

Die *Gesamtheit aller* dieser reinen Mengen, die ich übrigens hier nicht vollständig definiert habe[1], bildet nun, wie ich behaupte, ein festes System.

Nun sind aber gerade gegen die *Menge aller Mengen* ebenso wie gegen das *System aller Dinge* Einwände erhoben worden, die sich auch hiergegen richten, sie werden vielfach als widerspruchsvoll betrachtet.

Diese Einwände sind nicht leicht zu widerlegen; sie laufen im wesentlichen darauf hinaus, zu behaupten, daß man das System aller Mengen, das doch, eben weil es *alle* Mengen enthält, das größte seiner Art sein müßte, doch noch vergrößern könnte.

Bei näherem Zusehen erkennt man jedoch, daß auch hier wieder Fehlschlüsse vorliegen, und zwar solche von derselben Art, wie die oben besprochenen. Es ist tatsächlich nicht möglich, das System aller Mengen noch zu vergrößern, und es ist dies ebenso unmöglich, wie es unmöglich ist, auf dieser Tafel eine Zahl anzugeben, die nicht auf dieser Tafel angegeben sein soll, oder, um eine andere Paradoxie nur kurz zu erwähnen, wie es unmöglich ist, mit endlich vielen Worten eine Zahl zu definieren, die mit endlich vielen Worten nicht definiert werden kann, obschon es bei einem fest zugrunde gelegten Wörterbuch tatsächlich solche Zahlen gibt, was man beweisen kann.

In dem System aller Mengen kann es, wie wir gesehen haben, vorkommen, daß gewisse Mengen nicht wieder zu einer Menge zusammengefaßt werden können. Dadurch scheint eine gewisse *Schwierigkeit* zu entstehen, man müßte für jede einzelne Menge erst einen Existenzbeweis haben. |

In Wirklichkeit beschränkt sich jedoch diese Schwierigkeit nur auf einen Teil der Mengenlehre, und zwar auf einen solchen, der für die Anwendungen jedenfalls ohne Bedeutung ist. Man kann nämlich unterscheiden zwischen *zirkelfreien* Mengen, die zirkelfrei definiert werden können, und *zirkelhaften* Mengen, bei denen dies nicht der Fall ist.

Zu den *zirkelhaften* Mengen gehört insbesondere jede Menge, die sich selbst enthält; aber z. B. auch die Menge aller zirkelfreien Mengen ist zirkelhaft. Im Gebiet dieser zirkelhaften Mengen gelten die gewöhnlichen Operationen nicht, auch nicht die Axiome Z e r m e l o s, hier kommt man zu Paradoxien.

Die *zirkelfreien* Mengen jedoch sind diejenigen, auf die sich die übrige Mathematik aufbauen läßt; und wenn man nur zugibt, daß zirkelfreies Konstruieren stets ausführbar ist, und dies muß wohl als selbstverständlich betrachtet werden, dann kann man sich nicht nur über die Widerspruchslosigkeit der Arithmetik oder Analysis, sondern auch über die der transfiniten Ordinalzahlen und ähnlicher, bisher umstrittener Gebiete Klarheit verschaffen.

Auf jeden Fall aber, glaube ich, steht das Ergebnis fest, daß alle Widersprüche tatsächlich nur scheinbar sind; die Mathematik als solche ist widerspruchsfrei, es gibt noch eine Wissenschaft, in der nichts gilt als die reine Wahrheit.

[1] Die vollständige „axiomatische", nicht „inhaltliche" Definition wird sich in der genannten Arbeit finden.

Formale Beweise und die Entscheidbarkeit.

I. Die Problemstellung.

1. Um die Widerspruchsfreiheit gewisser Axiomensysteme darzutun, benutzt Hilbert[1]) eine Theorie der mathematischen Beweise, bei der diese Beweise streng formalisiert gedacht werden, als konkret aufgeschriebene, aus bestimmten Zeichen zusammengesetzte Figuren. „Ein Beweis ist eine Figur, die uns als solche anschaulich vorliegen muß"[2]). Weiter heißt es: „Eine Formel soll beweisbar heißen, wenn sie entweder ein Axiom ist bzw. durch Einsetzen aus einem Axiom entsteht oder die Endformel eines Beweises ist"[3]). Das Ziel ist dann, zu zeigen, daß auf Grund eines vorgelegten Axiomensystems sicher nicht eine Formel beweisbar ist, die einen (ebenfalls formalisierten) Widerspruch darstellt. Solche Axiomensysteme, bei denen dieser Nachweis gelingt, heißen „widerspruchsfrei"[4]). Im folgenden werden diese Systeme, bei Zugrundelegung formaler Beweise allgemeiner Art, etwas deutlicher als *formal widerspruchsfrei* bezeichnet.

2. Die Frage, wie weit aus dieser formalen Widerspruchsfreiheit auf eine wirkliche Abwesenheit von inneren Widersprüchen in dem betreffen-

---

[1]) D. Hilbert, Neubegründung der Mathematik (Erste Mitteilung). Abh. a. d. Math. Seminar d. Hamburgischen Universität **1** (1922), S. 157—177.

P. Bernays, Über Hilberts Gedanken zur Grundlegung der Arithmetik. Jahresbericht der Deutschen Math.-Vereinigung **31** (1922), S. 10—19.

D. Hilbert, Die logischen Grundlagen der Mathematik. Math. Ann. **88** (1923), S. 151—165.

W. Ackermann, Begründung des „tertium non datur" mittels der Hilbertschen Theorie der Widerspruchsfreiheit. Math. Ann. **93** (1924), S. 1—36.

D. Hilbert, Über das Unendliche. Math. Ann. **95** (1925), S. 161—190

[2]) D. Hilbert, Math. Ann. **88** (1923), S. 152.

[3]) Ebenda S. 152—153.

[4]) Ebenda S. 157. Math. Ann. **95** (1925), S. 179.

den Axiomensystem geschlossen werden kann, hängt mit dem Problem
der Entscheidbarkeit zusammen.

Wäre nämlich jede mathematische Behauptung, deren Richtigkeit
oder Unrichtigkeit eine logische Folge der Axiome darstellt, durch rein
formale Beweise entscheidbar, so könnte man aus der formalen Widerspruchsfreiheit ohne weiteres auf eine absolute schließen.

Dies gilt aber nicht mehr, sobald es einen Satz gibt, über dessen
Richtigkeit zwar das Axiomensystem in logischer Hinsicht eindeutig entscheidet, der aber rein formal weder bewiesen noch widerlegt werden
kann. Dann kann man nämlich diesen Satz, oder auch sein Gegenteil,
als neues Axiom zu dem System hinzufügen und erhält damit zwei formal
widerspruchsfreie Axiomensysteme, von denen sicher eines einen inneren
Widerspruch enthält.

3. Diese Möglichkeit liegt nun bei dem Axiomensystem der reellen
Zahlen tatsächlich vor, falls die für die formalen Beweise zu verwendenden Zeichen nur in endlicher oder abzählbar unendlicher Anzahl vorhanden
sind, was ja bei konkret aufgeschriebenen Beweisen sicher der Fall ist.

Es kann dann im ganzen nur abzählbar viele formale Beweise geben,
da jeder einzelne aus einer endlichen Zusammenstellung dieser Zeichen
bestehen muß[5]). Aus dem Axiomensystem der reellen Zahlen folgen aber
rein logisch mehr als abzählbar viele Sätze. Man nehme z. B. die Sätze
von der Form: „α ist eine transzendente Zahl". Für jeden bestimmten
Wert von α ist dies ein bestimmter, richtiger oder falscher Satz. Von
diesen nichtabzählbar vielen Sätzen kann nicht jeder einzelne formal entscheidbar sein, denn zu jedem speziellen Satz müßte auch ein spezieller
Beweis gehören, der sich eventuell aus einem allgemeinen Beweis durch
Einsetzen oder Spezialisieren ergeben müßte. Daraus folgt aber, daß es
Sätze gibt, die formal nicht entscheidbar sind.

4. Es wäre hierbei allerdings noch denkbar, daß alle diejenigen Sätze
formal entscheidbar wären, die selbst formal dargestellt werden können[6]).
In diesem Fall wäre das neu hinzuzufügende Axiom nicht formal darstellbar.

Weiter liegt noch die Vermutung nahe, daß ein solcher nicht formaler
Widerspruch nie bemerkt werden könnte und deshalb unschädlich wäre, daß

---

[5]) Vgl. W. Ackermann, Math. Ann. **93** (1924), S. 9.

[6]) Daß nicht ganz beliebige Dinge etwa einfach, indem man dafür ein neues
Zeichen einführt, formal dargestellt werden können, ist hierbei so zu verstehen, daß
man von einem festen Grundsystem ausgehen und alles Weitere, auch die Erklärung
von neuen Zeichen, *formal* durchführen muß, andernfalls wäre die Darstellung nicht
rein formal. Vgl. Anm. [9]).

man also stets so tun könnte, als ob solche Widersprüche nicht vorhanden wären.

Es soll nun aber an einem Beispiel gezeigt werden, daß man tatsächlich Sätze angeben kann, die in allgemeiner Weise formal nicht entscheidbar, also formal widerspruchsfrei sind, bei denen man aber doch auf anderem Wege einen Widerspruch erkennen kann. Es folgt also, daß der Beweis der formalen Widerspruchsfreiheit eines Systems keine Sicherheit gibt gegen erkennbare Widersprüche.

Da jedoch diese Dinge eng mit der „Paradoxie der endlichen Definierbarkeit" zusammenhängen, so soll zuerst eine Präzisierung und Erklärung dieser Paradoxie gegeben werden[7]).

II. Die Paradoxie der endlichen Definierbarkeit.

5. Es sei ein festes System $\mathfrak{S}$ von endlich vielen[8]) Zeichen gegeben. Dieses System soll insbesondere alle für mathematische Zwecke zur Verwendung kommenden Zeichen enthalten, oder etwa überhaupt alle bisher (oder auch in Zukunft) in Schrift oder Druck verwendeten Zeichen. Eine fest gegebene Anordnung dieser Zeichen soll als die „alphabetische" gelten.

Weiter denke man sich ein festes „Wörterbuch" $\mathfrak{B}$ einschließlich „Grammatik" gegeben, welches zu gewissen endlichen Kombinationen dieser Zeichen, den „Wörtern", den zugehörigen Sinn eindeutig angibt. Solche Wörter, die im gewöhnlichen Sprachgebrauch in endlich vielen verschiedenen Bedeutungen vorkommen, sollen etwa durch Indizes eindeutig unterschieden sein. Gewisse Zeichen oder Kombinationen können aber auch als „Variable" definiert sein, die ihren eindeutigen Sinn vermittels der „Grammatik" aus dem Zusammenhang entnehmen. Insbesondere sollen in $\mathfrak{B}$ alle in der vorliegenden Arbeit vorkommenden Wörter mit der hier gebrauchten Bedeutung angegeben sein, außerdem etwa überhaupt alle bisher (oder auch in Zukunft) geschriebenen oder gedruckten Wörter. Die „Erklärungen" des Wörterbuchs brauchen nicht aus Zeichen des Systems $\mathfrak{S}$ zu bestehen, sie können als rein ideell gegeben gedacht werden.

Jede Zusammenstellung von Zeichen, für die sich nicht aus $\mathfrak{B}$ ein eindeutiger Sinn ergibt, soll als sinnlos gelten.

Irgendein Ding soll *endlich definierbar* heißen, wenn es eine endliche Zusammenstellung von Zeichen des Systems $\mathfrak{S}$ gibt, von der Art, daß der vermittels $\mathfrak{B}$ festzustellende Sinn dieses Ding eindeutig festlegt.

---

[7]) Siehe auch P. Finsler, „Gibt es Widersprüche in der Mathematik?" Jahresbericht der Deutschen Math.-Vereinigung **34** (1925), S. 143.

[8]) Man könnte ohne wesentliche Änderung auch abzählbar unendlich viele annehmen.

6. Jede aus den Zahlen 0 und 1 gebildete Folge, einschließlich 0 0 0 ... und 1 1 1 ..., werde als *Dualfolge* bezeichnet.

Zwei Dualfolgen sollen dann und nur dann als gleich gelten, wenn jede Stelle der einen Folge mit der entsprechenden Stelle der andern Folge übereinstimmt.

Die Gesamtheit aller Dualfolgen ist nach einer bekannten Schlußweise Cantors nicht abzählbar.

Ist nämlich eine beliebige Folge von Dualfolgen gegeben, so ist darin diejenige eindeutig bestimmte Dualfolge, sie möge die *Antidiagonalfolge* heißen, nicht enthalten, deren n-te Stelle für jedes n von der n-ten Stelle der n-ten Dualfolge verschieden ist. Eine Folge von Dualfolgen kann also nicht alle Dualfolgen enthalten.

Die Gesamtheit aller (vermöge $\mathfrak{B}$) *endlich definierbaren* Dualfolgen ist dagegen abzählbar.

Man kann nämlich die sämtlichen endlichen Kombinationen, die sich aus Zeichen des Systems $\mathfrak{S}$ bilden lassen, dadurch in eine abzählbare Reihe bringen, daß man von irgend zwei dieser Kombinationen diejenige voranstellt, welche die geringere Anzahl von Zeichen besitzt, und bei gleicher Anzahl die „alphabetische" Reihenfolge innehält. Durch diese Anordnung werden auch alle diejenigen Kombinationen, die in eindeutiger Weise eine bestimmte Dualfolge definieren, und damit auch die endlich definierbaren Dualfolgen selbst, in eine abzählbare Reihe gebracht. Es kann dabei dieselbe Dualfolge mehrfach auftreten, doch ist dies hier unwesentlich.

7. Es folgt aus diesen Überlegungen, daß es Dualfolgen gibt, die (vermöge $\mathfrak{B}$) nicht endlich definierbar sind.

Dies ist an sich nicht wunderbar, denn nachdem die Dualfolgen in ihrer Gesamtheit vollständig definiert sind, wäre es eine Einschränkung, außerdem noch zu verlangen, daß auch jede einzelne derselben für sich eine endliche Definition besitzen müsse.

Das Paradoxe liegt aber darin, daß man von den nicht endlich definierbaren Dualfolgen eine bestimmte eindeutig angeben kann, nämlich *die zu der oben definierten Folge von endlich definierbaren Dualfolgen gehörende Antidiagonalfolge.* Diese scheint hierdurch doch endlich definiert zu sein.

Dies ist aber in Wirklichkeit nicht der Fall. Die soeben gegebene Definition besteht zwar aus Zeichen des Systems $\mathfrak{S}$ und aus Wörtern, die in $\mathfrak{B}$ angegeben sind. Aber eben deshalb ist sie logisch nicht einwandfrei.

Jedes Ding nämlich, das durch eine aus Wörtern von $\mathfrak{B}$ bestehende Definition eindeutig festgelegt wird, muß endlich definierbar sein. Eine Dualfolge kann aber nicht diese Eigenschaft haben und gleichzeitig noch die andere in der obigen Definition verlangte Eigenschaft. Diese Definition verlangt also etwas Unmögliches, und es gibt daher keine Dualfolge, die ihr genügt.

Dieses Resultat ist insofern eigentlich selbstverständlich, als eben jeder Versuch, etwas in bestimmter Weise nicht Definierbares doch in solcher Weise zu definieren, unbedingt fehlschlagen muß.

Die angegebene Definition wird aber sofort einwandfrei, wenn man sie aus dem Formalen in das rein Gedankliche überträgt und vom Formalen abstrahiert. Dann definiert sie tatsächlich in eindeutiger Weise eine bestimmte Dualfolge, die vermöge 𝔅 nicht endlich definierbar ist[9]).

8. Die hier vorliegenden Verhältnisse werden an einem einfachen Beispiel[10]) noch deutlicher.

Man schreibe auf eine Tafel die Zahlen 1, 2, 3 und den Satz: „Die kleinste natürliche Zahl, die nicht auf dieser Tafel angegeben ist." Dieser auf der Tafel stehende Satz kann in einwandfreier Weise keine natürliche Zahl definieren. Wie man aber hieraus nicht auf die Nichtexistenz der Zahl 4 schließen kann, ebensowenig kann man aus dem obigen Paradoxon auf die Nichtexistenz endlich nicht definierbarer Dualfolgen schließen. Dasselbe gilt auch für endlich nicht definierbare reelle Zahlen.

III. Ein formal nicht entscheidbarer Satz.

9. Es soll nun ein formal nicht entscheidbarer Satz konstruiert werden. Dabei gelte unter Verwendung der schon eingeführten Begriffe die folgende Festsetzung:

Ein *formaler Beweis* ist eine endliche Kombination von Zeichen des Systems 𝔖 von der Art, daß der vermöge 𝔅 festzustellende Sinn einen logisch einwandfreien Beweis ergibt.

Irgendein Satz heißt *formal nicht entscheidbar*, wenn weder für diesen Satz noch für sein Gegenteil ein formaler Beweis möglich ist.

Man betrachte nun alle diejenigen Kombinationen von Zeichen des Systems 𝔖, welche den formalen Beweis dafür liefern, daß in einer bestimmten Dualfolge die Zahl 0 unendlich oft vorkommt bzw. daß sie darin nicht unendlich oft vorkommt. Zu jedem solchen Beweis gehört dann eine eindeutig bestimmte Dualfolge, nämlich eben die, für die der Beweis gilt. Umgekehrt kann es aber für dieselbe Dualfolge mehrere solche Beweise geben.

---

[9]) Diese Dualfolge läßt sich auch nicht durch Einführung eines neuen Zeichens rein formal darstellen (vgl. Anm. [6])), vor allem nicht, wenn auch die in Zukunft formal dargestellten Begriffe schon sämtlich in 𝔅 enthalten sind.

[10]) Siehe Anm. [7]).

Diese Beweise können vermöge der in 6. definierten Anordnung in eine abzählbare Reihe gebracht werden; dadurch erhält man für die zugehörigen Dualfolgen ebenfalls eine abzählbare Reihe. Man nehme nun die zu dieser Reihe gehörende Antidiagonalfolge und stelle den Satz auf:

In der soeben definierten Antidiagonalfolge kommt die Zahl 0 nicht unendlich oft vor.

Dieser Satz ist formal nicht entscheidbar, da die zugehörige Dualfolge nicht der vorher aufgestellten Reihe angehören kann. Er kann daher als *formal widerspruchsfrei* bezeichnet werden.

10. Nun kann man aber trotzdem einsehen, daß dieser Satz falsch, also widerspruchsvoll ist.

In der betreffenden Antidiagonalfolge muß nämlich die Zahl 0 doch unendlich oft vorkommen, denn man kann offenbar mit beliebig vielen Worten formal beweisen, daß in derjenigen Dualfolge, deren erste Stelle gleich 1 ist, deren zweite Stelle ebenfalls gleich 1 ist, und deren folgende Stellen ebenfalls alle gleich 1 sind, die Zahl 0 nicht unendlich oft vorkommt. Jedem solchen Beweis entspricht aber in der Antidiagonalfolge eine Null, es kommen also sicher unendlich viele Nullen darin vor.

11. Es scheint hier ein Widerspruch vorzuliegen, indem der formal nicht entscheidbare Satz anscheinend doch formal entschieden wurde.

Dies ist aber in Wirklichkeit nicht der Fall. Der soeben gegebene, aus Wörtern von $\mathfrak{B}$ bestehende formale Beweis ist als solcher logisch nicht einwandfrei, denn da er sich auf eine Dualfolge bezieht, die in der vorher definierten Reihe nicht vorkommen kann, so verlangt er damit implizit, daß er nicht zu den gültigen formalen Beweisen gehören soll. Wenn er also doch einen solchen darstellen soll, so ergibt dies einen inneren Widerspruch im Beweise selbst, und er ist deshalb ungültig. Es kann auch auf keine andere Weise gelingen, den betreffenden Satz einwandfrei formal zu entscheiden.

Der Beweis wird aber sofort einwandfrei, wenn man ihn aus dem Formalen in das rein Gedankliche überträgt und vom Formalen abstrahiert.

Die formale Definition der betreffenden Antidiagonalfolge ist an sich schon einwandfrei, da hier kein solcher Widerspruch vorliegt.

Es gibt also tatsächlich einen formal darstellbaren Satz, der formal widerspruchsfrei, aber logisch falsch ist.

12. Es läßt sich auch hier zum Vergleich ein einfacheres Beispiel angeben, das dem in 8. betrachteten entspricht.

Man schreibe auf eine Tafel die Beweise der vier Sätze:

$\sqrt{1}$ ist rational; $\sqrt{2}$ ist irrational; $\sqrt{3}$ ist irrational; $\sqrt{4}$ ist rational.

Weiter schreibe man auf dieselbe Tafel noch folgendes auf:

„Definition. m sei die kleinste natürliche Zahl, für welche durch keinen auf dieser Tafel stehenden Beweis entschieden wird, ob ihre Quadratwurzel rational oder irrational ist.

Behauptung. $\sqrt{m}$ ist irrational.

Beweis. Da auf dieser Tafel für die Zahlen 1, 2, 3, 4 entschieden wird, ob ihre Quadratwurzel rational oder irrational ist, so ist $m > 4$. Da aber nur für höchstens fünf Zahlen die Beweise auf der Tafel stehen, so ist sicher $m < 9$. Es ist daher $2 < \sqrt{m} < 3$. Nun ist die Quadratwurzel einer natürlichen Zahl entweder eine ganze Zahl oder aber irrational. Da $\sqrt{m}$ keine ganze Zahl sein kann, so folgt also, daß $\sqrt{m}$ irrational ist."

Es muß in diesem Beispiel $m = 5$ sein, denn für $m > 5$ wäre doch die Zahl 5 die kleinste natürliche Zahl, für die auf der Tafel nichts bewiesen wird.

Es ist auch tatsächlich $m = 5$, denn der letzte, auf der Tafel stehende Beweis ist als solcher nicht einwandfrei. Dadurch, daß er auf der Tafel steht, wird verlangt, daß er ungültig sein soll, denn sonst wäre ja m nicht die richtige Zahl.

Der angegebene Beweis ist aber einwandfrei, wenn man ihn rein gedanklich faßt, so daß er als solcher nicht auf der Tafel steht.

Die auf der Tafel stehende Definition von m ist an sich schon einwandfrei, sie definiert eindeutig die Zahl 5.

Schreibt man noch den Satz auf die Tafel: „$\sqrt{m}$ ist rational", so ist dies ein auf der Tafel angegebener, aber nicht entschiedener, also auch nicht widerlegter Satz, der aber doch falsch ist. Es ist auch unmöglich, irgendeinen Beweis auf die Tafel zu schreiben, der diesen Satz widerlegen würde.

(Eingegangen am 28. November 1925.)

ÜBER DIE GRUNDLEGUNG DER MATHEMATIK

Im Gegensatz zu Hilberts „Grundlagen der Geometrie" genügen die neueren, zur Begründung der Mathematik aufgestellten Theorien nicht den Forderungen der Allgemeinheit, Einheit und Notwendigkeit. Auch die Widerspruchsfreiheit ergibt sich z. B. in Hilberts Beweistheorie nur in dem zu engen formalen, nicht im absoluten Sinn, und die Antinomien der Mengenlehre bleiben ungelöst.

Diese Nachteile werden durch eine rein logische Grundlegung beseitigt. Als Grundlage dient ein System von Dingen, die Mengen heißen und durch eine Elementbeziehung verknüpft sind. Das System wird durch folgende Axiome festgelegt: I. Sind A und B beliebige Mengen, so ist stets eindeutig entschieden, ob B Element von A ist oder nicht. II. Ist A mit B isomorph, so ist A mit B identisch. III. Das System ist bei Aufrechterhaltung von I. und II. keiner Erweiterung fähig. Der Ausdruck „isomorph" bezieht sich auf das System der in der Menge in weiterem Sinn enthaltenen (in ihr „wesentlichen") Mengen, also der Elemente, der Elemente von Elementen usf. Die „Vereinigung" aller den Axiomen I und II genügenden Systeme erfüllt auch das dritte Axiom, daraus ergibt sich die Widerspruchsfreiheit des Systems. Da die Existenz von widerspruchsvoll definierten Mengen nicht verlangt wird, sind die Antinomien beseitigt.

Zur Ableitung von Existenzsätzen werden die Mengen in zirkelfreie und zirkelhafte eingeteilt. Nach Ausscheidung der in sich wesentlichen Mengen wird definiert: Eine Menge heißt zirkelfrei, wenn sie und alle in ihr wesentlichen Mengen „vom Begriff zirkelfrei unabhängig" sind, d. h. sie müssen sich so definieren lassen, daß die Definition stets dieselbe Menge liefert, gleichgültig, welche Mengen als zirkelfrei bezeichnet werden. Die „Menge aller zirkelfreien Mengen" z. B. ist zirkelhaft, die Nullmenge zirkelfrei. Es folgt: Jede feste Gesamtheit von zirkelfreien Mengen bildet eine Menge; diese ist selbst zirkelfrei, wenn die Gesamtheit vom Begriff zirkelfrei unabhängig ist. Daraus ergeben sich die Sätze der Mengenlehre und die übrige Mathematik.

In der Diskussion kam der Unterschied zwischen absoluter und formaler Logik zur Sprache. Anstatt allgemeiner Erklärungen hätte der Vortragende wohl besser das folgende Beispiel gegeben:

Die Frage, ob in einem bestimmten Dualbruch unendlich viele Nullen vorkommen oder nicht, ist für gewisse Dualbrüche formal entscheidbar. Die zugehörigen Beweise (und also diese Dualbrüche selbst) lassen sich bei jedem festen Formalismus in eine abgezählte Reihe bringen. Das Diagonalverfahren liefert einen Dualbruch δ, derart, daß der Satz: „In δ kommen nicht unendlich viele Nullen vor" formal nicht entscheidbar, also formal widerspruchsfrei ist. Er ist aber sicher falsch, da sich die Frage für den Bruch $0,1111\ldots$ durch unendlich viele formale Beweise entscheiden läßt und diesen jedesmal in δ eine 0 entspricht. Dieser Beweis der absoluten Logik läßt sich nicht formal darstellen; jeder Versuch führt zu einem unerfüllbaren Zirkel.

Nähere Ausführungen erscheinen in der Mathematischen Zeitschrift.

Über die Grundlegung der Mengenlehre.

Erster Teil. Die Mengen und ihre Axiome.

Einleitung.

Die reine Mathematik operiert mit Objekten, die entweder als unmittelbar gegeben betrachtet, oder axiomatisch festgelegt, oder aus solchen unmittelbar gegebenen oder axiomatisch festgelegten Objekten durch bestimmte Konstruktionen abgeleitet werden.

Beispiele von solchen Objekten sind die natürlichen Zahlen, die reellen oder die komplexen Zahlen, die reellen oder die komplexen Funktionen von bestimmten Veränderlichen, speziell die analytischen Funktionen, ferner die Punkte, Geraden und Ebenen des euklidischen oder des projektiven Raumes und andere mehr.

Bei den hier angeführten Beispielen hat man es der gewöhnlichen Auffassung zufolge[1]) in jedem Fall mit vollständig und eindeutig definierten Systemen zu tun, die in sich keinerlei Willkür mehr unterworfen sind.

Ein System von ähnlicher Bestimmtheit liegt bisher für die Mengenlehre nicht vor.

Einerseits läßt man nämlich als Elemente der Mengen meist ganz beliebige Dinge zu, ohne deren Gesamtheit scharf zu umgrenzen, andererseits scheint die Mengenbildung selbst bei festem Ausgangssystem ganz ins Uferlose zu verlaufen, ohne daß es gestattet wäre, alle diese Mengen wieder zu einem festen System zu vereinigen.

---

[1]) In dieser Arbeit wird der Standpunkt eingenommen, daß die exakte Mathematik so weit reicht, wie der Satz vom ausgeschlossenen Dritten. Die auf andern Gebieten sich bewegenden Untersuchungen von L. E. J. Brouwer und H. Weyl bleiben daher hier außer Betracht.

Die Einschränkung der beliebigen Mengenbildung durch Axiome, wie sie E. Zermelo[2]) angegeben hat, bietet ebenfalls keine Gewähr für ein festes Gesamtsystem, und auch wenn man ein solches annimmt, so ist es doch von der ziemlich willkürlichen Auswahl der Axiome abhängig. Diese Nachteile verschwinden auch nicht, wenn man mit A. Fraenkel[3]) ein „Beschränktheitsaxiom" hinzufügt[4]).

Ein wesentliches Hindernis für die einwandfreie Begründung einer allgemeinen Mengenlehre bildeten die „Antinomien", die eben bei der Betrachtung der „Menge aller Mengen" und ähnlicher Begriffsbildungen auftraten, und ohne eine Klärung derselben kann eine vollständige Begründung der Mengenlehre kaum gedacht werden.

Ich habe deshalb versucht, eine solche Klärung vorzunehmen[5]), und möchte im folgenden einige Ergänzungen dazu geben. Sodann wird ein System von Mengen definiert werden, das den gestellten Anforderungen genügen dürfte. Dabei werden die Mengen nicht „inhaltlich", sondern rein axiomatisch eingeführt, als ideelle Dinge, zwischen denen eine gewisse Beziehung besteht. An Hand dieses Systems läßt sich weiter eine Scheidung zwischen den zu Paradoxien Anlaß gebenden „zirkelhaften" Mengen und den für die eigentliche Mengenlehre und die sonstige Mathematik wichtigen „zirkelfreien" Mengen durchführen. Dies liefert dann auch die Mittel, um die Gültigkeit der Axiome Zermelos und ähnlicher Prinzipien zu untersuchen.

Die hierauf zu gründende Widerspruchsfreiheit der Arithmetik und Analysis, sowie eine Begründung der transfiniten Ordnungszahlen soll in einem zweiten Teil dieser Untersuchungen behandelt werden.

Das hierbei verfolgte Endziel ist genau dasjenige, das Hilbert in seinen Arbeiten zur Neubegründung der Mathematik angegeben hat[6]), nur wird die Frage der Widerspruchsfreiheit nicht, wie bei Hilbert, in formalem, sondern in absolutem Sinne verstanden. Um eine exakte

---

[2]) E. Zermelo, Untersuchungen über die Grundlagen der Mengenlehre, Math. Ann. **65** (1908), S. 261—281.

[3]) A. Fraenkel, Zu den Grundlagen der Cantor-Zermeloschen Mengenlehre, Math. Ann. **86** (1922), S. 230—237, insbes. S. 234.

[4]) Vgl. auch Th. Skolem, Einige Bemerkungen zur axiomatischen Begründung der Mengenlehre. Wissensch. Vorträge, V. Math.-Kongreß Helsingfors (1923), S. 217 —232; J. v. Neumann, Eine Axiomatisierung der Mengenlehre (insbes. Teil II), Journ. für reine u. angew. Math. **154** (1925), S. 219—240.

[5]) P. Finsler, Gibt es Widersprüche in der Mathematik? Jahresbericht der Deutschen Math.-Ver. **34** (1925), S. 143—155.

[6]) D. Hilbert, Neubegründung der Mathematik. Abh. a. d. Math. Sem. der Hamb. Univ. **1** (1922), S. 157—177; D. Hilbert, Die logischen Grundlagen der Mathematik, Math. Annalen **88** (1923), S. 151—165.

Wissenschaft vollständig zu begründen, muß man eine absolute Logik anerkennen, auf die man sich stützen kann und ohne die kein zwingender
Beweis denkbar ist. Zu dieser Logik wird hier insbesondere die Anwendung des Satzes vom ausgeschlossenen Dritten gerechnet in dem Sinne,
daß z. B. eine reelle Zahl auch dann entweder rational oder irrational ist,
wenn die Entscheidung darüber mit menschlichen Hilfsmitteln niemals
erreicht werden kann. Eine Behauptung kann also auch dann wahr sein,
wenn sie sich nicht mit einer „endlichen Anzahl von logischen Schlüssen"
beweisen läßt, und ebenso kann ein System auch dann einen inneren
Widerspruch enthalten, wenn man sicher ist, mit vorgegebenen Beweis-
methoden keinen solchen zu entdecken[7]). Der Begriff der „endlichen
Anzahl" darf zudem bei einer Theorie, die ihn erst begründen soll, nicht
schon vorausgesetzt werden.

Wenn demnach auch der hier einzuschlagende Weg ein anderer ist
als bei Hilbert, so glaube ich doch, daß er ganz im Sinne der „axiomatischen Methode" liegt, und ich möchte es nicht unterlassen, an dieser
Stelle meinem hochverehrten Lehrer, Herrn Geheimrat Hilbert, für die
reiche Anregung, die ich besonders in seinen Vorlesungen gerade auf diesen
Gebieten erfahren durfte, meinen herzlichsten Dank auszusprechen.

Für kritische Bemerkungen und wertvolle Ratschläge bei der Aus-
arbeitung bin ich Herrn Bernays zu besonderem Dank verpflichtet.

Kapitel 1.

Die Antinomien.

§ 1.

Eine falsche Annahme.

Der naiven Mengenlehre, die zu Antinomien führt, liegt die Annahme
zugrunde, daß beliebig vorgegebene Dinge stets zu einer Menge zusammengefaßt werden können, mit andern Worten, daß es stets eine bestimmte
Menge gibt, welche die gegebenen Dinge und nur diese als Elemente enthält. Dabei werden die Mengen selbst zu den Dingen gerechnet, die als
Elemente auftreten können.

Wird die Beziehung einer Menge zu ihren Elementen (also die Beziehung des „Enthaltens") mit β bezeichnet[8]), so bedeutet dies folgendes:
Es soll zu beliebig gegebenen Dingen stets ein eindeutig bestimmtes

---

[7]) Vgl. P. Finsler, Formale Beweise und die Entscheidbarkeit, Math. Zeitschr.
25 (1926), S. 676—682.

[8]) Die Beziehung β ist invers zu der Beziehung ε bei Zermelo[2]), d. h. $M\beta x$
bedeutet ebenso, wie $x\varepsilon M$, daß x ein Element der Menge M ist.

Ding existieren, welches die Beziehung β zu den gegebenen Dingen und nur zu diesen besitzt.

Dies ist aber eine Forderung, die notwendig zu Widersprüchen führt, denn es kann keinen Bereich von Dingen geben, in dem sie ohne Einschränkung erfüllt wäre.

Ist nämlich irgendein Bereich von Dingen vorgelegt, zwischen denen eine einmehrdeutige Beziehung β besteht, so nehme man diejenigen Dinge A des Bereichs, welche die Beziehung β nicht zu sich selbst besitzen, für die also nicht $A\beta A$ gilt. Dann gibt es in dem Bereich kein Ding N, welches die Beziehung β zu diesen und nur diesen Dingen besitzt, denn sowohl die Annahme $N\beta N$ als auch die gegenteilige Annahme führt sofort zum Widerspruch.

Wenn die Forderung nur für den Fall zu gelten braucht, daß die Anzahl der gegebenen Dinge von Null verschieden ist, so ist sie erfüllt für einen Bereich, der ein einziges Ding J enthält, das die Beziehung β zu sich selbst besitzt.

In einem Bereich mit mehr als einem Element kann sie aber auch in dieser Form nicht erfüllt sein. Sind nämlich a und b irgend zwei verschiedene Dinge des Bereichs, so müßten in dem Bereich drei unter sich verschiedene Dinge A, B, C existieren, derart, daß A die Beziehung β nur zu a, B zu b und C zu a und b besitzt. Dann kann aber nicht gleichzeitig $A\beta A$, $B\beta B$ und $C\beta C$ gelten, denn daraus würde $A = a$, $B = b$ und $C = a$ oder $C = b$ folgen, während doch C von A und von B verschieden sein muß. Es wären also sicher Dinge vorhanden, welche die Beziehung β nicht zu sich selbst besitzen, der Bereich kann aber wieder kein Ding N enthalten, das die Beziehung β zu allen und nur zu diesen Dingen besitzt.

§ 2.
Zirkelhafte Definitionen.

Es folgt aus diesen Betrachtungen, daß die zu Anfang gemachte Annahme nicht zutreffen kann.

Für die Annahme spricht aber der Umstand, daß man gewohnt ist, die Gesamtheit von vielen Dingen als eine Einheit aufzufassen und demnach jede solche Zusammenfassung als etwas an sich Gegebenes zu betrachten.

Diese Auffassung ist möglich, soweit es sich bei den Zusammenfassungen stets um *zirkelfreie* Operationen handelt, also z. B. immer dann, wenn die Dinge, die zusammengefaßt werden sollen, nicht selbst Zusammenfassungen sind oder von solchen wesentlich abhängen.

Bei *zirkelhaften* Bildungen liegt aber die Sache anders. Die Menge aller Mengen z. B. müßte eine Zusammenfassung sein, welche auch sich selbst mit zusammenfaßt. Solche zirkelhaften Konstruktionen können unter Umständen eindeutig ausführbar sein, es kann aber auch Fälle geben, bei denen die Konstruktion unbestimmt wird, und solche, bei denen der Zirkel nicht erfüllbar ist. Alle diese Möglichkeiten müssen berücksichtigt werden.

Die Verhältnisse liegen hier ähnlich, wie in der Algebra, wo eine Gleichung von der Form $x = f(x)$ unter Umständen eine eindeutige Lösung besitzt, während in andern Fällen die Zahl x unbestimmt bleibt, oder endlich die Gleichung durch keinen Wert von x befriedigt wird und deshalb unlösbar ist. Wenn z. B. die Gleichung

$$x = a + bx$$

vorgelegt ist, so treten diese Fälle auf, je nachdem $a = 1$, $b = -1$, oder $a = 0$, $b = 1$, oder $a = 1$, $b = 1$ gesetzt wird, während für $a = 1$, $b = 0$ die Definition von x zirkelfrei wird.

Da die übliche Definition des Mengenbegriffs zirkelhafter Natur ist, so können auch hier alle diese Fälle vorkommen. Die Auffassung, daß irgendwelche Dinge stets zusammengefaßt werden könnten, ist dann aber nicht mehr haltbar. Wenn man verlangt, alle und nur die Zusammenfassungen zusammenzufassen, die sich nicht mit zusammenfassen, so verlangt man Unmögliches, und zwar deshalb, und *nur* deshalb, weil der vorliegende Zirkel nicht erfüllbar ist.

Daraus folgt auch, daß eine Menge nicht an sich schon gegeben ist, wenn nur die Elemente gegeben sind. Die Menge muß vielmehr erst gebildet werden, und sie kann nur dann ohne weiteres gebildet werden, wenn man weiß, daß dadurch kein Zirkel entsteht.

Man hat oft hervorgehoben, daß eine Menge, die ein einziges Element enthält, oder, wie man auch sagt, die „aus einem Element besteht", nicht mit diesem Element verwechselt werden darf. Noch weniger aber darf man eine Menge, die viele Elemente enthält, mit dem Inbegriff aller dieser Elemente verwechseln. „Viele Dinge" sind nicht ein Ding und dürfen nicht mit einem Ding identifiziert werden. Man kann ihnen aber i. a. ein Ding zuordnen, und man kann dies immer tun, wenn dadurch kein Zirkel, oder zum mindesten kein unerfüllbarer Zirkel entsteht.

Da im gewöhnlichen Leben stets der zirkelfreie Fall vorliegt, so wird hier oft ein zusammengesetztes Ding nicht von dem Inbegriff aller seiner Teile unterschieden, obwohl dies nicht dasselbe ist; ein Wald, als Einheit aufgefaßt, ist nicht identisch mit den Bäumen, aus denen er „besteht": man geht zwar *in* den Wald, aber nur *zwischen* die Bäume.

Für die Mengenlehre ist die Unterscheidung von Wichtigkeit, einerseits, weil es hier auf die Zahl der Dinge ankommt, dann aber auch, weil hier der Fall eintreten kann, daß zwar die Elemente sämtlich existieren, daß aber die zugehörige Menge infolge eines unerfüllbaren Zirkels nicht gebildet werden kann.

§ 3.

Menge und Gesamtheit.

Es ist gut, die eben genannte Unterscheidung auch in der Sprache zum Ausdruck zu bringen. Es wäre aber oft unbequem, von vielen Dingen immer in der Mehrzahl reden zu müssen, man verwendet bequemer eine Einzahl, indem man von ihrer *Gesamtheit* spricht. Dies soll auch im folgenden geschehen und ist unbedenklich, wenn man nur darauf achtet, daß dann das Wort „Gesamtheit" nicht dasselbe bedeutet wie „Menge". Unter einer Gesamtheit von Dingen sind vielmehr die Dinge selbst zu verstehen, während die Menge, welche die Dinge als Elemente enthält, ein einzelnes, i. a. von ihnen verschiedenes Ding darstellt.

Wenn z. B. der Satz, daß eine Zahl eindeutig in Primfaktoren zerlegbar ist, für die Gesamtheit aller natürlichen Zahlen gilt, so gilt er für die Zahlen selbst, für jede einzelne natürliche Zahl. Wenn aber die Menge aller natürlichen Zahlen Element einer Menge M ist, so kann es sein, daß die Menge M nur ein einziges Element enthält; die Zahlen selbst sind dann sicher nicht Elemente von M.

Eine Menge ist also ein wirkliches Individuum, eine Gesamtheit dagegen steht nur im sprachlichen Ausdruck in der Einzahl und bedeutet in Wirklichkeit fast stets eine Mehrzahl. Speziell kann allerdings der Ausdruck auch für den Fall verwendet werden, daß die Zahl der Dinge gleich Eins oder auch gleich Null ist. In ähnlicher Bedeutung, wie hier das Wort „Gesamtheit", wurde oben schon die Bezeichnung „Inbegriff" verwendet.

Die Ursache der mengentheoretischen Antinomien läßt sich nun damit erklären, daß nicht jeder Gesamtheit von Dingen eine Menge entspricht. So kann man zwar ohne Widerspruch von allen sich selbst nicht enthaltenden Mengen reden, oder auch von der Gesamtheit aller dieser Mengen, aber es gibt keine Menge, welche alle diese Mengen und nur sie enthält.

Man kann hier allerdings einen anderen Standpunkt einnehmen und sagen, daß es immer an sich schon eine Zusammenfassung bedeutet, wenn man von einer „Gesamtheit" von Dingen, oder auch schon, wenn man von „allen" Dingen mit einer gewissen Eigenschaft spricht, und daß jede solche Zusammenfassung als Menge bezeichnet werden soll. In diesem

Falle ist es tatsächlich widerspruchsvoll und deshalb sinnlos, von allen sich selbst nicht enthaltenden Mengen zu sprechen. Der Widerspruch rührt dann aber nur davon her, daß mit dieser Ausdrucksweise die Bildung eines unmöglichen Begriffs verknüpft sein soll.

Es ist aber nicht notwendig, diesen Standpunkt einzunehmen. Die Verhältnisse dürften im Gegenteil klarer werden, wenn man den Mengenbegriff dahin abändert, daß auch eine wirkliche Zusammenfassung von Dingen noch keine Menge bedeuten soll, daß vielmehr die Mengen nur Dinge sind, welche den Zusammenfassungen *zugeordnet* werden, soweit dies möglich ist. Es ist dabei gut, die Zusammenfassungen selbst überhaupt nicht als „Dinge" zu bezeichnen.

In diesem Falle kann man stets von einer Gesamtheit von Mengen sprechen und darunter auch ein wirkliches Zusammenfassen verstehen, ohne daß damit von selbst die Bildung einer Menge und unter Umständen ein unerfüllbarer Zirkel verknüpft wäre.

Verschiedene Begriffe, die für Mengen erklärt werden, haben dann schon einen Sinn, wenn nur eine Gesamtheit vorgelegt ist. So kann man z. B. behaupten, daß die Gesamtheit aller sich nicht selbst enthaltenden Mengen nicht abzählbar ist und kann fragen, ob sie wohlgeordnet werden kann. Zum Abzählen oder Wohlordnen gehören eben nur die „vielen Dinge", die Elemente, allerdings „in ihrer Gesamtheit", aber nicht das eine Ding, die Menge, die hier gar nicht existiert.

§ 4.
Die reinen Mengen.

Wenn man sich überzeugt hat, daß beliebig vorgegebenen Dingen nicht stets eine Menge zu entsprechen braucht (nämlich dann nicht, wenn die Bildung derselben einen unerfüllbaren Zirkel bedeutet), so verschwinden die bekannten Widersprüche.

Es entsteht nun die Frage, ob sich damit eine vollständige Begründung der Mengenlehre erreichen läßt.

Der Begriff einer Zusammenfassung von beliebigen Dingen ist für eine strenge Grundlegung jedenfalls zu unbestimmt, solange nicht genau definiert ist, was man dabei unter einem Ding zu verstehen hat. Um hier eine scharfe Umgrenzung herbeizuführen, kann man so vorgehen, daß man für die reine Mengenlehre alles ausschließt, was nicht unbedingt nötig ist, d. h. alles bis auf die Mengen selbst. Man erhält so die „reinen Mengen", deren Elemente selbst stets nur wieder reine Mengen sind[8a]).

[8a]) Anmerkung bei der Korrektur. Den Gedanken, das System dieser reinen Mengen als Grundlage der Untersuchung anzunehmen, hatte ich 1920 Herrn

Um aber auch die erwähnten, im Begriff der Zusammenfassung selbst liegenden Schwierigkeiten vollständig zu vermeiden und ein festes Fundament zu gewinnen, werden wir diese Mengen rein axiomatisch festlegen.

Ein *Punkt* ist in der Mathematik nicht, „was keinen Teil hat", sondern er ist ein ideelles Ding, das gewissen Axiomen genügt, das aber durch mannigfache Analogien mit dem verknüpft ist, was man sich anschaulich unter einem Punkt vorstellt.

Eine *natürliche Zahl* ist m. E. nicht ein aufgeschriebenes Zeichen, sondern ein ideelles Ding, das gewissen Axiomen genügt, das aber hinreichend Analogien besitzt mit den Zeichen, die wir zum Rechnen benützen.

So soll auch eine *Menge* nicht eine Zusammenfassung sein, sondern ein ideelles Ding, das gewissen Axiomen genügt, das aber in enger Analogie steht mit den anschaulichen Zusammenfassungen, und zwar insbesondere mit denen, die oben als „reine Mengen" bezeichnet wurden.

1   Das System dieser Dinge, deren Existenz lediglich in der Widerspruchsfreiheit des Axiomensystems begründet ist, kann als Grundlage für die Mengenlehre und für die sonstige Mathematik verwendet werden.

Durch die axiomatische Auffassung, nach der die Mengen nur Dinge und nicht Zusammenfassungen bedeuten, wird insbesondere erreicht, daß man nunmehr diese Dinge in beliebiger Weise anschaulich zusammenfassen kann, ohne in die Gefahr eines Zirkels zu geraten. Diese Zusammenfassungen dürfen dann aber nicht selbst als Mengen bezeichnet werden, sondern etwa als *Systeme* von Mengen. Unter einer *Gesamtheit* von Mengen sollen auch weiterhin die betreffenden Mengen selbst verstanden werden. Die Unterscheidung zwischen System und Gesamtheit ist aber nach Festlegung des Mengenbegriffs nicht von Bedeutung.

Da die Systeme von Mengen jetzt nicht mehr Grundobjekte der Mengenlehre sind, die selbst als Elemente auftreten können, so ist es auch zwecklos, nun weiter in beliebiger Steigerung Systeme von Systemen usw. zu bilden und sich dabei in neue Zirkel zu verstricken.

Bernays mitgeteilt. Die Axiomatik Fraenkels (vgl. A. Fraenkel, Einleitung in die Mengenlehre, 2. Aufl. (Berlin 1923); Untersuchungen über die Grundlagen der Mengenlehre, Math. Zeitschr. 22 (1925), S. 250—273) benutzt ebenfalls nur solche Mengen, sucht aber mit Zermelo die Antinomien durch weitere Einschränkungen auszuschließen.

Kapitel 2.
Die Axiome der Mengen.
§ 5.
Das Axiomensystem.

Nach diesen Vorbemerkungen können wir in Anlehnung an die Axiomatik Hilberts [9]) sagen:

Wir denken ein System von Dingen, die wir Mengen nennen, und eine Beziehung, die wir mit β bezeichnen. Die genaue und vollständige Beschreibung geschieht durch die folgenden Axiome:

I. Axiom der Beziehung.

Für beliebige Mengen M und N ist stets eindeutig entschieden, ob M die Beziehung β zu N besitzt oder nicht.

II. Axiom der Identität.

Isomorphe Mengen sind identisch.

III. Axiom der Vollständigkeit.

Die Mengen bilden ein System von Dingen, welches bei Aufrechterhaltung der Axiome I und II keiner Erweiterung mehr fähig ist, d. h. es ist nicht möglich, zu den Mengen noch weitere Dinge hinzuzunehmen, so daß auch in dem so entstehenden neuen System die Axiome I und II erfüllt sind.

Der Ausdruck „isomorph" wird in § 7 erklärt werden. Wird das den Axiomen genügende System mit Σ bezeichnet, so bedeutet das Wort „Menge" stets nur „Ding des Systems Σ". Die Mengen sollen aber rein ideelle Dinge sein, die lediglich durch die zwischen ihnen festgesetzten Beziehungen bestimmt sind.

Die Mengen werden im folgenden mit $M, N, A, a \ldots$ bezeichnet, die Systeme von Mengen mit $\Sigma, \mathfrak{S} \ldots$, Gleichungen zwischen Mengen oder Systemen ($A = B$, $\Sigma_1 = \Sigma_2, \ldots$) bedeuten Identität.

§ 6.
Das erste Axiom.

Es sei zunächst ein beliebiges, aber festes System Σ gegeben, in welchem das erste Axiom erfüllt ist. Das Wort „Menge" soll aber

[9]) D. Hilbert, Grundlagen der Geometrie (4. Aufl., Leipzig und Berlin 1913) S. 2 und Anhang VI (Über den Zahlbegriff) S. 238.

Die drei Axiome sind, wie sich zeigen wird, *willkürliche Annahmen*; zwischen „Axiomen" und „Postulaten" wird hier nicht unterschieden.

auch hier nur bedeuten: „Ding des der Betrachtung zugrunde gelegten Systems Σ".

Wenn eine Menge M zu einer Menge A die Beziehung β besitzt, oder kurz, wenn $M\beta A$ gilt, so soll A ein *Element* von M heißen. Wir werden i. a. die in der Mengenlehre üblichen Bezeichnungen beibehalten und deshalb für die Beziehung $M\beta A$ auch sagen, die Menge M „enthält" die Menge A. Dabei kann M noch weitere Elemente $B, C, D, \ldots$ enthalten, aus Axiom I folgt aber, daß die Gesamtheit aller dieser Elemente stets eindeutig bestimmt ist.

Wenn M gegeben ist, so kann man auch umgekehrt sagen, daß die Mengen $A, B, C, D, \ldots$ zusammen die Menge M „bilden", doch darf man sich durch diesen Ausdruck nicht zu falschen Vorstellungen verleiten lassen. Beliebige Mengen brauchen nicht stets eine Menge zu bilden, d. h. es wird nicht verlangt, daß stets eine Menge existiert, welche zu einer gegebenen Gesamtheit von Mengen die Beziehung β hat.

Es ist überhaupt für manche Zwecke vorteilhaft, sich unter der Beziehung β nicht ein anschauliches „Enthalten" vorzustellen, sondern lediglich eine Beziehung der Dinge zueinander, die man sich auch durch Pfeile dargestellt denken kann und die von ähnlicher Art ist, wie etwa die Beziehung der Zahl $n+1$ zur Zahl n.

So macht es auch keine Schwierigkeit, sich eine Menge vorzustellen, die „sich selbst als Element enthält", z. B. eine Menge, die *nur* sich selbst enthält. Es ist dies einfach ein Ding des Systems Σ, welches die Beziehung β auch zu sich selbst, bzw. nur zu sich selbst besitzt. Daß ein Ding eine Beziehung zu sich selbst besitzen kann, ist nichts Ungewöhnliches; die Ähnlichkeit z. B. ist eine Beziehung, welche eine geometrische Figur auch zu sich selbst, die Identität eine solche, welche sie nur zu sich selbst besitzt.

Ein Ding von Σ, welches die Beziehung β zu keinem Ding besitzt (nicht nur zu keinem andern), soll eine *Nullmenge* heißen. Es ist dies eine Menge, welche kein Element enthält und deshalb der gewöhnlich so genannten Nullmenge entspricht. Sie besitzt aber hier (wenn sie überhaupt vorhanden ist) genau dieselbe Existenz wie irgendwelche andern Dinge von Σ, im Gegensatz zu der gewöhnlichen Mengenlehre, wo sie als „Zusammenfassung, die nichts zusammenfaßt" eine uneigentliche Bedeutung hat.

Ein Ding von Σ, welches die Beziehung β allein zu einer Nullmenge besitzt, welches also eine Nullmenge als einziges Element enthält, werde als *Einsmenge* bezeichnet.

Wird die Beziehung β durch Pfeile dargestellt, so kann man die Mengen selbst etwa durch Ringe darstellen, von denen diese Pfeile ausgehen. Eine Nullmenge wäre dann durch einen Ring darzustellen, von dem kein Pfeil ausgeht, eine Einsmenge durch einen solchen, von dem nur ein Pfeil ausgeht, der zu einer Nullmenge zeigt. Der obere Ring in dieser Figur: bedeutet eine Menge, welche eine Null- und eine Einsmenge als Elemente enthält. Eine sich selbst enthaltende Menge läßt sich durch einen Ring darstellen, von dem ein Pfeil ausgeht, der zu dem Ring selbst zurückführt: $\bigcirc$ (J-Menge).

Wenn man die in der Mengenlehre üblichen Klammern verwendet, so lassen sich zwar die Null- und Einsmengen direkt durch $\{\}$ bzw. $\{\{\}\}$ darstellen, für eine sich selbst enthaltende Menge ist jedoch eine Gleichung von der Form $H = \{A, \ldots, H\}$ bzw. $J = \{J\}$ nötig.

§ 7.
Vollständige Systeme.

Das Grundsystem Σ sei wie in § 6 gegeben. Als Beispiel kann etwa ein aus Null-, Eins- und J-Menge bestehendes genommen werden.

Beliebige Dinge von Σ kann man zu einem *Teilsystem* zusammenfassen; ein solches ist stets vollständig bestimmt, wenn von jeder Menge eindeutig entschieden ist, ob sie ihm angehört oder nicht.

Ein System von Mengen, welches mit jeder Menge auch alle Elemente dieser Menge enthält, werde ein *vollständiges System* genannt. Das System Σ ist selbst ein vollständiges System.

Ist nun eine beliebige Menge M vorgelegt, so gibt es mindestens ein vollständiges System (nämlich Σ), welches die sämtlichen Elemente von M enthält. Diejenigen Mengen, welche *jedem* derartigen System angehören, sollen *in M wesentlich* heißen.

Das System der in M wesentlichen Mengen werde mit Σ_M bezeichnet. Es ist eindeutig bestimmt, denn wenn N eine beliebige Menge ist, so gibt es entweder ein vollständiges System, welches alle Elemente von M, aber nicht die Menge N enthält, oder aber es gibt kein solches System. Im zweiten Fall und nur in diesem gehört die Menge N zum System Σ_M.

Der Definition zufolge ist jedes Element von M in M wesentlich. Ist ferner die Menge A in M wesentlich, und ist a Element von A, so ist auch a in M wesentlich, denn es gibt kein vollständiges System, welches die Menge A, aber nicht die Menge a enthält. Hieraus folgt, daß auch Σ_M ein vollständiges System ist, welches die Elemente von M enthält. Es gilt also:

Satz 1. *Die in einer Menge M wesentlichen Mengen bilden ein vollständiges System, welches alle Elemente von M enthält. Dasselbe gilt auch für die Menge M und die in ihr wesentlichen Mengen zusammen.*

Die in einer Menge M wesentlichen Mengen gehören nach Definition jedem vollständigen System an, welches alle Elemente von M enthält, und also insbesondere auch jedem vollständigen System, welches die Menge M enthält. Dies ergibt:

Satz 2. *Ein vollständiges System enthält mit jeder Menge M auch alle in M wesentlichen Mengen.*

Hieraus läßt sich weiter die Folgerung ziehen:

Satz 3. *Ist A in B wesentlich und B in C, so ist auch A in C wesentlich.*

Das System Σ_C der in C wesentlichen Mengen ist nämlich nach Satz 1 ein vollständiges System. Es enthält nach Voraussetzung die Menge B und folglich nach Satz 2 auch die Menge A.

Das System der Mengen, welche entweder mit einem Element von M identisch oder in einem Element von M wesentlich sind, ist ein vollständiges System, welches alle Elemente von M enthält, und es muß deshalb auch alle in M wesentlichen Mengen enthalten. Es gilt also:

Satz 4. *Wenn A in M wesentlich ist, so ist A Element von M oder in einem Element von M wesentlich.*

Da umgekehrt jede in einem Element von M wesentliche Menge nach Satz 3 auch in M selbst wesentlich ist, so ist das System der in M wesentlichen Mengen identisch mit dem System, das aus den Elementen von M und den in diesen Elementen wesentlichen Mengen besteht.

Eine umkehrbar eindeutige Abbildung von zwei vollständigen Systemen aufeinander heiße *beziehungstreu*, wenn mit der Beziehung $A \beta a$ für Mengen des einen Systems stets auch die Beziehung $A' \beta a'$ für die zugeordneten Mengen des andern Systems erfüllt ist und umgekehrt.

2   Zwei Mengen M und M' heißen *isomorph*, wenn sich die aus den Mengen M bzw. M' und den darin wesentlichen Mengen bestehenden Systeme $\Sigma_{\{M\}}$ und $\Sigma_{\{M'\}}$ umkehrbar eindeutig und beziehungstreu aufeinander abbilden lassen, und zwar so, daß dabei M auf M' abgebildet wird[10]). Jede Menge ist mit sich selbst isomorph, und zwei Mengen, die einer dritten isomorph sind, sind unter sich isomorph.

§ 8.

Das zweite Axiom.

Es werde jetzt vorausgesetzt, daß das zugrunde gelegte System Σ auch dem zweiten Axiom genügt, welches besagt, daß isomorphe Mengen

---

[10]) Daß diese letztere Bedingung nicht überflüssig ist, zeigt das Beispiel $A = \{A, B\}$, $B = \{A\}$, wo A mit B nicht isomorph ist.

identisch sind. Es soll also m. a. W. in Σ zu keiner Menge eine andere, mit ihr isomorphe geben.

Wenn die Mengen M und M' dieselben Elemente besitzen, so sind wegen Satz 4 auch die Systeme Σ_M und $\Sigma_{M'}$ identisch und die Mengen M und M' sind isomorph. Nach Axiom II ergibt sich also der Satz:

Satz 5. *Zwei Mengen, welche dieselben Elemente besitzen, sind identisch.*

Es genügt jedoch nicht, das zweite Axiom durch diesen Satz zu er- 3 setzen. Man erkennt dies an folgendem Beispiel (vgl. auch § 18):

Das System Σ enthalte eine Menge J, welche als einziges Element sich selbst enthält und also der Gleichung genügt:

$$J = \{J\}.$$

Ferner sei eine Menge K vorhanden, welche ebenfalls nur sich selbst enthält und folglich der Gleichung genügt:

$$K = \{K\}.$$

Nimmt man nun an, es sei $J \neq K$, so sind die Elemente der beiden Mengen verschieden, und in Einklang mit Satz 5 auch die Mengen selbst. Das System könnte nun noch weitere solche Mengen enthalten, welche ebenfalls nur sich selbst als einziges Element besitzen und doch sämtlich als verschieden zu betrachten wären, und zwar könnten diese Mengen in ganz unbeschränkter Zahl auftreten, über jede vernünftige [11]) Mächtigkeit hinaus, was jedenfalls nicht zweckmäßig wäre. Da zudem die Annahme $J = K$ den Axiomen nicht widersprechen würde, so wäre die Frage, ob J mit K identisch ist, nicht entscheidbar.

Nach Axiom II müssen nun aber alle diese Mengen identisch sein, da sie miteinander isomorph sind. Es kann also höchstens *eine* Menge geben, welche sich selbst als einziges Element enthält; sie werde im folgenden als *J-Menge* bezeichnet.

Aus Axiom II oder Satz 5 folgt weiter, daß es auch nur *eine* Nullmenge und ebenso nur *eine* Einsmenge geben kann. Diese sind aber voneinander und von der J-Menge verschieden, da sie, wie leicht zu sehen, nicht isomorph sind.

Wenn die Mengen A, B, C den Beziehungen genügen: $A = \{B\}$, $B = \{C\}$, $C = \{A\}$, so sind sie isomorph und daher nach Axiom II untereinander und folglich mit der J-Menge identisch.

Allgemein kann man schließen: Wenn das Grundsystem Σ fest gegeben ist und dem ersten Axiom genügt, so ist eindeutig entschieden, ob

---

[11]) Jedoch nicht über die Mächtigkeit der „Menge aller Dinge" hinaus, sofern man diese nichtaxiomatische Menge zuläßt.

es auch dem zweiten Axiom genügt oder nicht. Wenn auch das zweite Axiom erfüllt ist, so ist für beliebig gegebene Mengen wiederum eindeutig entschieden, ob sie isomorph sind oder nicht, und folglich auch, ob sie identisch sind oder nicht.

§ 9.
Vereinigung und Durchschnitt von Systemen.

4   Es seien jetzt beliebig viele Grundsysteme Σ_α gegeben, von denen jedes für sich den Axiomen I und II genügt. Ein System Σ heißt eine *Vereinigung* dieser Systeme, wenn es ebenfalls diesen Axiomen genügt, und wenn jede Menge in Σ isomorph ist mit mindestens einer der gegebenen Mengen, und umgekehrt jede der gegebenen Mengen isomorph ist mit einer bestimmten Menge in Σ. Dabei ist der Ausdruck „isomorph" ebenso zu erklären wie vorher bei einem einzigen Grundsystem, und es sind auch hier alle Mengen, die einer gegebenen isomorph sind, unter sich isomorph.

Man kann nun ein solches Vereinigungssystem Σ dadurch erhalten, daß man alle in den Systemen Σ_α vorkommenden Dinge zusammennimmt, jedoch mit der Festsetzung, daß alle unter sich isomorphen Mengen (und nur solche) als identisch zu betrachten sind, und daß somit in Σ eine Menge M zu einer Menge N dann und nur dann die Beziehung β besitzt, wenn dies in einem der gegebenen Systeme Σ_α der Fall ist.

Die getroffene Festsetzung ist zulässig, denn es steht ihr keine andere Festsetzung entgegen, nach der etwa irgendwelche isomorphen Mengen nicht identisch sein sollten. Für die einzelnen Systeme Σ_α gilt dies nach Voraussetzung, und wenn zwischen Mengen von verschiedenen dieser Systeme eine andere Festsetzung getroffen wäre, so kann diese aufgehoben werden, ohne daß sich dadurch die einzelnen Systeme Σ_α verändern. Wenn also z. B. in mehreren der gegebenen Systeme eine Nullmenge vorkommt, so ist dies eben als „die" Nullmenge zu betrachten, die allen diesen Systemen angehört.

Man findet somit, daß es zu beliebigen Grundsystemen Σ_α stets eine Vereinigung Σ gibt. Es ist wesentlich, zu beachten, daß bei der Bildung von Σ nirgends die Existenz von noch nicht vorhandenen Dingen gefordert wird; das System Σ kann auch sehr wohl mit einem der gegebenen Systeme identisch sein.

Es gibt auch im wesentlichen nur *ein* Vereinigungssystem Σ, denn wenn Σ' ein ebensolches ist, so muß jede Menge in Σ mit einer bestimmten in Σ' isomorph sein und umgekehrt, d. h. die Systeme Σ und Σ' lassen sich umkehrbar eindeutig und beziehungstreu aufeinander abbilden.

Innerhalb eines Systems Σ, in dem die Axiome I und II erfüllt sind, läßt sich sowohl die Vereinigung als auch der Durchschnitt von beliebigen Systemen ohne weiteres bilden. Vereinigung und Durchschnitt von vollständigen Systemen sind wieder vollständige Systeme. Der Durchschnitt aller vollständigen Systeme, welche eine gegebene Menge M enthalten, besteht wegen Satz 1 und Satz 2 aus der Menge M und allen in M wesentlichen Mengen.

§ 10.
Das dritte Axiom.

Axiom III ist das Hilbertsche Vollständigkeitsaxiom[12]). Es besagt hier, daß das System Σ das größtmögliche sein soll, welches den Axiomen I und II genügt.

Eine Folge dieses Axioms ist der Satz:

Satz 6. *Zu einer bestimmten Gesamtheit von Mengen gibt es dann und nur dann eine Menge, welche die Beziehung β gerade zu dieser Gesamtheit besitzt, wenn die Annahme, eine solche Menge existiere, nicht mit Axiom I in Widerspruch steht.*

Wenn nämlich diese Annahme nicht mit Axiom I in Widerspruch steht, so muß es ein dem ersten Axiom genügendes vollständiges System geben, das eine Menge M enthält, welche die Beziehung β gerade zu den gegebenen Mengen besitzt. Die in M wesentlichen Mengen bilden dann ein Teilsystem Σ_M, das zugleich Teilsystem von Σ ist und daher auch dem zweiten Axiom genügt. Wenn nun die Menge M (oder eine dazu isomorphe) nicht in Σ vorkommen würde, so könnte sie auch mit keiner Menge von Σ_M isomorph sein und würde deshalb mit Σ_M zusammen ein den beiden ersten Axiomen genügendes vollständiges System ergeben, dessen Vereinigung mit Σ eine Erweiterung von Σ darstellen würde.

Das dritte Axiom läßt sich aber nicht durch Satz 6 ersetzen. Da sich nämlich das Wort „Menge" nur auf die Dinge von Σ bezieht, so wäre z. B. für die J-Menge die Zugehörigkeit zu Σ zwar möglich, aber nicht notwendig. Das System Σ wäre also nicht eindeutig bestimmt.

Der folgende Satz ist jedoch mit Axiom III gleichwertig:

Satz 7. *Eine irgendwie definierte Menge existiert (d. h. es gibt in 5 Σ eine der Definition genügende Menge), wenn die Annahme der Existenz von M den beiden ersten Axiomen nicht widerspricht.*

---

[12]) D. Hilbert [9]), S. 22 und S. 240. Bei den „vollständigen Systemen" wird nur Vollständigkeit „nach unten", in bezug auf die Elemente, verlangt, während das „Vollständigkeitsaxiom" auch solche „nach oben" fordert. Eine Verwechslung ist wohl nicht zu befürchten.

Es muß nämlich in diesem Fall ein den beiden ersten Axiomen genügendes System geben, das die Menge M enthält, und die Vereinigung dieses Systems mit Σ würde eine Erweiterung von Σ darstellen, wenn nicht Σ schon die Menge M enthalten würde. Umgekehrt ist auch Axiom III eine Folge von Satz 7, denn wenn sich das System Σ noch erweitern ließe, so müßte jede neu hinzukommende Menge nach Satz 7 doch schon zu Σ gehören.

Aus Axiom III folgt insbesondere, daß das System Σ nicht leer sein kann, denn es müssen sicher die Nullmenge, die Einsmenge und die J-Menge zu Σ gehören, und weitere Mengen sind leicht zu bilden. Da ferner die Annahme der Existenz einer „Menge aller Mengen" den beiden ersten Axiomen nicht widerspricht, da aus diesen für keine Menge folgen kann, daß sie ihr nicht als Element angehört, so muß das System Σ nach Satz 7 auch eine solche Menge enthalten (vgl. u. § 12).

Es ist aber noch zu zeigen, daß auch wirklich ein System Σ existiert, welches allen Forderungen genügt, m. a. W., daß das Axiomensystem selbst keinen Widerspruch enthält.

§ 11.
Die Widerspruchsfreiheit, Vollständigkeit und Unabhängigkeit der Axiome.

Das in § 5 aufgestellte Axiomensystem ist widerspruchsfrei, d. h. aus den dort angegebenen Axiomen I, II, III folgt logisch kein Widerspruch. Um dies einzusehen, werden wir ein System von Dingen bilden, in dem alle drei Axiome erfüllt sind.

Wir gehen dazu aus von beliebigen Systemen Σ_a, in denen die beiden ersten Axiome I und II erfüllt sind. Daß es solche Systeme gibt, zeigt das Beispiel eines aus Null- und Einsmenge bestehenden Systems, d. h. also eines Systems, welches aus zwei verschiedenen Dingen besteht, von denen das eine die Beziehung β zum andern und nur zu diesem, dieses aber die Beziehung β zu keinem Ding besitzt.

In § 9 wurde gezeigt, wie man beliebige solche Systeme Σ_a zu einem einzigen System Σ vereinigen kann, in welchem ebenfalls die Axiome I und II erfüllt sind. Wir bilden nun in dieser Weise ein System Σ als Vereinigung *aller* überhaupt möglichen Systeme Σ_a, in denen die Axiome I und II gelten. Von allen diesen Systemen zu sprechen, bedeutet keinen Zirkel, da es sich nur um Systeme von Mengen, nicht um Systeme von Systemen handelt. Die Vereinigung kann genau in der in § 9 angegebenen Weise vollzogen werden.

Das so entstehende System Σ genügt nun auch dem dritten Axiom, denn jedes System Σ', welches den Axiomen I und II genügt, muß unter den Systemen Σ_α vorkommen und kann deshalb keine Menge enthalten, die nicht mit einer Menge in Σ isomorph wäre, d. h. Σ' kann keine Erweiterung von Σ darstellen.

Es folgt aus diesen Betrachtungen weiter, daß das System Σ durch die drei Axiome *eindeutig* bestimmt ist, d. h. jedes System Σ', welches allen drei Axiomen genügt, läßt sich umkehrbar eindeutig und beziehungstreu auf Σ abbilden. Andernfalls würde nämlich entweder Σ oder Σ' eine Menge enthalten, welche mit keiner Menge des andern Systems isomorph wäre; die nach § 9 zu vollziehende Vereinigung von Σ mit Σ' wäre dann aber eine Erweiterung von mindestens einem dieser Systeme, also Axiom III für dieses nicht erfüllt.

Die Widerspruchsfreiheit und Vollständigkeit des Axiomensystems ist hierdurch gewährleistet. Jede eindeutige, auf das System bezügliche Frage besitzt eine eindeutige Antwort, gleichgültig ob man sie mit menschlichen Hilfsmitteln finden kann oder nicht. Zwei wesentlich verschiedene Antworten würden nämlich zwei sich widersprechende Sätze und damit einen Widerspruch im System Σ ergeben, was unmöglich ist.

Die Unabhängigkeit der Axiome ergibt sich aus folgenden Beispielen:

In einem System, das aus zwei Dingen besteht, von denen jedes beliebig die Beziehung β entweder zum andern oder zu keinem Ding besitzt, ist das erste Axiom nicht erfüllt.

Ein System, das aus zwei nicht identischen Dingen besteht, von denen jedes die Beziehung β zu keinem Ding besitzt, genügt dem ersten, aber nicht dem zweiten Axiom.

Ein System, das aus Null- und Einsmenge besteht, genügt den beiden ersten, aber nicht dem dritten Axiom.

Die Axiome sind also in dem Sinne voneinander unabhängig, daß keines aus den vorhergehenden gefolgert werden kann; das zweite Axiom hat jedoch ohne das erste, und das dritte ohne die beiden ersten keinen eindeutigen Sinn.

§ 12.
Einwendungen.

Im Hinblick auf die Antinomien sollen noch einige Einwendungen besprochen werden, die man gegen das System Σ vorbringen könnte.

Nach G. Cantor besitzt eine Menge stets geringere Mächtigkeit als die Menge ihrer Teilmengen. Dies kann aber für die Menge aller Mengen nicht zutreffen, da diese alle ihre Teilmengen als Elemente enthalten muß. Und doch haben wir geschlossen, daß im System Σ eine Menge aller Mengen vorhanden ist.

In der Tat versagt hier auch der Beweis Cantors, denn er hat zur
Voraussetzung, daß eine beliebige Gesamtheit von Mengen stets wieder
eine Menge bildet, und diese Voraussetzung ist in Σ nicht erfüllt. Man
kann vielmehr umgekehrt schließen, daß man durch die Anwendung des
Cantorschen Diagonalverfahrens auf eine Zuordnung der Menge aller
Mengen zu der Menge ihrer Teilmengen, mit der sie identisch ist, stets
eine Gesamtheit von Mengen erhält, welche nicht die Gesamtheit der
Elemente einer bestimmten Menge darstellt. Im einfachsten Fall erhält
man die sich nicht selbst enthaltenden Mengen; die Annahme einer Menge,
welche diese und nur sie als Elemente enthält, steht tatsächlich in Widerspruch mit Axiom I, denn sie müßte nach diesem Axiom entweder die
Beziehung β zu sich selbst besitzen oder nicht, was beides unmöglich ist.

Für die Menge aller Mengen ist jedoch eindeutig entschieden, daß sie
die Beziehung β zu sich selbst und zu jeder andern Menge besitzt, und
umgekehrt muß für jede andere Menge eindeutig bestimmt sein, zu welchen
Mengen sie die Beziehung β besitzt, denn sonst dürfte sie nicht in Σ vorkommen. Da ferner das System Σ und damit die Gesamtheit aller Mengen
eindeutig bestimmt ist, so kann die Existenz der Menge aller Mengen
auch aus Satz 6 entnommen werden. Diese Menge besitzt im System Σ
die größte Mächtigkeit.

Man kann aber den Einwand gegen das System Σ noch in folgender
Form verschärfen:

Angenommen, das System Σ genüge den Axiomen I, II, III. Man
betrachte nun die Gesamtheit der Dinge von Σ, welche die Beziehung β
nicht zu sich selbst besitzen. Wie schon bemerkt, gibt es in Σ kein Ding,
welches die Beziehung β gerade zu diesen Dingen besitzt. Man nehme
nun ein neues Ding N, das nicht zu Σ gehört, und setze fest, daß es die
Beziehung β zu der soeben betrachteten Gesamtheit besitzen soll. Fügt
man dann dieses Ding N zu den Dingen von Σ hinzu, so erhält man ein
neues System Σ', welches eine Erweiterung des Systems Σ darstellt, in
Widerspruch mit Axiom III.

Hier liegt jedoch ein Fehlschluß vor[13]). Die angegebene Definition
von N ist nicht einwandfrei, sie enthält einen inneren Widerspruch. Wenn
nämlich N ein „neues", d. h. nicht zum Gesamtsystem Σ gehöriges Ding
sein soll, so darf es auch keinem den Axiomen I und II genügenden
System angehören. Da es aber andererseits mit Σ zusammen doch ein
solches System bilden soll, so widersprechen sich die Forderungen, es
gibt kein Ding N, das ihnen genügt, und daher ist auch die Erweiterung
des Systems Σ nicht ausführbar.

---

6   [13]) Vgl. Anm. [5]).

Man hat gelegentlich die Frage aufgeworfen, warum in der Mengen-lehre gewisse Axiome zugelassen werden, während das Axiom, daß beliebige Dinge eine Menge bilden, verworfen wird. Daß dieses Axiom zu Wider-sprüchen führen muß, wurde schon in § 1 besprochen. Es würde in unserem System die Form annehmen:

I*. Zu jeder bestimmten Gesamtheit von Mengen gibt es stets eine Menge, welche die Beziehung β gerade zu dieser Gesamtheit besitzt.

Der wesentliche Unterschied gegenüber den in § 5 aufgestellten Axiomen ist nun der, daß in I* die Existenz von Dingen verlangt wird, die einer gewissen Forderung genügen sollen, ohne Rücksicht darauf, ob sich die betreffende Forderung in jedem Fall erfüllen läßt. Es gibt aber Fälle, in denen sie infolge eines Zirkels nicht erfüllbar ist und dann verlangt das Axiom I* Unmögliches.

In den Axiomen I, II, III dagegen wird überhaupt nicht die Existenz von Dingen verlangt, die nicht an sich schon widerspruchsfrei existieren; nur *wenn* es Dinge gibt, die gewisse Eigenschaften haben, dann werden sie in das System Σ aufgenommen. Für das System Σ selbst ergibt sich dann die widerspruchsfreie Existenz als Folgerung.

Auch die Einwände, die Th. Skolem[4]) gegen die axiomatische Be-gründung der Mengenlehre erhoben hat, lassen sich auf das vorstehende System nicht anwenden. Insbesondere sind hier alle Begriffe in absolutem Sinn zu verstehen; wenn z. B. gezeigt wird, daß das System Σ mehr als abzählbar unendlich viele Dinge enthält (vgl. § 18), so ist diese Über-abzählbarkeit absolut und läßt sich nicht durch besondere Festsetzungen in einem nur abzählbaren Bereich verwirklichen. Allerdings muß eine absolute Logik anerkannt und damit auch die Existenz von Dingen zu-gelassen werden, die wir nicht in endlicher Weise einzeln definieren können. Die mathematischen Objekte und ihre Eigenschaften müssen von der be-schränkten Art, wie wir sie darstellen können, unabhängig sein.

Kapitel 3.
Die Bildung von Mengen.

§ 13.
Zirkelfreie und zirkelhafte Mengen.

Da man nicht jede Gesamtheit von Mengen als die Gesamtheit der Elemente einer neuen Menge betrachten kann, so braucht man andere Regeln oder Prinzipien, die es gestatten, einzelne Mengen zu bestimmen oder aus gegebenen Mengen andere abzuleiten. Solche Regeln liefern ins-besondere die Axiome Zermelos[2]), deren Gültigkeit aber noch untersucht werden muß.

Um ein allgemeines Prinzip zu gewinnen, aus dem solche Regeln abgeleitet werden können, werden wir die Mengen und die Systeme von
Mengen in *zirkelfreie* und *zirkelhafte* einteilen. Beliebige Mengen können
nämlich nur dann nicht eine neue Menge bilden, wenn die Definition der
neuen Menge einen unerfüllbaren Zirkel enthält, denn ein anderer Hinderungsgrund ist nicht denkbar. Einem zirkelfreien System wird jedoch
stets eine zirkelfreie Menge entsprechen. Es muß aber noch genauer untersucht werden, was unter diesen Begriffen zu verstehen ist.

Dazu sollen zunächst als zirkelhaft alle Mengen ausgeschlossen werden,
in denen eine in sich selbst wesentliche Menge wesentlich ist, also insbesondere auch alle sich selbst enthaltenden Mengen, wie die *J*-Menge
oder die Menge aller Mengen. Die übrigbleibenden Mengen bilden ein
vollständiges System Σ^*, und wir wollen im folgenden, sofern nichts anderes
bemerkt wird, das Wort „Menge" auf die Dinge dieses Systems beschränken, so daß also eine Menge, die in einer andern wesentlich ist, stets von
ihr verschieden sein muß.

Diese Mengen können aber noch nicht sämtlich als zirkelfrei gelten.
Insbesondere wird auch hier ein System von Mengen als zirkelhaft zu betrachten sein, wenn es keine Menge bildet, wie z. B. das System aller
Mengen (in Σ^*), dem hier keine Menge aller Mengen entspricht. Solche
zirkelhaften Systeme können nun, wie Beispiele zeigen (vgl. die Schlußbemerkung S. 713), auch schon als Teilsysteme von Elementen gewisser
Mengen vorkommen, und diese Mengen sind dann ebenso wie alle, in denen
solche wesentlich sind, als zirkelhafte Mengen zu bezeichnen.

Da man aber, ohne den Begriff zirkelfrei schon zu kennen, nicht allgemein sagen kann, welche Mengen sich zu einer neuen Menge vereinigen
lassen, und da insbesondere auch die „Menge aller zirkelfreien Mengen"
nicht selbst eine zirkelfreie Bildung darstellen darf, so erkennt man, daß
der Begriff „zirkelfrei" allgemein nicht anders als in zirkelhafter Weise
gewonnen werden kann. Man wird durch solche Überlegungen zu folgender Definition geführt, die sich als zweckmäßig erweist:

*Eine Menge M (d. h. ein Ding von Σ^*) heißt zirkelfrei, wenn sie
selbst und jede in M wesentliche Menge vom Begriff zirkelfrei unabhängig ist.*

Dabei heißt eine Menge „vom Begriff zirkelfrei unabhängig", wenn
sie so definiert werden kann, daß die Definition immer dieselbe Menge
liefert, gleichgültig, welche Mengen als zirkelfrei bezeichnet werden.

Jede nicht zirkelfreie Menge heißt *zirkelhaft*.

§ 14.
Rechtfertigung der Definition.

Die Frage, welche Mengen als zirkelfrei gelten sollen, ist in der Definition dieses Begriffs [14]) davon abhängig gemacht, ob die Mengen in einer bestimmten Weise definiert werden können. Hierzu ist zunächst zu bemerken, daß von den Definitionen der Mengen nicht verlangt wird, daß sie mit endlich vielen Worten darstellbar sein sollen. Der Begriff der endlichen Anzahl ist hier noch nicht als definiert anzusehen, und die betrachteten Dinge sollen auch nicht von der Auswahl eines Wörterbuchs abhängig sein. Es ist zudem sehr wohl möglich, daß eine Menge durch eine Operation definiert wird, welche mehr als abzählbar unendlich oft angewendet werden kann. Die Definition muß aber so beschaffen sein, daß sie in jedem einzelnen Fall die Menge eindeutig festlegt. Es muß ja jede Menge irgendwie definiert, d. h. eindeutig festgelegt werden können, sonst hätte schon das erste Axiom keinen bestimmten Sinn.

Da die Definition des Begriffs zirkelfrei auf diesen Begriff selbst Bezug nimmt, so fragt es sich noch, ob nach dieser Definition doch jede Menge eindeutig zirkelfrei oder zirkelhaft ist. Man erkennt aber, daß dies tatsächlich der Fall ist.

Zunächst sieht man nämlich, daß z. B. die Nullmenge als „Menge ohne Elemente" sicher eine zirkelfreie Menge darstellt. Dagegen ist die „Menge aller zirkelfreien Mengen", wenn es eine solche gibt, notwendig zirkelhaft (vgl. Satz 11). Die Bezeichnung „zirkelfrei" hat also nach der gegebenen Definition sicher eine gewisse Bedeutung, so nämlich, daß sie gewissen Mengen zukommt, während es vielleicht andere Mengen gibt, denen sie nicht zukommt, und zunächst auch die Möglichkeit nicht ausgeschlossen ist, daß es wieder andere Mengen geben kann, für die sich die Entscheidung nicht eindeutig treffen läßt.

Nun sei aber M eine beliebig gegebene Menge. Dann bestehen nur die beiden Möglichkeiten: entweder es gibt für M und zugleich für jede in M wesentliche Menge eine Definition, die so beschaffen ist, daß sie immer dieselbe Menge liefert, auch wenn der oben (vielleicht nicht durchweg eindeutig) definierte Begriff „zirkelfrei" beliebig verändert wird, indem irgendwelche Mengen als zirkelfrei, die andern als zirkelhaft bezeichnet werden; oder aber, es gibt für wenigstens eine dieser Mengen keine solche Definition. Im ersten Fall muß nun die Menge M endgültig als zirkelfrei bezeichnet werden, und dies kann auch geschehen, ohne daß dadurch nun-

---

[14]) Es handelt sich bei diesem „Begriff" nicht um etwas Außermathematisches, sondern nur um eine *Zuordnung* der Bezeichnungen „zirkelfrei" bzw. „zirkelhaft" zu den verschiedenen Mengen, also, anders ausgedrückt, um eine „Funktion" dieser Mengen.

mehr ein Widerspruch gegen die Definition entstünde; im zweiten Fall
muß die Menge endgültig als zirkelhaft bezeichnet werden, und auch daraus
kann ein Widerspruch gegen die Definition nicht entstehen. Bei der Untersuchung, ob die Menge als zirkelfrei zu bezeichnen ist oder nicht, soll ja
gerade diese Bezeichnung zunächst ganz willkürlich gewählt und variiert
werden, ohne Rücksicht auf das Endresultat, und dieses ist daher auch
eindeutig bestimmt, gleichgültig, ob die Entscheidung schließlich im einen
oder im andern Sinne ausfällt. Daraus ergibt sich aber der Satz:

Satz 8. *Jede Menge ist eindeutig entweder zirkelfrei oder zirkelhaft.*

Damit ist die Definition des Begriffs zirkelfrei logisch gerechtfertigt.
Man kann sich aber auch überzeugen, daß der Ausdruck „zirkelfrei" zu
Recht besteht, d. h. daß in einer nach Definition zirkelfreien Menge kein
tatsächlicher Zirkel auftreten kann. Aus der Definition folgt nämlich
nach Satz 3 und wegen der Beschränkung der Mengen auf das System Σ^*:

Satz 9. *Ist M eine zirkelfreie Menge, so ist jede in M wesentliche
Menge und also insbesondere auch jedes Element von M ebenfalls zirkelfrei und von M verschieden.*

Bei einer zirkelfreien Menge kann man sich also die Elemente der
Menge und allgemein die in M wesentlichen Mengen schon vorher in
zirkelfreier Weise gebildet denken, ehe die Menge M selbst gebildet wird.
Außerdem ist aber auch der im Begriff zirkelfrei selbst enthaltene Zirkel
noch dadurch ausgeschaltet, daß die zirkelfreien Mengen von eben diesem
Begriff unabhängig sind.

§ 15.
Die Bildung von Mengen.

Für die zirkelfreien Mengen ist nun zu erwarten, daß man eine beliebige Gesamtheit davon stets zu einer Menge vereinigen kann. Freilich
kann dann diese Menge nicht in jedem Falle selbst zirkelfrei sein, es gilt
aber der Satz:

Satz 10. *Jede feste Gesamtheit von zirkelfreien Mengen bildet eine
Menge. Diese kann zirkelfrei oder zirkelhaft sein, sie ist aber von jeder
in ihr wesentlichen Menge verschieden.*

Was hier unter einer „festen Gesamtheit" zu verstehen ist, scheint
an sich klar zu sein, doch hat gerade dieser Punkt beim Zermeloschen
Aussonderungsaxiom Schwierigkeiten gemacht[15]). Man wird z. B. die Ge-

---

[15]) Vgl. E. Zermelo[2]), S. 263; Th. Skolem[4]), S. 219; A. Fraenkel[3]), S. 231f;
A. Fraenkel, Der Begriff „definit" und die Unabhängigkeit des Auswahlaxioms.
Sitzungsber. d. Pr. Akad. d. Wissenschaften (1922), S. 253–257.

samtheit aller sich nicht selbst enthaltenden Mengen als feste Gesamtheit zu bezeichnen haben, obwohl sie keine Menge bildet. Dagegen ist offenbar die Gesamtheit aller derjenigen Elemente der Einsmenge, welche mit der Menge, welche diese Gesamtheit als Elemente enthält, identisch sind, keine feste Gesamtheit, obwohl nur das eine zirkelfreie Element der Einsmenge in Frage steht. Man erkennt, daß die Erklärung folgende sein muß:

Unter einer *festen* Gesamtheit ist eine solche zu verstehen, die *vollständig und eindeutig und ohne inneren Widerspruch* definiert ist.

An die Stelle des Zermeloschen Begriffs „definit" tritt also hier der Begriff *fest* oder *widerspruchsfrei*. Eine feste Gesamtheit von Mengen ist identisch mit der Gesamtheit der Mengen eines Systems (§ 7). Dieselbe Bedeutung hat auch der Ausdruck „bestimmte" Gesamtheit in Satz 6. Überhaupt wird man unter einer Gesamtheit von Mengen meist nur eine feste Gesamtheit verstehen.

Es sei nun also eine beliebige feste Gesamtheit von zirkelfreien Mengen vorgelegt. Es ist zu zeigen, daß es eine Menge gibt, welche die gegebenen Mengen und nur diese als Elemente enthält.

Σ_M sei das aus den gegebenen und den darin wesentlichen Mengen bestehende System, also das System der Mengen, die in M selbst wesentlich sein müssen. Dieses System kann die verlangte Menge M nicht enthalten, da diese sonst in sich selbst wesentlich wäre. Man nehme also M als ein neues, d. h. von den Dingen von Σ_M verschiedenes Ding an, welches die Beziehung β gerade zu den vorgeschriebenen Mengen besitzt. Es ist zu zeigen, daß diese Annahme (nach der M ein Ding von Σ^* darstellt) keinen Widerspruch enthält.

Nun kann zwar die Annahme, M sei eine zirkelfreie Menge, einen Widerspruch enthalten, so z. B. wenn das System Σ_M schon alle zirkelfreien Mengen einer gewissen Eigenschaft enthält und die Menge M dieselbe Eigenschaft besitzen müßte. In diesem Fall ist aber die Annahme, M sei eine zirkelhafte Menge, widerspruchsfrei. Da nämlich M mit keiner Menge von Σ_M isomorph sein kann, und da die gegebenen Mengen und damit auch die Mengen des Systems Σ_M sämtlich zirkelfrei sind und man dies bei der Definition der Gesamtheit auch ausdrücklich verlangen kann, so kann aus dieser Definition nicht folgen, daß M als zirkelhafte Menge zu Σ_M gehören muß, und man darf daher M als ein neues Ding betrachten. Die Annahme, M sei eine zirkelhafte Menge, steht aber auch in Einklang mit der Definition des Begriffs zirkelhaft, denn wenn die Definition von M stets dieselbe Menge liefern würde, gleichgültig, welche Mengen als zirkelfrei bezeichnet werden, so könnte es nicht, wie angenommen, zu einem Widerspruch führen, wenn nachträglich M selbst als zirkelfrei bezeichnet wird.

Da also entweder die Annahme, M sei eine zirkelfreie Menge, oder die Annahme, M sei eine zirkelhafte Menge, mit allen getroffenen Festsetzungen in Einklang steht, so ist Satz 10 bewiesen.

Wegen Satz 8 ist die Gesamtheit aller zirkelfreien Mengen eine feste Gesamtheit und sie bildet daher nach Satz 10 eine Menge. Da diese aber nicht zirkelfrei sein kann, da sie sonst sich selbst enthalten müßte, so gilt der Satz:

Satz 11. *Die Menge aller zirkelfreien Mengen existiert und ist zirkelhaft.*

Hierdurch ist die Existenz von zirkelhaften Mengen im System Σ^* gesichert. Es mag zunächst befremdlich erscheinen, daß es Mengen gibt, die nicht anders als mit Beziehung auf den Begriff zirkelfrei definiert werden können, die man also nicht unabhängig davon durch bloßes „Aufweisen" der Elemente geben kann. Es ist jedoch zu bemerken, daß man ebenso auch die Gesamtheit „aller" Mengen nicht durch bloßes „Aufweisen" geben kann ohne den Begriff „alle" zu benutzen, denn sonst könnte die Hinzufügung von neuen Mengen keinen Widerspruch ergeben.

Ein *System* von Mengen heiße *zirkelfrei*, wenn es nur zirkelfreie Mengen enthält und selbst „vom Begriff zirkelfrei unabhängig" ist (vgl. Satz 12). Die Elemente einer zirkelfreien Menge bilden stets ein zirkelfreies System, und umgekehrt bilden die Mengen eines zirkelfreien Systems nach Satz 10 eine Menge, die aber mit allen darin wesentlichen Mengen vom Begriff zirkelfrei unabhängig und daher selbst zirkelfrei sein muß. Den zirkelfreien Systemen und nur diesen entsprechen also zirkelfreie Mengen, und insbesondere gilt:

Satz 12. *Eine feste Gesamtheit von zirkelfreien Mengen bildet dann und nur dann wieder eine zirkelfreie Menge, wenn sie vom Begriff zirkelfrei unabhängig ist, d. h. wenn sie so definiert werden kann, daß die Definition stets dieselbe Gesamtheit liefert, gleichgültig, welche Mengen als zirkelfrei bezeichnet werden.*

Es sei ein beliebiges zirkelfreies System $\mathfrak{S}$ gegeben. Nimmt man zu den Mengen dieses Systems noch alle darin wesentlichen Mengen hinzu, so erhält man ein vollständiges System $\Sigma_{\mathfrak{S}}$, das ebenfalls zirkelfrei ist.

Um zu erkennen, daß auch die Teilsysteme von $\Sigma_{\mathfrak{S}}$ zirkelfrei sind, beschränke man die Betrachtung auf die Mengen dieses Systems, unter Weglassung aller andern Mengen. Da, wenn $\Sigma_{\mathfrak{S}}$ gegeben ist, auch alle Teilsysteme von $\Sigma_{\mathfrak{S}}$ bestimmt sind, so muß sich jedes dieser Teilsysteme auch unter dieser Beschränkung definieren lassen, d. h. also ohne weitere Bezugnahme auf andere Mengen als die von $\Sigma_{\mathfrak{S}}$. Bei einer solchen Definition kann dann aber eine Bezugnahme auf den Begriff zirkelfrei stets vermieden werden, denn da die Mengen von $\varSigma_{\mathfrak{S}}$ sämtlich zirkelfrei sind und auch $\varSigma_{\mathfrak{S}}$ selbst von diesem Begriff unabhängig ist, so kann ohne eine Änderung im Resultat jede in der Definition auftretende Bedingung, daß irgendeine Menge zirkelfrei sein müsse, als stets erfüllt weggelassen werden, während jede Bedingung, daß irgendeine Menge zirkelhaft sein müsse, als nie erfüllt zu betrachten ist. Dadurch wird die Definition des Teilsystems vom Begriff zirkelfrei unabhängig und dieses ist also zirkelfrei. Da ferner jedes Teilsystem von $\mathfrak{S}$ auch ein solches von $\varSigma_{\mathfrak{S}}$ darstellt, so gilt allgemein:

Satz 13. *Jedes Teilsystem eines zirkelfreien Systems ist zirkelfrei.*

Aus Satz 12 ergeben sich leicht einfache Beispiele von zirkelfreien Mengen, wie etwa die Nullmenge und die Einsmenge. Daß es aber auch zirkelfreie Mengen geben kann, die nicht durch bloße Anwendung dieses Satzes gebildet werden können, zeigt folgendes Beispiel:

Man setze zur Abkürzung $\{\,\} = 0$, $\{0\} = 1$, $\{1\} = 2$ usw., allgemein $\{n\} = n + 1$. Dabei werde die Existenz einer solchen unendlichen Reihe von zirkelfreien Mengen, die erst im zweiten Teil vollständig bewiesen werden soll, und damit auch der Begriff der endlichen und der abzählbaren Anzahl als bekannt vorausgesetzt.

Man nehme nun zu diesen Mengen noch abzählbar viele Dinge $M_0, M_1, M_2, \ldots$ hinzu und setze fest, daß M_n die Beziehung β zu den Dingen n und M_{n+1} besitzen soll, so daß $M_n = \{n, M_{n+1}\}$ wird, und zwar für jedes n. Das aus den Dingen $0, 1, 2, \ldots, M_0, M_1, M_2, \ldots$ bestehende System genügt dann den Axiomen I und II, es ist ein vollständiges System und keine der Mengen ist in sich selbst wesentlich. Da ferner diese Mengen sämtlich vom Begriff zirkelfrei unabhängig sind, so folgt insbesondere, daß M_0 eine zirkelfreie Menge ist[16].

In ähnlicher Weise kann man auch zirkelfreie Mengen bilden, in denen die Nullmenge nicht wesentlich ist.   7

§ 16.

Besondere Existenzsätze.

Mit Hilfe der Sätze 12 und 13 kann man nun einfachere Existenzsätze aufstellen, die gewissen Axiomen Zermelos entsprechen.

Wie schon bemerkt, gilt speziell:

Satz 14. *Es gibt eine Menge, die „Nullmenge", welche kein Element besitzt, und sie ist zirkelfrei.*

---

[16] Es ist dies ein „ensemble extraordinaire" nach D. Mirimanoff, Les antinomies de Russell et de Burali-Forti et le problème fondamental de la théorie des ensembles. L'enseignement mathématique **19** (1917), S. 37—52, insbes. S. 42.

Weiter findet man:

Satz 15. *Zu einer zirkelfreien Menge A existiert stets eine zirkel-freie Menge {A}, welche A als einziges Element enthält, und zu zwei zirkelfreien Mengen A und B existiert stets eine zirkelfreie Menge {A, B}, welche die Mengen A und B und nur diese als Elemente enthält.*

Da die Mengen A und B nach Voraussetzung zirkelfrei sind, so sind sie auch vom Begriff zirkelfrei unabhängig. Daraus folgt aber nach Satz 12 direkt, daß {A} und {A, B} ebenfalls zirkelfreie Mengen sind.

Eine Menge T heiße, wie üblich, eine *Teilmenge* der Menge M, wenn jedes Element von T auch Element von M ist.

Wenn die Menge M zirkelfrei ist, so bilden ihre Elemente ein zirkel-freies System und nach Satz 13 gilt dasselbe auch von jeder beliebigen Gesamtheit dieser Elemente. Nach Satz 12 ergibt sich also:

Satz 16. *Jede feste Gesamtheit von Elementen einer zirkelfreien Menge M bildet eine Teilmenge von M. Jede Teilmenge einer zirkelfreien Menge ist zirkelfrei.*

Wir betrachten weiter das System aller Teilmengen von M. Da bei einer beliebigen Änderung des Begriffs zirkelfrei die Gesamtheit der Elemente von M unverändert bleibt und eine Menge T, wenn sie eine Teilmenge von M darstellen soll, keine andern Elemente enthalten kann, so läßt sich Satz 16 anwenden, der zeigt, daß T in jedem Fall eine zirkel-freie Menge sein muß und daß folglich auch die Tatsache, daß T Teilmenge von M ist, nicht vom Begriff zirkelfrei abhängen kann. Die Gesamtheit der Teilmengen bleibt also unverändert und es gilt:

Satz 17. *Jeder zirkelfreien Menge M entspricht eine ebenfalls zirkel-freie Menge U M, welche alle Teilmengen von M und nur diese als Elemente enthält.*

Die Menge U M ist stets von M verschieden, wenn M zirkelfrei ist, denn M ist Element von U M, aber nicht Element von M. Bei zirkel-haften Mengen kann aber die Menge aller Teilmengen mit der ursprünglichen Menge identisch sein, wie das Beispiel der Menge aller Mengen im Gesamtsystem Σ zeigt.

Diejenigen Mengen, welche in den Elementen einer zirkelfreien Menge M als Elemente vorkommen, sind in M wesentlich und deshalb nach Satz 9 zirkelfrei. Durch eine entsprechende Überlegung wie bei Satz 17 oder auch durch Anwendung von Satz 13 auf das zirkelfreie System Σ_M findet man:

Satz 18. *Jeder zirkelfreien Menge M entspricht eine ebenfalls zirkel-*

freie Menge $\mathfrak{V}\,M$ *(die „Vereinigungsmenge"* [17]*) von* M*), welche alle Elemente der Elemente von* M *und nur diese als Elemente enthält.*

§ 17.
Das Auswahlprinzip.

Für zirkelfreie Mengen gilt das Zermelosche Auswahlprinzip in folgender Form:

Satz 19. *Ist* M *eine zirkelfreie Menge, deren Elemente von der Nullmenge verschieden und paarweise elementenfremd sind, so gibt es mindestens eine Menge, welche mit jedem Element von* M *genau ein Element gemein hat und sonst kein Element enthält. Jede solche Menge ist zirkelfrei und Teilmenge von* $\mathfrak{V}\,M$.

Da nämlich nach Voraussetzung jedes Element von M mindestens ein Element enthält, so kann man auch ohne Widerspruch annehmen, daß in jedem Element A von M irgendein bestimmtes Element a von A fest ausgezeichnet und dem Element A zugeordnet wird[18]). Daß das Element a von den übrigen Elementen von A sicher zu unterscheiden ist, folgt direkt aus Axiom II, denn nicht unterscheidbare Mengen müßten isomorph sein; diese Unterscheidung selbst kann aber als auszeichnendes und zuordnendes Merkmal betrachtet werden. Die Auszeichnungen oder Zuordnungen sind für die verschiedenen Elemente von M vollkommen unabhängig voneinander, gleichgültig, ob die Elemente elementenfremd sind oder nicht, und es kann deshalb bei diesem „Auswählen" auch kein unerfüllbarer Zirkel entstehen.

Die fest ausgezeichneten Elemente gehören nun sämtlich der nach Satz 18 zirkelfreien Menge $\mathfrak{V}\,M$ an und bilden deshalb nach Satz 16 eine zirkelfreie Menge. Da ferner nach Voraussetzung keines der ausgezeichneten Elemente noch in einem andern Element von M enthalten sein kann, so besitzt die gefundene Menge die gewünschten Eigenschaften. Auch jede andere Menge, welche mit jedem Element von M genau ein Element gemein hat und sonst kein Element enthält, ist Teilmenge von $\mathfrak{V}\,M$ und nach Satz 16 zirkelfrei.

Das Auswahlprinzip ist also in der Formulierung von Satz 19 nicht ein unabhängiges Axiom oder eine willkürliche Festsetzung, sondern ein beweisbarer, d. h. mit Hilfe der Logik auf die Axiome zurückführbarer Satz. Das Gegenteil dieses Satzes würde mit Axiom III in Widerspruch

---

[17]) Die Bezeichnung „Summe" ($\mathfrak{S}\,M$) könnte vielleicht für elementenfremde Mengen vorbehalten bleiben (vgl. C. Carathéodory, Vorlesungen über reelle Funktionen, Leipzig und Berlin 1918, S. 22 f.).

[18]) Die Zuordnung ist erst für Satz 20 nötig.

stehen. Da das System Σ^* und nach Satz 8 auch das System der zirkelfreien Mengen eindeutig festgelegt ist, so sieht man auch direkt, daß der Satz nur entweder richtig oder falsch sein kann.

Die gegebene Begründung von Satz 19 ist von der hier noch nicht definierten Unterscheidung zwischen endlichen und unendlichen Mengen unabhängig. Es bleibt aber noch die Frage, ob sich der Satz etwa wesentlich anders beweisen läßt, oder ob man vielleicht zeigen kann, daß dies nicht möglich ist.

Da das Auswahlaxiom besonderes Interesse gefunden hat, so mögen hier noch folgende, auf seine Stellung im Axiomensystem Zermelos bezügliche Bemerkungen Platz finden:

Wenn man dem Begriff „definit" im Aussonderungsaxiom Zermelos eine bestimmte eingeschränkte Bedeutung beilegt, so ist, wie A. Fraenkel[15]) gezeigt hat, das Auswahlaxiom von den übrigen Axiomen insofern unabhängig, als es Mengen geben kann, welche nur mit Hilfe dieses Axioms gefunden werden können.

Es ist jedoch zu beachten, daß dann diese Auswahlmengen, die Teilmengen der zugehörigen Menge $\mathfrak{B}\,M$ sein müssen, nicht zu den durch eine definite Eigenschaft eindeutig ausgesonderten Teilmengen gehören, und daß infolgedessen auch der Begriff „aller" Teilmengen einer Menge durch die Axiome *nicht eindeutig bestimmt* ist. Auch ein „Beschränktheitsaxiom"

8 (A. Fraenkel[3])) bringt hier keine Eindeutigkeit, da dieses unter Umständen von mehreren an sich möglichen Auswahlmengen nur eine einzige, aber willkürlich zu wählende zulassen würde.

Wenn man jedoch nur diejenigen Mengen als Teilmengen bezeichnet, die sich schon aus dem Aussonderungsaxiom ergeben, und also insbesondere dann, wenn man den Begriff „definit" so weit faßt, daß das Axiom *alle* widerspruchsfreien Teilmengen einer Menge liefert, so kann das Auswahlaxiom nicht zur Bestimmung neuer Mengen dienen, sondern es kann höchstens solche Mengen, die ihm nicht genügen, aus dem betrachteten Bereich $\mathfrak{B}$ ausschließen.

Wenn man also in diesem Falle noch ein „Beschränktheitsaxiom" annimmt, oder nur solche Dinge zuläßt, die durch die Axiome gefordert werden, so ist das Auswahlaxiom entweder überflüssig oder falsch, d. h. entweder eine Folge der andern Axiome oder mit ihnen in Widerspruch.

Diese Bemerkungen dürften in gewissem Sinne das Mißtrauen gegen das Auswahl*axiom* erklären. (Vgl. auch § 18, Schluß.)

9 Daß es notwendig ist, die Elemente von M in Satz 18 als elementenfremd vorauszusetzen, zeigt das Beispiel der Menge $\{\{a\}\,\{b\}\,\{a,b\}\}$, wobei a und b etwa die Null- und Einsmenge bedeuten mögen. Man

kann aber, wie E. Zermelo[19]) gezeigt hat, ein allgemeineres Auswahlprinzip finden, welches auch gilt, wenn diese Forderung nicht erfüllt ist.
Es gilt nämlich:

Satz 20. *Ist M eine zirkelfreie Menge, welche die Nullmenge nicht
als Element enthält, so gibt es mindestens eine zirkelfreie Menge P, welche
in einfacher Weise jedem Element A von M ein bestimmtes Element a
von A zuordnet.*

Diesen Satz kann man hier so einsehen: Wie schon oben bemerkt,
kann man ohne Widerspruch annehmen, daß jedem Element A von M
ein bestimmtes Element a von A zugeordnet ist. Man fasse nun nach
Satz 15 jedes Element A von M mit der zugeordneten Menge a zu einer
Menge $\{A, a\}$ zusammen. Die entstehenden Mengen sind sämtlich Teilmengen der Menge $\mathfrak{V}\{M, \mathfrak{V}M\}$ und folglich Elemente der zirkelfreien
Menge $\mathfrak{U}\mathfrak{V}\{M, \mathfrak{V}M\}$. Zusammengenommen bilden sie nach Satz 16 eine
zirkelfreie Teilmenge dieser Menge.

Die gefundene Menge $P = \{\ldots \{A, a\} \ldots\}$ ordnet auch, wie verlangt,
jeder Teilmenge A von M eindeutig ein Element a von A zu, denn im
System Σ^* ist mit $A\beta a$ nie zugleich $a\beta A$ erfüllt und deshalb eine Verwechslung der Elemente ausgeschlossen.

§ 18.
Weitere Bemerkungen.

Die Sätze 5 und 14 bis 19 entsprechen den Axiomen I bis VI bei
Zermelo[2]) und gelten für beliebige zirkelfreie Mengen.

Der dem Axiom der Bestimmtheit entsprechende Satz 5 gilt auch für
zirkelhafte Mengen, er reicht aber, wie schon in § 8 bemerkt, nicht stets
aus, um die Identität von Mengen sicherzustellen. Dies gilt auch schon
im Bereich der zirkelfreien Mengen, wie das Beispiel am Schluß von § 15
zeigt. Wenn man dort die Mengen $M_0, M_1, M_2, \ldots$ durch gewisse Mengen
$M_0', M_1', M_2', \ldots$ ersetzt, die den Gleichungen $M_n' = \{n, M_{n+1}'\}$ genügen,
so kann man mit Satz 5 an Stelle von Axiom II (§ 5) nicht beweisen,
daß $M_0 = M_0'$ ist.

Die widerspruchsfreie Existenz der natürlichen Zahlenreihe läßt sich
aus dem Bisherigen ohne wesentliche Schwierigkeit entnehmen[19a]), sie ist
jedoch nicht an sich selbstverständlich, da die übliche Definition der natürlichen Zahlen ebenso wie die der transfiniten Ordnungszahlen zirkelhafter
Natur ist. Beides soll deshalb erst im zweiten Teil dieser Untersuchungen
behandelt werden.

---

[19]) E. Zermelo [2]), S. 274.
[19a]) Vgl. Anmerkung [21]).

Mit der Existenz einer zirkelfreien Menge, die der natürlichen Zahlenreihe entspricht, wird dann auch das siebente Axiom Zermelos begründet sein. Da somit im Bereich der zirkelfreien Mengen alle Axiome Zermelos erfüllt sind, so folgt daraus die Widerspruchsfreiheit dieses Axiomensystems und es gelten für die zirkelfreien Mengen alle daraus gezogenen Folgerungen. Man kann aber mit Hilfe von Satz 12 in einfacher Weise noch zirkelfreie Mengen bilden, die sich aus den Axiomen Zermelos allein nicht ergeben[20]).

Für die zirkelfreien Mengen gilt wegen Satz 16 insbesondere der Satz von Cantor, daß die Menge aller Teilmengen einer Menge größere Mächtigkeit besitzt als die Menge selbst. Hieraus folgt auch, daß die Menge aller zirkelfreien Mengen größere Mächtigkeit besitzt als jede zirkelfreie Menge, denn sie muß nach Satz 16 mit jeder Menge M auch sämtliche Teilmengen von M enthalten. Ob allgemein jede zirkelhafte Menge, deren Elemente zirkelfrei sind, größere Mächtigkeit besitzt als jede zirkelfreie Menge, müßte noch untersucht werden.

Die Menge aller zirkelfreien Mengen ist eine im Sinne von Dedekind[21]) *unendliche* Menge, da sie die Nullmenge und nach Satz 15 mit jeder Menge A auch die Menge $\{A\}$ enthält; sie ist also einer echten Teilmenge von sich selbst äquivalent.

Da nach Satz 10 jede Gesamtheit von zirkelfreien Mengen eine Menge bildet, so muß die Menge aller Mengen im Gesamtsystem Σ, die ja alle diese Mengen enthält, größere Mächtigkeit haben als die Menge aller zirkelfreien Mengen, womit die Existenz von verschiedenen unendlichen Mächtigkeiten in absolutem Sinne nachgewiesen ist.

Für die zirkelhaften Mengen, insbesondere für die Menge aller Mengen im Gesamtsystem Σ, sind die Axiome Zermelos nicht mehr sämtlich erfüllt. Vor allem ist das Aussonderungsaxiom nicht stets erfüllt, denn z. B. die sich nicht selbst enthaltenden Mengen sind Elemente der Menge aller Mengen, ohne doch eine Teilmenge dieser Menge zu bilden.

Daß auch die Axiome der Vereinigung und der Auswahl im System Σ nicht immer erfüllt sind, kann man sich, da vollständige Beweise bei zirkelhaft definierten Mengen schwierig sind, in folgender Weise wenigstens plausibel machen.

Es sei N eine Menge, welche alle sich nicht selbst enthaltenden Mengen, jedoch ohne die Menge N, und sonst keine Menge enthält. In dieser Menge ist ein Widerspruch nicht ersichtlich und es ist deshalb zu vermuten, daß sie existiert. Man bilde nun die Menge $\{N, \{N\}\}$, in der

---

[20]) Vgl. A. Fraenkel [3]), S. 230 f.; Th. Skolem [4]), S. 225.

[21]) R. Dedekind, Was sind und was sollen die Zahlen? (4. Aufl., Braunschweig 1918).

ebenfalls kein Widerspruch zu erkennen ist. Die Vereinigungsmenge läßt sich aber für diese Menge nicht bilden, denn sie müßte alle sich nicht selbst enthaltenden Mengen und nur diese enthalten.

Man betrachte weiter die Menge, welche alle und nur diejenigen Mengen enthält, die als einziges Element eine sich nicht selbst enthaltende Menge enthalten. Für diese anscheinend widerspruchsfreie Menge ist das Auswahlaxiom nicht erfüllt. Die Auswahl selbst ist zwar in eindeutiger Weise möglich, da jedes Element der Menge genau ein Element enthält, aber die ausgewählten Elemente lassen sich nicht zu einer Menge vereinigen.

Wenn man das Produkt einer Menge von Mengen als die Menge aller Auswahlmengen definiert, so verschwindet hier das Produkt (d. h. es ist die Nullmenge), ohne daß ein Faktor verschwindet.

Dasselbe Beispiel zeigt außerdem, daß man nicht stets eine Menge zu erhalten braucht, wenn man die Elemente einer gegebenen Menge durch andere Elemente ersetzt. Wenn man nämlich in der soeben betrachteten Menge jedes Element durch die eine Menge ersetzt, die in ihm enthalten ist, so erhält man wieder eine Gesamtheit von Mengen, die keine Menge bildet.

Im zweiten Teil werden sich ähnliche Beispiele für das System Σ^* bilden lassen.

(Eingegangen am 28. November 1925.)

Zusatz. Zur Vermeidung von scheinbaren Einwänden werde noch bemerkt:

Wenn in einem System von Dingen eine Beziehung vermöge einer *andern* im selben System als gegeben vorausgesetzten Beziehung definiert wird, so heiße sie eine *abgeleitete* Beziehung, im Gegensatz zu der zuerst gegebenen *ursprünglichen* Beziehung. Die Beziehung β ist stets als eine *ursprüngliche* Beziehung anzunehmen.

(Eingegangen am 30. August 1926.)

REFERAT DER ARBEIT
ÜBER EIN VOLLSTÄNDIGKEITSAXIOM IN DER MENGENLEHRE
VON REINHOLD BAER, FREIBURG

Von Georg Unger

Das Axiomsystem Finslers wird in etwas abgewandelter Form referiert; es werden Begriffsbildungen vorgenommen wie: eine Menge heißt in M wesentlich und M und M' sind isomorph; dann wird der Satz formuliert, daß ein System Σ von Mengen, das Axiom I und II genügt und nicht widerspruchsvoll ist, einer Erweiterung fähig sei. Der Satz besagt, daß man zwar „Mengenlehren" (das sind Systeme, welche Axiom I und II genügen) beliebig vergrößern kann, daß aber die „Vereinigung aller möglichen widerspruchsfreien Mengenlehren" nicht selber zu einer widerspruchsfreien Mengenlehre führt.

Im Abschnitt III, ›Das Axiom der Vollständigkeit‹, wird an das Zitat der Finslerschen Formulierung die Bemerkung geknüpft, daß Axiom III mit dem aus Axiom I und II hergeleiteten Satz in Widerspruch steht, und der Schluß gezogen, daß die Axiome I bis III nicht gleichzeitig ohne Widerspruch erfüllbar sind. Die Vereinigung aller möglichen Mengenlehren wird als Fehlschluß bezeichnet. Der auf eben diesen Einwand zielende Passus Finslers aus der ›Grundlegung‹ (S. 700) wird zitiert und mit Kommentaren versehen [die nicht kursiv gedruckten, eingeklammerten Stellen]: *„Die angegebene Definition von N ist nicht einwandfrei, sie enthält einen inneren Widerspruch. Wenn nämlich N ein ,neues', d. h.* nicht zum Gesamtsystem Σ ge*höriges Ding sein soll* (dies ist es aber!), *so darf es auch keinem den Axiomen I und II genügenden System angehören* (dies tut es aber!). *Da es aber andererseits mit Σ zusammen doch ein solches System bilden soll* (nicht: bilden soll, sondern: bildet!), *so widersprechen sich die Forderungen* (allerdings I bis III; denn N wird ja nicht gefordert, sondern konstruiert!), *es gibt kein Ding N, das ihnen genügt, und daher ist auch die Erweiterung des Systems nicht ausführbar."* Die Widerlegung verfehle ihr Ziel, denn es werde in ihr die Widerspruchslosigkeit des Axiomsystems vorausgesetzt, um welche es doch gerade gehe.

Der Schlußteil der Abhandlung wendet eine Bemerkung von Hilbert aus „Grundlagen der Geometrie" über das Vollständigkeitsaxiom auf die Mengenlehre an. (Grundlagen der Geometrie, 2. Aufl. 1903, S. 17.) *„Die Erfüllbarkeit des Vollständigkeitsaxioms ist wesentlich durch die Voranstellung des Archimedischen Axioms bedingt; in der Tat läßt sich zeigen, daß einem System von Punkten, Geraden und Ebenen, welche die Axiome I bis*

IV erfüllen, stets noch auf mannigfache Weise solche Elemente hinzugefügt werden können, daß in dem durch Zusammensetzung entstehenden System die Axiome I bis IV ebenfalls sämtlich gültig sind; das heißt, das Vollständigkeitsaxiom würde einen Widerspruch einschließen, wenn man den Axiomen I bis IV nicht noch das Archimedische Axiom hinzufügte."

In Analogie müsse auch die Mengenlehre erst durch andere Axiome hinsichtlich unbeschränkter Bildungen begrenzt werden. Das sei in dem Axiomsystem von FINSLER nicht der Fall. Schließlich folgt noch die Bemerkung, daß die Axiome I und II allein keine Existenzforderungen enthalten und „also dem mengentheoretischen Relativismus Tür und Tor öffnen, den Herr P. FINSLER gerade erledigen wollte".

Abweichungen der BAERschen Formulierungen von den FINSLERschen:

I. Statt der β-Beziehung benützt BAER die konventionelle ε (resp. $\not{e}$) Schreibweise und führt analog dazu $M\eta\Sigma$ für Mengensysteme ein. Er formuliert die Eigenschaften der vollständigen Systeme, ihres Durchschnittes Σ_M und die der in M wesentlichen Mengen durch die „Postulate":

1. $M\eta\Sigma_M$,
2. Mit $A\eta\Sigma_M$ und $B\varepsilon A$ gilt auch $B\eta\Sigma_M$,

Ein System T_M, das 1 und 2 erfüllt, heißt (nach FINSLER) vollständig.

3. Σ_M sei so beschaffen, daß wenn T_M 1 und 2 erfüllt, aus $A\eta\Sigma_M$ auch $A\eta T_M$ folgen soll (Σ_M Teilsystem eines jeden T_M). Jede Menge A mit $A\eta\Sigma_M$ heißt in M wesentlich.

II. BAER formuliert Gleichheit von Mengen (M = M'), wenn die Systeme Σ_M und Σ_M' isomorph sind (er sagt: nach FINSLER beziehungstreu aufeinander abgebildet) und führt eine eindeutige Abbildung der Elemente von Σ_M auf die von Σ_M' ein, bei der

1. M auf M' abgebildet wird und,
2. wenn A_1, A_2 dabei A_1', A_2' entsprechen, aus $A_1\varepsilon A_2$ auch $A_1'\varepsilon A_2'$ folgt und umgekehrt.

BAER zitiert A. FRAENKEL und H. VIELER [A. Fraenkel, Die Gleichheitsbeziehung in der Mengenlehre, Journal f. d. reine u. angewandte Mathematik 157 (1926), S. 79 ff. — H. Vieler, Untersuchungen über Unabhängigkeit und Tragweite der Axiome der Mengenlehre usw., Inaug.-Diss. Marburg 1926, besonders S. 7—16.] für eine Gleichheitsbeziehung der Mengenlehre.

Der Satz, daß jede Mengenlehre erweitert werden könne, wird formuliert (Wortlaut siehe S. 188 in *16*): Ein I und II genügendes System ist entweder widerspruchsvoll oder einer Erweiterung fähig, d. h. dann gibt es ein System Σ^*, welches

1. I und II genügt;
2. wenn A und B zugleich Elemente von Σ und Σ^* sind, dann besteht $A\varepsilon B$ genau dann in Σ^*, wenn es in Σ gilt.
3. Es gibt eine Menge, die in Σ^*, aber nicht in Σ enthalten ist.

Zum Beweis zieht BAER das System **N** der Mengen $A\eta\Sigma$ mit $A\not{e}A$ heran. Würde **N** eine Menge N von Σ entsprechen, so läge die RUSSELLsche Antinomie vor und Σ wäre widerspruchsvoll.

„Im zweiten Falle bilden wir ein System Σ^*, indem wir eine im obigen Sinne $\mathbf{N}$ entsprechende Menge N zu Σ hinzufügen; es gilt dann gewiß $N\notin N$; es muß ja auch $N\eta N$ gelten, da N in Σ gar nicht vorkommt.

N kann auch mit keinem A aus Σ identisch sein (Axiom II), da dieses A ja gerade die Eigenschaften von N haben müßte — nämlich zu allen und nur den B in der ε-Beziehung $B\varepsilon A$ zu stehen, die $B\notin B$ erfüllen (dies ist ja gegenüber Isomorphie invariant) —, ein solches A aber in Σ nicht vorkommt.

Damit ist unser Satz vollständig bewiesen."

Erwiderung auf die vorstehende Note des Herrn R. Baer.

Die vorstehende Note des Herrn R. Baer betrifft die für die Grundlegung der Mengenlehre und für die Aufklärung der Antinomien wichtige Frage, ob in der Mengenlehre ein Vollständigkeitsaxiom ohne besondere Einschränkungen erfüllbar ist. Herr Baer glaubt, dies sei nicht der Fall; insbesondere sei das in meiner Abhandlung „Über die Grundlegung der Mengenlehre", Math. Zeitschrift **25** (1926), S. 691 aufgestellte Axiomensystem nicht widerspruchsfrei, da jedes den Axiomen I und II genügende System einer Erweiterung fähig sei, so daß also das Vollständigkeitsaxiom III nicht zugleich erfüllt werden könnte. Diese Ansicht ist jedoch, wie ich im folgenden näher ausführen möchte, nicht haltbar.

Zunächst ist wohl klar: Wenn sich zwei Folgerungen $\mathfrak{A}$ und $\mathfrak{B}$ gegenseitig widersprechen, so darf man nicht ohne weiteres sagen: $\mathfrak{B}$ ist ein Fehlschluß, weil es mit $\mathfrak{A}$ in Widerspruch steht, sondern es folgt zunächst nur, daß entweder $\mathfrak{A}$ oder $\mathfrak{B}$ falsch sein muß. Ob nun $\mathfrak{A}$ oder ob $\mathfrak{B}$ zu verwerfen ist, kann nur dann einwandfrei entschieden werden, wenn in $\mathfrak{A}$ oder in $\mathfrak{B}$ ein direkter Fehler oder eine Lücke angegeben wird, d. h. ein Fehler, der nicht erst aus dem Bestehen der anderen Folgerung abgeleitet wird.

Nun sagt aber Herr Baer, die Vereinigung *aller* möglichen Mengenlehren (d. h. aller Systeme von Mengen, die den Axiomen I und II genügen) sei ein Fehlschluß, weil sie mit dem von ihm aufgestellten Satze in Widerspruch steht. Ein direkter Fehler oder eine Lücke in meinen Schlüssen, welche die Existenz des Vereinigungssystems ergeben, ist nicht aufgezeigt. Ich halte auch meinen Beweis vollständig aufrecht[1]).

---

[1]) Ich benutze die Gelegenheit, um ein Versehen in meiner Abhandlung zu berichtigen. Damit Satz 5 (S. 695) gültig bleibt, ist die S. 694 gegebene Definition des Begriffs „isomorph" durch die folgende zu ersetzen:

Die Mengen M und M' heißen *isomorph*, wenn sich die Systeme Σ_M und Σ_M der in M bzw. M' wesentlichen Mengen umkehrbar eindeutig und beziehungstreu auf-

Herr R. Baer scheint, nach seiner Ausdrucksweise zu schließen, die Auffassung zu haben, daß ein System von Mengen zwar existieren, aber doch widerspruchsvoll sein kann, so nämlich, daß es dem Axiom I genügt und gleichzeitig doch wieder nicht genügt. Die Existenz eines solchen Systems ist aber logisch unmöglich.

Umgekehrt folgt nun aus dieser Unmöglichkeit gerade die Widerspruchsfreiheit des Vereinigungssystems aller Mengen. Man erkennt dies am einfachsten, wenn man die Festsetzung trifft, daß isomorphe Mengen, auch wenn sie verschiedenen Systemen angehören, stets als identisch betrachtet werden sollen. Da die Mengen rein ideelle Dinge sind, über die nichts anderes festgesetzt ist bzw. nichts anderes festgesetzt sein soll (nur solche Dinge gelten als Mengen), so ist diese Festsetzung zulässig. Dann aber besteht das gewünschte Vereinigungssystem einfach aus der Gesamtheit aller dieser Mengen, d. h. aus allen, die logisch existieren. Wäre nun dieses System widerspruchsvoll, so würde dies heißen, daß die existierenden Mengen zusammen nicht existieren, und dies ist absurd.

Wenn also der Satz des Herrn Baer richtig wäre, so wäre das Ergebnis eine Antinomie, ein direkter logischer Widerspruch. Da dies aber nicht denkbar ist, so muß irgendwo ein Fehler oder eine Lücke vorhanden sein. Diese Lücke findet sich nun tatsächlich in der Schlußfolgerung des Herrn Baer; sie besteht darin, daß für die Menge N, mit welcher das System Σ erweitert werden soll, kein Existenzbeweis gegeben ist. Diese Lücke besteht unabhängig von der Frage, ob das gesamte Axiomensystem widerspruchsfrei ist oder nicht.

Die Existenz der Menge N ist nicht selbstverständlich. Wenn man eine Menge (oder sonst ein Ding) „konstruieren" will, so muß man sich überlegen, ob die Konstruktion auch ausführbar ist. Es gibt Konstruktionen, oder besser gesagt Konstruktionsvorschriften, die von zirkelhafter Natur sind und die sich deshalb nicht ausführen lassen[2]). Auch die für die Menge N gegebene Konstruktionsvorschrift (oder die Definition von N, was hier im wesentlichen dasselbe bedeutet) ist in gewissen Fällen von zirkelhafter Natur; sie nimmt Bezug auf ein System von Mengen, und zu diesen Mengen müßte unter Umständen definitionsgemäß auch die Menge N selbst gehören. Eine solche Beziehung von N auf sich selbst kann aber unerfüllbar sein.

---

einander abbilden lassen, und zwar so, daß dabei die Elemente von M auf die Elemente von M' abgebildet werden.

Zu Σ_M gehören die Elemente von M, aber im allgemeinen nicht, wie bei Baer, die Menge M selbst.

[2]) Beispiel: Man schreibe auf eine Tafel eine Zahl, die um 1 größer ist als die größte auf der Tafel angeschriebene Zahl.

Die Tatsache, daß dieser Zirkel in gewissen Fällen wirklich unerfüllbar ist, daß also die oben angegebene Lücke sicher nicht ausgefüllt werden kann, folgt nun allerdings auf Grund der Widerspruchsfreiheit des Axiomensystems. Aber diese Widerspruchsfreiheit wurde bewiesen und steht deshalb hier nicht mehr in Frage. Außerdem ist es selbstverständlich, daß man hier auf das Vereinigungssystem aller Mengen Bezug nehmen muß, denn für ein System von Mengen, welches dem Vollständigkeitsaxiom nicht genügt, ist die Möglichkeit einer Erweiterung trivial.

Nimmt man aber für Σ das System aller Mengen und will dann noch eine neue Menge hinzufügen, so muß man sagen, daß es eine solche nicht gibt. Jeder Versuch, eine solche Menge zu definieren oder zu konstruieren, führt auf einen unerfüllbaren Zirkel. Ein Ding N, das nicht zum Gesamtsystem aller Mengen gehört, das also von allen Mengen verschieden ist, und das trotzdem selbst eine Menge ist, ist logisch unmöglich. Man hat auch nicht die Wahl, entweder das System aller Mengen oder das Ding N als nicht existierend zu verwerfen, weil die Nichtexistenz der existierenden Mengen absurd ist, während umgekehrt die Existenz der fraglichen Menge N auf keine Weise bewiesen werden kann.

Die Frage, in welchen Fällen man eine Menge N finden kann, die einem gegebenen System N von Mengen entspricht, wann man also ein System Σ in bestimmter Weise erweitern kann, bedarf einer besonderen Untersuchung. Eine solche ist im dritten Kapitel meiner oben erwähnten Abhandlung durchgeführt.

Die von Herrn Baer angeführte Bemerkung Hilberts über das Vollständigkeitsaxiom darf nicht wörtlich aufgefaßt werden. Sie war wohl wörtlich gemeint, und dies ist zu einer Zeit, wo die logischen und mengentheoretischen Paradoxien noch ungeklärt oder nicht untersucht waren, sehr verständlich. Der logische Sachverhalt ist jedoch der folgende:

Ergänzt man die Hilbertschen Axiomgruppen I bis IV durch das Vollständigkeitsaxiom, läßt aber das Archimedische Axiom beiseite, so erhält man eine Geometrie, die logisch nicht widerspruchsvoll ist, die aber einen so paradoxen Charakter zeigt, daß man bei ihr ebenso leicht zu scheinbaren Widersprüchen gelangt, wie dies bei der nicht eingeschränkten Mengenlehre der Fall ist.

Für die Grundlegung der Mengenlehre wäre es aber unzweckmäßig, von vornherein eine Beschränkung vorzunehmen, da es sich hier gerade darum handelt, das Wesen der Paradoxien zu untersuchen und aufzuklären.

Zürich, den 4. Juni 1927.

(Eingegangen am 6. Juni 1927.)

Die ›Bemerkungen zu der Erwiderung von Herrn P. Finsler‹ sind:

1. Die Aufrechterhaltung der Ansicht, daß die Menge N das Ergebnis einer Konstruktion sei, denn sie „gründet sich ausschließlich auf die in einem Mengensystem Σ bereits vorhandenen Mengen, zu denen eben die n e u e M e n g e N n i c h t gehört";
2. es wird als auffallend bezeichnet, daß die HILBERTschen Ausführungen „nicht wörtlich zu nehmen" seien, und
3. der algebraische Vergleich, daß nach FINSLER der „logische Sachverhalt" sei, es gebe einen g r ö ß t e n reellen oder geordneten Körper [E. Artin und O. Schreier, Hamburger Abhandlungen 5 (1926), S. 85—99.] im Gegensatz zur Möglichkeit, einen j e d e n reellen Körper durch Adjunktion eines transzendenten Elementes [im Sinne von E. Steinitz, Journal für die reine und angewandte Mathematik 137 (1910), S. 183.] zu einem größeren zu erweitern, der vielleicht nicht immer archimedisch geordnet ist.

ÜBER DIE LÖSUNG VON PARADOXIEN

Die Antinomien der Mengenlehre und ähnliche damit zusammenhängende Paradoxien sind schon vielfach Gegenstand von Erörterungen gewesen, ohne daß es doch gelungen wäre, in der Erklärung derselben eine volle Einigung zu erzielen. Da aber diese Dinge für die Grundlegung der Mathematik von besonderer Bedeutung sind, so folge ich gerne einer Aufforderung des Herausgebers dieser Zeitschrift, um von mathematischem Standpunkte aus zu einer Abhandlung Stellung zu nehmen, die Herr Lipps unter dem Titel „Die Paradoxien der Mengenlehre" im Jahrbuch für Philosophie und phänomenologische Forschung[1]) veröffentlicht hat.

Herr Lipps hat es in seiner Untersuchung, wie er sagt, auf eine Lösung der Paradoxien abgesehen, mit denen die Mengenlehre belastet ist, und er stellt sich damit auf den Standpunkt, daß dieselben einer Lösung bedürftig und fähig sind. Diesen Standpunkt muß man m. E. als Mathematiker ebenfalls einnehmen. Jede Unstimmigkeit in der reinen Mathematik oder in der Logik gefährdet den ganzen Bestand der Wissenschaft und muß deshalb aufgeklärt und beseitigt werden. Diese Aufgabe kann schwierig, aber doch nicht unlösbar sein, denn, wenn es auch Probleme geben kann, denen die menschlichen Hilfsmittel nicht gewachsen sind, so kann doch die Aufgabe, in einer vorliegenden, offenbar falschen Überlegung den Fehler aufzudecken, nicht dazu gehören, es muß vielmehr in diesem Falle die Lösung sich erzwingen lassen.

Freilich besteht hier die große Gefahr, daß man sich mit der Auffindung eines wirklichen oder auch nur vermeintlichen Fehlers zufrieden gibt und die Frage als gelöst betrachtet, ohne doch den wahren Kern der Sache getroffen zu haben. Die

---

1) Bd. 6 (1923) S. 561–571.

Widersprüche werden sich dann bei genauerer Untersuchung doch wieder geltend machen. Man wird deshalb an eine wirkliche Lösung strengere Anforderungen zu stellen haben. Vor allem darf eine solche nichts wesentlich Willkürliches an sich tragen, sondern sie muß sich in eindeutiger Weise aus der Aufgabe selbst ergeben. Eine Auflösung von Widersprüchen kann daher auch nicht in philosophischen Erörterungen allgemeiner Art gefunden werden, sondern nur in logischen Schlußfolgerungen, die aber bedingen, daß die Begriffe, um die es sich handelt, genau festgelegt sind.

Ich möchte nun einige der Paradoxien besprechen, indem ich kurz die wichtigsten Punkte angebe, in denen ich dem Verfasser der genannten Abhandlung nicht zustimmen kann, und die Erklärung hinzufüge, die ich für die richtige halte.

Ein Wort heißt autologisch, wenn ihm seine Bedeutung als Merkmal zukommt, es heißt heterologisch in jedem andern Fall. So ist das Wort kurz autologisch, das Wort lang dagegen heterologisch. Ist nun das Wort heterologisch selbst autologisch oder heterologisch? Beide Annahmen führen zum Widerspruch.

Herr Lipps sucht die Erklärung darin, daß es sich hier nicht um Eigenschaften von Wörtern handle. Aber weshalb soll es nicht eine Eigenschaft eines Wortes sein,
11 daß ihm seine Bedeutung als Merkmal zukommt? Wenn die Prädikationen „Kurz ist kurz" und „Dreisilbig ist dreisilbig" eine gemeinsame Eigenschaft besitzen, so haben auch die Wörter kurz und dreisilbig selbst eine gemeinsame Eigenschaft, nämlich die, daß ihnen derartige Prädikationen zugeordnet sind.

Wir wollen, um diesen Punkt zu klären, untersuchen, was man unter einer „Eigenschaft" zu verstehen hat. Man erkennt zunächst, daß auch beliebig ungleichartige Dinge gemeinsame Eigenschaften besitzen können. So haben die Europäer und der Sirius die gemeinsame Eigenschaft, zu Beginn dieses Satzes erwähnt zu sein, und sie unterscheiden sich dadurch von allen andern „Dingen". Allgemein muß es in einem beliebigen Bereich von Dingen mindestens ebensoviele Eigenschaften geben, als es „Mengen" von solchen Dingen gibt, denn jeder Menge entspricht eine Eigenschaft ihrer Elemente, nämlich die, gerade dieser Menge als Element anzugehören. Zusammen mit weiteren Forderungen, die man an den Begriff Eigenschaft zu stellen hat, kommt man zu folgender Definition: Alles das ist als Eigenschaft zu bezeichnen, was in einem gegebenen Bereich von Dingen jedem Ding entweder zukommt oder nicht zukommt. Jede Eigenschaft muß also die Dinge des Bereichs eindeutig einteilen in solche, denen sie zukommt, und solche, denen sie nicht zukommt, und umgekehrt ist alles das, was eine derartige Einteilung hervorruft, als Eigenschaft zu bezeichnen. Die Einteilung braucht aber nur für den vorgelegten Bereich von Dingen bestimmt zu sein, außerhalb dieses Bereichs ist dann die Eigenschaft „sinnlos" oder „nicht erklärt".

Andere Definitionen, die man für den Begriff Eigenschaft geben könnte, lassen sich, wenn sie genügend scharf sind, auf die hier gegebene zurückführen. Den Eigenschaften im „anschaulichen" Sinn haftet meist noch eine Unbestimmtheit an, die (wenigstens ideell) durch eine eindeutige Festsetzung in den zweifelhaften Fällen oder durch Einschränkung des Bereichs der betrachteten Dinge behoben werden kann.

Wenn man also von einer bestimmten Eigenschaft reden will, so muß aus der Definition der Eigenschaft eindeutig hervorgehen, welchen Dingen sie zukommt und welchen nicht. Mehr braucht man aber von der Definition nicht zu verlangen, denn es hindert nichts, „umfangsgleiche" Eigenschaften, d. h. solche, welche denselben Dingen zukommen und denselben Dingen nicht zukommen, vom rein logischen Standpunkt aus als identisch zu betrachten. So ist z. B. für die positiven geraden Zahlen logisch genommen die Eigenschaft, „Primzahl" zu sein, identisch mit der Eigenschaft „kleiner als vier" zu sein, und mit der Eigenschaft „gleich zwei" zu sein. Im Bereich aller Zahlen werden aber durch die angeführten Worte verschiedene Eigenschaften bezeichnet.

Wie steht es nun mit den Begriffen „autologisch" und „heterologisch"? Werden durch sie bestimmte Eigenschaften von Wörtern ausgedrückt oder nicht? Wir müssen uns bei der Untersuchung streng an die Definition der Begriffe halten, da sie eben lediglich durch die dafür gegebene Definition bestimmt sind und nicht an sich schon eine bestimmte Bedeutung haben.

Betrachten wir zunächst die drei Wörter k urz, dreisilbig, lang. Von diesen sind der Definition zufolge die beiden ersten autologisch, das letzte heterologisch; im Bereich der drei Wörter handelt es sich also um wohlbestimmte Eigenschaften.

Für andere Dinge als für Wörter, z. B. für einzelne Buchstaben, sind die fraglichen Eigenschaften nicht erklärt. Es hat aber zunächst den Anschein, als ob sie
im Bereich aller Wörter erklärt wären, also für beliebige Wörter einen eindeutigen
Sinn haben müßten. Dies ist aber nicht der Fall.

Um zu wissen, ob einem Wort seine Bedeutung als Merkmal zukommt oder nicht,
muß man die Bedeutung des Wortes nicht nur in gewissen einzelnen Fällen, sondern speziell auch in Bezug auf das Wort selbst schon kennen. Bei den Wörtern
autologisch und heterologisch ist aber diese Bedeutung vermöge der Definition in
zirkelhafter Weise von dieser Bedeutung selbst abhängig gemacht und dieser Zirkel
läßt sich im ersten Fall zwar erfüllen, aber nicht eindeutig; im zweiten Fall ist er
überhaupt nicht erfüllbar. Die Definition liefert also nicht für jedes beliebige Wort
ein eindeutiges Resultat, und deshalb, und nur deshalb handelt es sich hier nicht
um Eigenschaften, die im Bereich aller Wörter einen bestimmten Sinn haben. Will
man aber mit den Wörtern autologisch und heterologisch Eigenschaften bezeichnen,
die auch für diese Wörter selbst erklärt sind, so ist dazu eine besondere, eindeutige
Festsetzung notwendig. Man kann z. B. festsetzen, die beiden Wörter sollen ohne
Rücksicht auf die frühere Vorschrift eindeutig heterologisch sein. In diesem Fall hat
das Wort heterologisch zwar die Eigenschaft, daß ihm seine Bedeutung als Merkmal
zukommt, aber es hat nicht die Eigenschaft, autologisch zu sein.

Zusammenfassend sehen wir: Eine Eigenschaft ist nur durch die dafür gegebene
Definition bestimmt und hat deshalb auch nur für solche Dinge einen Sinn, für
welche die Definition ein eindeutiges Resultat ergibt. Daß die zu Anfang gegebene
Definition nicht auf beliebige Wörter angewendet werden kann, rührt von einem
in der Definition enthaltenen Zirkel her.

Wenn man also sagt: Es ist unmöglich, daß einem Ding eine Eigenschaft weder
zukommt noch nicht zukommt, so ist dies nicht etwa ein evidenter Satz, sondern
lediglich eine reine Festsetzung oder eine Forderung, die man an den Begriff
„Eigenschaft" stellt, und es ist durchaus nicht notwendig, daß diese Forderung für
alle Dinge aufgestellt wird, sondern man kann, wie wir es getan haben, auch dann
von Eigenschaften sprechen, wenn die Forderung nur in einem bestimmten Bereich
von Dingen erfüllt ist.

Andere Paradoxien sind nun ganz in derselben Weise zu behandeln. Daß die Prädikate denkbar und abstrakt beide von sich selbst ausgesagt werden können, ist sehr wohl eine den beiden Prädikaten gemeinsame Eigenschaft. Wenn man aber alle Prädikate, die von sich selbst ausgesagt werden können, als prädikabel bezeichnet, alle andern dagegen als imprädikabel, so werden dadurch zwei Eigenschaften und zugleich zwei Prädikate definiert, die nicht, wie es zunächst den Anschein hat, auf ganz beliebige Prädikate angewendet werden können. Da nämlich die Definition infolge eines Zirkels für die Prädikate prädikabel und imprädikabel selbst kein eindeutiges Resultat ergibt, so ist, wenn die Prädikate auch hierfür erklärt sein sollen, noch eine besondere Festsetzung notwendig. Eine Eigenschaft „imprädikabel", die für alle Prädikate der obigen Definition genügt, gibt es nicht. Man kann zwar sagen, daß das Prädikat imprädikabel, wenn nur die obige Definition dafür gegeben ist, nicht von sich selbst ausgesagt werden kann, weil eben die Definition hier keinen Sinn ergibt. Daraus folgt aber nicht, daß es nun doch imprädikabel wäre; die Definition von imprädikabel würde dies zwar verlangen, wenn sie hier einen Sinn hätte, da sie aber zugleich das Gegenteil davon verlangt, so bleibt sie sinnlos und kann deshalb auf dieses Prädikat nicht angewendet werden.

Auch die „Paradoxie der endlichen Bezeichnung" beruht auf einer zirkelhaften Definition. Jede Zahl ist entweder endlich darstellbar oder nicht, sofern, was wir annehmen wollen, der Begriff der „endlichen Darstellbarkeit" eindeutig festgelegt ist. Das Cantorsche Diagonalverfahren gibt nun eine Methode, um aus den endlich darstellbaren Zahlen eine bestimmte, nicht endlich darstellbare Zahl abzuleiten. Durch die vollständige Angabe der Definition dieser Zahl scheint dieselbe doch endlich dargestellt zu sein.

Dies ist jedoch nicht der Fall, denn die Definition verlangt, wenn sie in endlicher Darstellung gegeben wird, von der zu definierenden Zahl etwas Unmögliches, nämlich, daß sie einerseits nicht zu den endlich darstellbaren Zahlen gehören, andererseits aber durch die gegebene Darstellung doch endlich dargestellt sein soll. Einer solchen Definition kann aber keine Zahl genügen. Wird jedoch die Definition rein gedanklich gefaßt, so daß sie als solche nicht „in endlicher Darstellung" vorliegt, so ist sie einwandfrei und gegen die Existenz der betreffenden Zahl ist nichts einzuwenden.[1])

Wir betrachten weiter noch die Russellsche Paradoxie von der Klasse aller sich nicht selbst enthaltenden Klassen, wobei wir zunächst annehmen, daß jede Klasse durch eine Eigenschaft ihrer Elemente definiert ist.

Wenn einer Klasse die Eigenschaft, durch die ihre Elemente bestimmt werden, selbst zukommt, so muß sie auch selbst zu ihren Elementen gehören, d. h. sie muß sich selbst enthalten. Gibt es nun eine Klasse aller sich selbst nicht enthaltenden Klassen? Die Annahme einer solchen führt zum Widerspruch, da sie sich nicht enthalten kann und doch wieder enthalten müßte. Andererseits aber ist es eine bestimmte Eigenschaft einer Klasse, sich nicht zu enthalten, und durch diese Eigenschaft sollte demnach doch eine Klasse definiert sein.

Die Lösung dieses Widerspruchs kann nicht von der Frage abhängen, in welcher Beziehung allgemein eine Klasse zu ihren Elementen steht, ob etwa Klasse und Element einander nebengeordnete Begriffe sind oder nicht; wenn jede Eigenschaft eine Klasse definiert, so muß dies auch für die angegebene Eigenschaft gelten.[2])

Um die Lösung zu finden, müssen wir untersuchen, ob wirklich jede Eigenschaft eine Klasse definiert. Dazu ist es aber nötig, die Begriffe „Eigenschaft" und „Klasse" genau zu kennen, und zwar handelt es sich nicht darum, zu wissen, was diese Begriffe „an sich" bedeuten, sondern wie sie definiert sind. Nur durch ihre Definition

---

1) Eine ausführlichere Besprechung dieser Paradoxie findet sich in der Abhandlung: P. Finsler. Formale Beweise und die Entscheidbarkeit. Math. Zeitschrift 25 (1926) S. 676–682.

2) So kann ich auch den Ausführungen von J. Petzoldt: Beseitigung der mengentheoretischen Paradoxa . . . Kantstudien Bd. XXX S. 346—356 nicht zustimmen.

Man bezeichne jede quadratfreie natürliche Zahl als „Menge", ihre Primfaktoren als ihre „Elemente". Das „Enthaltensein" in einer „Menge" bedeutet hier also „Primteiler sein". Jede Primzahl stellt dann eine „sich selbst enthaltende Menge" dar, und dies zeigt, daß der Begriff einer solchen keinen Widerspruch in sich enthält. Ob man eine Zahl (bzw. Menge) als „Menge" von derselben Zahl (bzw. Menge) als „Element" unterscheiden will oder nicht, spielt dabei keine Rolle; das „sich selbst" enthalten bedeutet dann eben nichts anderes als „eine ihr gleiche" enthalten. Auch der Begriff einer Menge aller Mengen ist bei geeigneter Festlegung des Mengenbegriffs (s. u.) nicht widerspruchsvoll.

sind die Begriffe vollständig festgelegt und sie haben auch nur so weit einen Sinn, als die Definition einen Sinn ergibt. Wenn der durch die Definition gegebene Begriff nicht mit dem Begriff übereinstimmt, den man haben will, so bleibt nichts übrig, als die Definition abzuändern und nach einer passenden Definition zu suchen. Wenn aber der gewünschte Begriff logisch unmöglich ist, d. h. wenn man sich widersprechende Forderungen an den Begriff stellt, so wird es nicht gelingen, eine passende, logisch einwandfreie Definition dafür zu erhalten.

Nehmen wir zunächst an, es sei ein bestimmter Bereich von k o n k r e t e n Dingen gegeben. In diesem Bereich ist eine Eigenschaft E definiert, sobald von jedem einzelnen der gegebenen Dinge feststeht, ob ihm E zukommt oder nicht. Wir können nun festsetzen, daß jeder solchen Eigenschaft E eine Klasse K entspricht, und daß diejenigen Dinge, denen die Eigenschaft E zukommt, als Elemente der Klasse K bezeichnet werden. Der vorgelegte Bereich von Dingen wird durch diese Festsetzung nicht verändert und es ergeben sich hier auch keine Schwierigkeiten.

Wir können aber nicht mehr in dieser Weise schließen, wenn wir beliebige Klassen von Klassen betrachten wollen. Der Begriff der Klasse war an den Begriff der Eigenschaft geknüpft und dieser stützte sich auf einen vorgelegten Bereich von Dingen. Wenn nun aber diese Dinge selbst beliebige Klassen sein dürfen, so braucht man zu ihrer Definition schon den Begriff der Klasse, und dieser muß also durch sich selbst definiert werden. Wenn es nun auch gelingen kann, durch eine Zirkeldefinition oder, was dasselbe bedeutet, durch eine implizite Definition den Begriff einer Klasse bestimmt festzulegen, so zeigt es sich doch, daß es nicht möglich ist, ihn so festzulegen, daß in dem gefundenen Bereich die früheren Definitionen erfüllt bleiben, daß also der Begriff der Eigenschaft den bisherigen Forderungen genügt und jeder Eigenschaft eine bestimmte Klasse entspricht. Es ist m. a. W. nicht möglich, den Begriff Klasse so festzulegen, daß beliebig gegebenen Klassen stets eine bestimmte Klasse entspricht, die sie als Elemente enthält, und der Beweis dafür liegt eben in der Tatsache, daß es keine Klasse geben kann, deren Elemente gerade die sich selbst nicht enthaltenden Klassen sind. Wollte man durch die Eigenschaft, eine beliebige sich nicht enthaltende Klasse zu sein, eine n e u e Klasse definieren, so würde man damit sich selbst widersprechen, da man doch annimmt, daß schon alle Klassen vorgelegt sind, daß es also keine neuen mehr gibt.

Daß also jetzt die Klassen nicht an sich schon durch die Eigenschaften definiert sind oder definiert werden können, rührt daher, daß die Eigenschaften noch keinen bestimmten Sinn haben, wenn der Bereich von Dingen, auf die sie sich beziehen, nicht fest gegeben ist. So hat insbesondere die Eigenschaft, eine sich nicht enthaltende Klasse zu sein, erst dann einen Sinn, wenn der Begriff Klasse festgelegt ist. Wenn man den Begriff Klasse definiert, ohne dabei den Begriff Eigenschaft zu benutzen, so kann man nachträglich im Bereich aller Klassen den Begriff Eigenschaft in der früheren Weise festlegen und findet dann, daß nicht jeder Eigenschaft eine Klasse entspricht. Eine beliebige Eigenschaft gibt zwar in dem Bereich eine Einteilung in Dinge, denen sie zukommt, und solche, denen sie nicht zukommt, und man ist gewohnt, dadurch eine Klasse definiert zu sehen; es ist jedoch zu beachten, daß man sich in diesem Falle die Dinge des Bereichs anders vorstellt, als die Einteilungen dieser Dinge oder die Eigenschaften, die diesen Dingen zukommen, und daß es eben in manchen Fällen unmöglich werden kann, die Einteilungen oder Eigenschaften mit den Dingen selbst zu identifizieren.

Wollte man die Begriffe Eigenschaft und Klasse gleichzeitig so festlegen, daß jeder Eigenschaft eine Klasse entspricht und jeder Einteilung der Klassen eine Eigenschaft, so würde man damit wegen eines unerfüllbaren Zirkels nicht zum Ziel gelangen. Es ist hier zu beachten, daß Zirkeldefinitionen zwar in gewissen Fällen eindeutige Lösungen besitzen können, daß sie aber nicht in jedem Fall erfüllbar zu sein brauchen.

Zusammenfassend ist also zu sagen: Der Begriff „Klasse" (und ebenso der Begriff „Eigenschaft") ist nichts an sich Gegebenes, sondern etwas, was erst definiert werden muß. Jeder Versuch aber, die Klassen allgemein so zu definieren, daß sie auch beliebig als Elemente auftreten können, führt notwendig zu einer Zirkeldefinition oder impliziten Definition. Es ist unmöglich, den Begriff „Klasse" widerspruchsfrei so festzulegen, daß beliebige Klassen zusammen stets die Elemente einer bestimmten Klasse darstellen.

Es bleibt noch die Frage, wie dann der Begriff Klasse zweckmäßig festzulegen ist. Da nicht alle Forderungen erfüllt werden können, sind gewisse Einschränkungen

nötig. In vielen Fällen wird man den Zirkel vermeiden können, indem man nur
solche Dinge als Elemente zuläßt, die von dem Begriff Klasse unabhängig sind. Eine solche Einschränkung ist aber insbesondere für die Zwecke der Mengenlehre,
die es mit analogen Fragestellungen zu tun hat, zu eng. Man kann aber hier eine
andere Einschränkung vornehmen, die es gestattet, gerade die durch den Zirkel
veranlaßten Besonderheiten zu untersuchen und den fraglichen Begriff eindeutig
festzulegen.

Der Unterschied zwischen den Klassen und den mathematischen Mengen liegt
im wesentlichen nur in der schärferen Umgrenzung der letzteren. Wenn z. B. Herr
Lipps sagt, daß die Existenz einer Klasse nur die Existenz irgendwelcher Elemente von gewisser Eigenschaft voraussetzt, aber nicht die Existenz aller dieser
Elemente, so ist zu bemerken, daß entweder durch die Angabe der Eigenschaft auch
alle Elemente mit dieser Eigenschaft bestimmt sind, oder aber, wenn dies nicht
der Fall ist, die Eigenschaft (und demzufolge auch die Klasse) keinen eindeutigen
Sinn hat. Auch die Mengen sind nur, allerdings in bestimmter Weise, auf gewisse
Dinge als ihre Elemente bezogen, ohne eigentlich „aus" ihnen zu „bestehen",
denn es ist ein wesentlicher Unterschied zwischen dem einen Ding, der Menge,
und den meist vielen Dingen, ihren Elementen. Es ist aber an sich nicht ausgeschlossen, daß eine Menge sich selbst als Element enthält, also mit einem bestimmten ihrer Elemente identisch ist.

Wenn man nun die Mengen für mathematische Zwecke exakt festlegen will, so
muß man auch den Bereich der Dinge, die als Elemente auftreten dürfen, scharf
umgrenzen, denn sonst hat z. B. der Begriff „aller" Mengen keinen bestimmten
Sinn. Die oben erwähnte Einschränkung, die zu einer scharfen Definition führt,
besteht nun darin, daß man nur die Mengen selbst als Elemente zuläßt, also nur
Mengen von Mengen betrachtet, ohne jedoch zu verlangen, daß beliebige Mengen
zusammen stets wieder eine Menge bilden. Durch jede Menge müssen aber ihre
Elemente eindeutig bestimmt sein. Wenn man noch eine passende Festsetzung darüber hinzufügt, wann zwei Mengen als identisch zu betrachten sind, und dann alle
in dieser Weise möglichen Mengen zusammennimmt, so erhält man, wie sich zeigen
läßt, ein eindeutiges und widerspruchsfreies System, an das man die weiteren Un-

tersuchungen anknüpfen kann.[1]) Wirkliche Antinomien können hier nicht mehr auftreten, denn ein tatsächlicher Widerspruch in der Logik selbst ist undenkbar; scheinbare Widersprüche können nur durch Fehlschlüsse entstehen. Insbesondere verschwindet auch die Antinomie von der Menge aller Ordnungszahlen, sobald man sich an exakte Definitionen hält. Die genauere Ausführung führt aber hier zu weit auf rein mathematisches Gebiet.

---

1) Näheres hierüber findet sich in der Abhandlung: P. Finsler. Über die Grundlegung der Mengenlehre. Math. Zeitschrift 25 (1926) S. 683–713. Vergl. auch P. Finsler. Gibt es Widersprüche in der Mathematik? Jahresbericht der deutschen Math.-Vereinigung 34 (1925) S. 143—155.

ZUSAMMENFASSUNG DER ENTGEGNUNG VON HANS LIPPS, GÖTTINGEN

Von Georg Unger

Die Ausführungen von FINSLER seien keine Auflösung der Paradoxien, nur ein neuer Versuch, sie zu vermeiden durch die Aufstellung von neuen widerspruchsfreien Begriffen.

LIPPS macht Ausführungen darüber, daß er schon früher bestritt (in der von FINSLER zitierten Arbeit), daß die Aussagbarkeit eines Wortes von sich selbst resp. das Sich-selbst-Enthalten einer Klasse eine diesen Worten resp. Klassen gemeinsame Eigenschaft sei.

Eine tatsächlich reflexive Beziehung ist die Gleichheit einer mathematischen Größe mit sich selbst. Die prädikative Gleichheit (3 und 5 sind ungerade Zahlen und in dieser Hinsicht gleich) sei eine andere als die durch das Gleichheitszeichen angegebene. Das Gleichheitszeichen formuliere weder dingliche Gleichheit noch Identität.

Der Begriff, bzw. die Klasse trete nicht in eine eigentliche „Beziehung" zu dem „was zu ihm zufolge seines determinativen Bestandes gehört". Die Begriffe gehören vielmehr zum auszeichnenden Merkmal. Deshalb könnte ein „Begriff" resp. eine Klasse nicht konstruiert werden, sondern entstünden durch bloße Definition. Daraus entstehe ja das Peinliche der Paradoxie. — Ein Begriff könne sich selbst sehr wohl enthalten (z. B. der Begriff des Begriffs), oder auch nicht (z. B. der Begriff des Baumes). Aber durch die Reflexivität bekomme er nicht eine Eigentümlichkeit, durch die dann ein anderer Begriff definiert würde.

Die Klasse sei ein logisches Gebilde im Unterschied zur Menge der Mathematik, die nicht nur durch eine „schärfere Umgrenzung" ausgezeichnet sei. Der Inbegriff könne zwar „abgebildet" aber nicht dargestellt werden, wobei Darstellung einer Menge eine zur Menge gehörige Seite ist. LIPPS möchte entgegen einer Bemerkung von FINSLER das „aus den Elementen Bestehen" gegenüberstellen dem lediglich intentionalen Bezug im Fall einer logischen Klasse, deren Bestehen garantiert ist, wenn nur irgendein Element da ist, das zur Klasse gehört. — Es sei bezeichnend, daß die Paradoxien nur gleichsam an der Peripherie der Mathematik auftreten. Im Bereich der Mathematik, die konstruiert, könnte es nur zu Antinomien, aber nie zu tatsächlichen Paradoxien kommen. So sei es von vornherein verfehlt, nach einem in den Paradoxien verborgenen „Zirkel" zu fahnden. Zirkelhaft könne nur eine konstruktive Definition, nimmermehr die Definition eines logischen Gebildes sein.

Im folgenden will LIPPS unter Bezugnahme auf eine Stelle bei FINSLER (S. 58) **12** die Betrachtung der Klasse von Klassen, die sich nicht selbst enthalten, als eines logischen, nicht mathematischen Gebildes weiterführen. — Eine algebraische Formel könne als echte Formel richtig oder unrichtig sein; das sprachliche Gefüge eines Satzes sei aber keine solche Darstellung. Der Satz sei weder richtig noch unrichtig. Wahr oder falsch ist nur die Aussage, zu der er gehört. An anderer Stelle [Kantstudien XXVIII S. 355 ff.] sei gezeigt, wie der trügerische Schein der Paradoxie des Lügners zustande kommt.

Was verführe und verwirre, sei „die stillschweigende Annahme, daß der Triftigkeitsbereich einer allgemeinen Aussage mit einem von irgendher definierten Inbegriff bzw. einer Klasse zusammenfällt. Diese Voraussetzung ist falsch." Eine Klasse werde bereits durch irgendwelche ihrer Elemente (nicht erst durch alle) definiert, so auch der Triftigkeitsbereich einer allgemeinen Aussage. Die Definition einer Klasse vermittle nicht automatisch den Bezug einer allgemeinen Aussage auf ihre Gegenstände. Eine Aussage sei nicht aus Elementen aufgebaut und könne sich, als Aussage, nicht als Element im voraus setzen.

Zur Paradoxie von der endlichen Bezeichnung wird zunächst FINSLERS Erklärung referiert, und es wird Anstoß genommen an FINSLERS Formulierung: „Wird jedoch die Definition rein gedanklich gefaßt, aber so, daß sie als solche n i c h t ‚in endlicher Darstellung' vorliegt, so ist sie einwandfrei, und gegen die Existenz der betroffenen Zahl ist nichts einzuwenden." Der Verzicht auf die Aktualisierung desjenigen, dessen M ö g l i c h k e i t ja genügt, um die Paradoxie entstehen zu lassen, wäre kein Ausweg.

Hinsichtlich der Paradoxie der Eigenschaften autologisch und heterologisch habe FINSLERS Untersuchung ihren Ansatz an der Stelle, wo die paradoxe Argumentation e n d e t. Daß FINSLER an der dialektischen Einleitung des Widerspiels von Thesis und Antithesis vorübergehe, ohne die Genese der Paradoxie zu untersuchen, darin sieht LIPPS nur ein Ausweichen „von der Materie des gerade in den Paradoxien indizierten Gebietes". Das sei kein Einwand gegen den Mathematiker. Ein solcher könne nur gegen die Prätention erhoben werden, die Paradoxien durch Korrekturen von Definitionen usw. tatsächlich erledigen zu können.

ANTWORT AUF DIE ENTGEGNUNG DES HERRN LIPPS

Zu der Entgegnung des Herrn Lipps möchte ich bemerken:
Eine Überlegung, deren Resultat ein Widerspruch ist, ist meiner Ansicht nach „offenbar falsch", auch wenn der Fehler selbst nicht sofort zu sehen ist. Je schwieriger der Fehler in einer scheinbar einfachen Überlegung zu finden ist, desto stärker ist die Paradoxie. Die Auflösung der Paradoxie besteht darin, daß der Fehler, der den Widerspruch verursacht, aufgedeckt wird. Wenn dies geschehen ist, dann ist auch der Schein von Richtigkeit aufgedeckt und als bloßer Schein begriffen. Um aber sicher zu sein, daß man den Kern der Sache getroffen hat, muß man auch zeigen, daß bei Vermeidung des angegebenen Fehlers die Widersprüche verschwinden.

Die vorliegenden Paradoxien haben allerdings das Besondere, daß sich Thesis und Antithesis wechselseitig herausführen, und diese Besonderheit nenne ich einen Zirkel. Der Fehler in den Überlegungen besteht darin, daß die Eigenschaften oder Klassen als etwas an sich Gegebenes oder „automatisch Entstehendes" betrachtet werden, während sie doch nur durch ihre Definition gegeben sind und diese Definitionen gerade infolge eines Zirkels in manchen Fällen versagen können.

Wenn man aber gewisse Begriffe als widerspruchsvoll erkannt hat und auch die Ursache des Widerspruchs eingesehen hat, so erscheint es mir unnütz, sich noch weiter mit ihnen zu beschäftigen. Das dialektische Operieren mit Worten, die keinen Sinn haben, halte ich für zwecklos und ich kann deshalb Herrn Lipps auf dieses Gebiet nicht folgen. So kann ich mir z. B. unter einer „automatisch entstehenden" Klasse schlechterdings nichts vorstellen. Wie das Bestehen der Klasse (also einer bestimmten Klasse) garantiert sein soll, wenn nur irgendein Element da ist, das zu der Klasse gehört, ist mir ganz unklar. Man muß doch angeben, welche Eigenschaft des betreffenden Elements für die Klasse wesentlich sein soll, und damit kommt man wieder zu der Definition der Klasse, durch die sie allein gegeben wird.

Zu der „Paradoxie der endlichen Bezeichnung" macht Herr Lipps einige Angaben, auf die ich noch eingehen muß.

Wenn man als „endliche Darstellung" einer Zahl nur eine Darstellung in Ziffern oder Zahlwörtern zuläßt, so ist von einer Paradoxie überhaupt nicht die Rede. Eine solche entsteht erst, wenn auch jede beliebige in Worten gegebene Definition einer Zahl als eine „endliche Darstellung" derselben aufgefaßt wird, was an sich durchaus möglich ist. Wäre also die fragliche, in der Paradoxie auftretende Definition „legitim", d. h. logisch einwandfrei, so wäre sie auch eine endliche Darstellung der betreffenden Zahl, obwohl diese doch andererseits notwendig eine nicht endlich darstellbare Zahl sein muß. Nun ist aber eine Definition m. E. nur dann legitim, wenn sie die zu definierende Zahl eindeutig festlegt. Wenn aber die Definition einen Zirkel enthält, indem sie auf alle Definitionen von bestimmter Art und damit auf sich selbst Bezug nimmt, so ist die Legitimität in Frage gestellt, und wenn der Zirkel unerfüllbar ist, wie es hier, wo eine endlich nicht darstellbare Zahl in endlicher Darstellung gegeben werden soll, sicher der Fall ist, so ist die Definition durchaus nicht legitim. Sie wird es erst, wenn der Zirkel aufgehoben wird, und dies kann hier dadurch geschehen, daß man auf die endliche Darstellung der Definition verzichtet. Diese Bemerkung ist notwendig, um zu zeigen, daß es eine solche endlich nicht definierbare Zahl wirklich gibt, im Gegensatz z. B. zu der „Menge aller sich nicht selbst enthaltenden Mengen", die nicht existieren kann. Durch die Erkenntnis aber, daß und warum jede „in endlicher Darstellung" gegebene Definition einer solchen Zahl logisch sinnlos oder unerfüllbar ist, wird die Paradoxie gelöst.

Die Existenz der Zahlenreihe und des Kontinuums

1. Vorbemerkungen

Es soll die widerspruchsfreie Existenz der natürlichen Zahlenreihe und des Kontinuums in absolutem Sinne dargetan werden.

Der Beweis stützt sich auf eine frühere Arbeit[1]), in der ein widerspruchsfreies Axiomensystem für die Mengenlehre aufgestellt wird und einige Sätze daraus abgeleitet werden. Diese Arbeit hat gelegentlich Ablehnung erfahren[2]), jedoch sind mir stichhaltige Einwendungen wesentlicher Art nicht bekannt geworden, und ich halte solche auch für ausgeschlossen. Um meinen Standpunkt klarzulegen, mögen hier folgende kurze Bemerkungen genügen:

1. Wer die Paradoxien und Antinomien der Logik und Mengenlehre nicht lösen kann (oder sie gar für unlösbar hält), der kann auch keine Kritik üben, denn mit einer Antinomie kann man alles beweisen, also auch alles widerlegen.

2. Wer die Antinomien in richtiger Weise lösen kann, der weiß, daß die reine (absolute) Logik einen sicheren Grund darstellt, auf dem man aufbauen kann. Ein System von Formeln als „schärfer" zu betrachten, ist ein Irrtum; Formeln allein genügen nicht, um die Antinomien auszuschließen[3]), dies kann nur der Gedanke tun, der darüber steht und der sich auf die Logik stützt.

3. Die endliche, aber nicht beschränkte Induktion als gegeben anzunehmen, wäre eine petitio principii; nur Finites zuzulassen, eine Einschränkung. Die Mathematik ist mehr als ein Handwerk oder ein Schachspiel. Auch transfinite Widersprüche müssen ausgeschlossen werden.

---

[1]) *P. Finsler.* Ueber die Grundlegung der Mengenlehre. Erster Teil. Die Mengen und ihre Axiome. Math. Zeitschrift, Bd. 25, 1926, S. 683 („Grundlegung").

[2]) So z. B. bei *R. Baer,* Ueber ein Vollständigkeitsaxiom in der Mengenlehre. Math. Zeitschrift, Bd. 27, 1928, S. 536.

[3]) Vgl. z. B. *G. Frege,* Grundgesetze der Arithmetik. I und II, Jena 1893 und 1903, insbes. Nachwort.

2. Die Notwendigkeit eines Beweises

Die natürlichen Zahlen werden gerne als etwas unmittelbar Gegebenes betrachtet. Wenn es sich dabei nur um einen vorläufigen Standpunkt handelt, ist dies sicher berechtigt. Wenn man aber in kritischer Weise nichts Unbewiesenes zulassen will, so gilt es vielleicht doch noch für sehr kleine Zahlen, soweit sie sich vollständig im einzelnen überblicken lassen. Es gilt jedoch nicht mehr für beliebig große Zahlen und insbesondere nicht für die Zahlenreihe als Ganzes.

Dies könnte man schon aus der Tatsache entnehmen, daß es viele Mathematiker gab (oder noch gibt), welche die Existenz der Zahlenreihe als eines fertigen Systems mit unendlich vielen Elementen durchaus ablehnen. Man wird aber noch die Gründe dafür untersuchen müssen, denn man wird auch nichts ohne Beweis ablehnen wollen. Auch wird man sich, wenn man einen Beweis führen will, darüber klar sein müssen, was eigentlich bewiesen werden muß, wo also die Schwierigkeiten liegen.

Die Worte „natürliche Zahl" oder „Zahlenreihe" sind ohne Inhalt, wenn nicht gesagt wird, was darunter zu verstehen ist. Wenn wir über irgendwelche Dinge eine Aussage machen oder etwas beweisen wollen, so müssen wir genau sagen oder definieren, welche Dinge gemeint sind, und alle Eigenschaften, die wir ableiten, müssen sich aus der Definition ergeben. Für die natürlichen Zahlen kommen hier insbesondere zwei Definitionen in Betracht, die genetische und die axiomatische, die wir beide betrachten wollen.

a) Bei der genetischen Definition geht man von einer bestimmt gegebenen Anfangszahl aus, etwa von der Zahl 1. (Ob mit 0 oder 1 begonnen wird, ist an sich gleichgültig.) Dann nimmt man noch eine Operation $+1$ hinzu, die zu jeder schon gefundenen Zahl eine neue, von allen bisherigen verschiedene Zahl liefert. So erhält man die Zahlen $1 + 1$, $1 + 1 + 1$, $1 + 1 + 1 + 1$ usw., die auch mit 2, 3, 4 usw. bezeichnet werden.

Kann man nun von der Gesamtheit aller dieser Zahlen reden?

Wenn man annimmt, es liege schon ein fest gegebenes System von Dingen vor, aus dem die einzelnen Zahlen der Reihe nach entnommen werden können, dann könnte man allerdings die Gesamtheit aller dieser Zahlen definieren: es sind alle die und nur die Dinge des gegebenen Systems, die, von der Zahl (dem Ding) 1 ausgehend, durch beliebige, aber alleinige Anwendung der Operation $+1$ erreicht werden können.

Wenn man aber ein solches System von Dingen nicht als gegeben voraussetzen kann, dann ist dieser Schluß nicht zulässig. Die Reihe der Zahlen ist dann eine „werdende", denn jede Zahl wird erst auf Grund aller vorhergehenden Zahlen sozusagen neu geschaffen, und man sieht zunächst nicht ein, ob dieser Prozeß schließlich zu einem Ende führt oder nicht.

Man könnte vielleicht denken: man sieht ein, daß dieser Prozeß zu keinem Ende führt. Dann übersieht man aber einen wichtigen Punkt: es ist nämlich noch gar nicht gesagt, daß sich der Prozeß in jedem einzelnen Fall wirklich durchführen, die Reihe also immer weiterführen läßt. Es ist noch gar nicht bewiesen, daß wirklich zu jeder Zahl eine folgende existiert.

Die Existenz einer nächstfolgenden Zahl scheint durch die Definition der Zahlen selbst gefordert zu werden. Aber eine Definition kann noch nicht die Existenz eines Dinges sicherstellen. Und darf man die Existenz eines Dinges fordern, das vielleicht einen logischen Widerspruch in sich trägt und deshalb gar nicht existieren kann? Das ist genau der Weg zu den Antinomien. Etwas logisch Widerspruchsvolles, also nicht Existierendes, können wir auch nicht durch einen Willkürakt erschaffen.

Welche Gründe veranlassen uns zu dem Glauben, daß es zu jeder Zahl eine nächstfolgende geben müsse?

Man könnte sich auf die Erfahrung berufen: zu jeder wirklich gegebenen Zahl können wir eine größere angeben. Aber die wirklich gegebenen Zahlen bilden einen so verschwindend winzigen Teil der Zahlen überhaupt, daß dies nicht als Beweis gelten kann.

Man könnte weiter sagen: Es ist kein Grund vorhanden, der gegen die Existenz einer nächstfolgenden Zahl spricht, also kann die Annahme dieser Existenz nicht zu einem Widerspruch führen.

Darauf ist zu erwidern, daß eben doch ein solcher Grund vorhanden ist. Er besteht darin, daß die genetische Definition der natürlichen Zahlen von zirkelhafter Natur ist, und zirkelhafte Definitionen können unerfüllbar sein.

Wenn man nämlich die Definition auf eine schärfere Form zu bringen sucht, so tritt der Zirkel hervor. Die genetische Definition der Zahlenreihe ist im wesentlichen eine Konstruktionsvorschrift, der man etwa die folgende Form geben kann:

Konstruktion 𝔄: Man beginne mit der Zahl 1 und setze hinter jede Zahl, die sich aus dieser Konstruktion 𝔄 ergibt, eine neue Zahl.

Bei der zuerst angegebenen Definition der einzelnen Zahlen hat man in ganz entsprechender Weise hinter jede durch ebendieselbe Vorschrift gefundene Zahl ein neues Zeichen $+ 1$ zu setzen.

Diese Vorschrift bezw. Konstruktion bezieht sich also ganz ausdrücklich auf sich selbst, und das ist ein offenbarer Zirkel. Daß aber dieser Zirkel nicht ungefährlich ist, erkennt man aus der anderen, aber in ganz analoger Weise gebildeten Konstruktionsvorschrift:

Konstruktion $\mathfrak{B}$: Man beginne mit der Zahl 1 und setze hinter jede Zahlenreihe, die sich aus dieser Konstruktion $\mathfrak{B}$ ergibt, eine neue Zahl.

Diese Konstruktion $\mathfrak{B}$ ist sicher nicht [4]) in jedem Falle erfüllbar, man käme sonst zu der Antinomie von *Burali-Forti*. Es ist daher auch nicht selbstverständlich, daß die Konstruktion $\mathfrak{A}$ in jedem Falle erfüllbar ist. *Der Satz, daß es zu jeder Zahl eine folgende gibt* [5]), *bedarf eines Beweises.*

b) Bei der axiomatischen Definition bilden die natürlichen Zahlen ein System von Dingen, die einem gegebenen Axiomensystem genügen. Diesem Axiomensystem kann man (nach *Peano*) etwa die folgende Gestalt geben:

I. 1 ist eine Zahl.

II. Wenn n eine Zahl ist, so ist auch $n + 1$ eine Zahl.

III. Sind m und n Zahlen und ist $m + 1 = n + 1$, so ist $m = n$.

VI. Für jede Zahl n ist $n + 1 \neq 1$.

V. Eine Aussage, die für die Zahl 1 gilt, und die für die Zahl $n + 1$ gilt, sofern sie für n gilt, gilt für jede Zahl n.

Ein solches Axiomensystem hat den Vorteil, daß es die Forderungen, die man an den Begriff der natürlichen Zahl stellt und die zu seiner Definition notwendig sind, einzeln und vollständig angibt, so daß man ein Fundament besitzt, auf dem sich die Lehre von den natürlichen Zahlen aufbauen läßt. Es bleibt aber die Frage, ob dieses Fundament selbst gesichert ist, d. h. ob das Axiomensystem keinen Widerspruch in sich enthält.

Um diese Frage zu beantworten, könnte man zu zeigen versuchen, daß es nicht möglich ist, von dem Axiomensystem ausgehend „in endlich vielen

---

[4]) Dabei wird allerdings vorausgesetzt, daß man jede Reihe von Zahlen (z. B. die Reihe aller natürlichen Zahlen) auch als Ganzes auffassen kann. Dies wird für die natürlichen Zahlen unter 3. gezeigt und läßt sich auf Grund des in der „Grundlegung" definierten Systems aller Mengen auch allgemein zeigen.

[5]) Der Satz dürfte hinfällig werden, wenn man verlangt, daß sich jede Zahl durch ein materielles Zeichen darstellen läßt. Sobald alle Atome der Welt für die Zeichen verbraucht sind, gibt es kein neues mehr.

Schritten" einen Widerspruch herzuleiten. Wenn ein solcher Nachweis gelingt, so ist das wohl von Wichtigkeit, aber noch nicht genügend.

Wenn man nämlich annimmt, es gäbe nicht zu jeder Zahl eine folgende, dann gibt es auch nicht zu jedem Schritt einen folgenden, und die beschränkt vielen Schritte brauchen keinen Widerspruch zu ergeben. Es ist also wieder nicht gezeigt, daß es zu jeder Zahl eine folgende gibt, obschon das Gegenteil dieses Satzes mit dem Axiomensystem in offenkundigem Widerspruch steht. Dieser Widerspruch ließe sich aber nicht formalisieren und wäre deshalb für eine formale Methode nicht angreifbar.

Die Widerspruchsfreiheit des Axiomensystems läßt sich aber in einem absoluten Sinne beweisen, wenn es gelingt, ein widerspruchsfrei existierendes System von Dingen anzugeben, für welches sämtliche Axiome erfüllt sind. Daß man ein solches System nicht aus der genetischen Definition der Zahlenreihe allein entnehmen kann, wurde oben gezeigt. Es gelingt aber, ein solches System aus der Mengenlehre zu entnehmen.

Ebenso, wie sich die Widerspruchsfreiheit der Geometrie aus der Arithmetik beweisen läßt, läßt sich auch die Widerspruchsfreiheit der Arithmetik aus der Mengenlehre beweisen. Für die Mengenlehre ist ein anderer Weg notwendig; hier kann man sich direkt auf die Logik stützen, wie in der „Grundlegung" gezeigt wurde.

Die widerspruchsfreie Existenz des Kontinuums folgt aus der der Zahlenreihe nur dann, wenn man weiß, daß die Operationen der Mengenlehre, insbesondere die beliebige Teilmengenbildung, auf die Reihe der natürlichen Zahlen angewendet werden dürfen.

3. Der Beweis

Als „Mengen" bezeichnen wir ideelle Dinge, die durch eine bestimmte Beziehung („als Element enthalten") miteinander verknüpft sind. Zusammenfassungen von Mengen heißen Systeme. Nicht jedem System braucht eine Menge zu entsprechen. Das durch 3 Axiome festgelegte System aller Mengen werde mit Σ bezeichnet. Wegen des Begriffs „zirkelfrei" muß auf die „Grundlegung" selbst verwiesen werden; ebenso beziehen sich die angeführten Sätze auf diese Arbeit.

Wir betrachten Systeme S, welche, wie z. B. das System Σ, die Nullmenge und mit jeder Menge M stets auch die Menge $\lbrace M \rbrace$ enthalten, sofern diese Menge, die M als einziges Element enthalten soll, existiert. Der Durchschnitt aller dieser Systeme, der also alle und nur die Mengen enthält, die in jedem System S vorkommen, werde mit $\mathfrak{Z}$ bezeichnet. $\mathfrak{Z}$ enthält ebenfalls die Nullmenge und mit jeder Menge M auch die **Menge** $\{M\}$, sofern diese Menge existiert. Außerdem gilt aber für das System $\mathfrak{Z}$ das Induktionsprinzip:

Eine Aussage $\mathfrak{A}$, die für die Nullmenge gilt und die für die Menge $\{M\}$ gilt, sofern sie für M gilt und $\{M\}$ existiert, gilt für jede Menge von $\mathfrak{Z}$.

Zum Beweis betrachten wir das System aller der Mengen, für die die Aussage $\mathfrak{A}$ gilt. Dieses System enthält die Nullmenge und mit jeder Menge M auch die Menge $\{M\}$, sofern $\{M\}$ existiert, und gehört daher zu den Systemen $\mathfrak{S}$. Nach der Definition von $\mathfrak{Z}$ muß also jede Menge von $\mathfrak{Z}$ diesem System angehören, d. h. es gilt für sie die Aussage $\mathfrak{A}$.

Es folgt nun weiter, daß die Mengen von $\mathfrak{Z}$ sämtlich zirkelfrei sind. Nach Satz 14 der „Grundlegung" gilt dies nämlich für die Nullmenge, und nach Satz 15 existiert zu jeder zirkelfreien Menge M stets auch die Menge $\{M\}$ und sie ist ebenfalls zirkelfrei. Nach dem Induktionsprinzip ergibt sich also noch, daß $\mathfrak{Z}$ tatsächlich mit jeder Menge M stets auch eine Menge $\{M\}$ enthält.

Wenn die Menge $\{M\}$ mit der Menge $\{N\}$ identisch ist, so ist auch M mit N identisch nach dem Axiom der Beziehung. Ferner ist jede Menge $\{M\}$ von der Nullmenge verschieden, da diese im Gegensatz zu $\{M\}$ kein Element enthält.

Damit sind aber für das System $\mathfrak{Z}$ die Axiome *Peanos* sämtlich als erfüllt nachgewiesen, wenn man für die Zahl 1 die Nullmenge und für die Zahl $n + 1$ die Menge $\{M\}$ einsetzt, sofern n die Menge M bedeutet.

Bei der Definition von $\mathfrak{Z}$ wurde der Begriff zirkelfrei nicht benutzt, das System $\mathfrak{Z}$ ist also von diesem Begriff unabhängig. Nach Satz 12 existiert daher eine zirkelfreie Menge Z, welche gerade die Mengen von $\mathfrak{Z}$ als Elemente enthält [6]).

Nach Satz 17 gibt es eine zirkelfreie Menge, welche die sämtlichen Teilmengen von Z und nur diese enthält. Diese Menge ist aber bekanntlich dem Kontinuum äquivalent.

4. Schlussbemerkung

Man könnte fragen, ob sich die Existenz der Zahlenreihe und des Kontinuums nicht auch nachweisen läßt, ohne daß man den Begriff zirkelfrei zu Hilfe nimmt.

[6]) Damit ist auch das 7. Axiom *E. Zermelos* (Math. Ann. Bd. 65, 1908, S. 261), das in der „Grundlegung" noch fehlte, für die zirkelfreien Mengen als erfüllt nachgewiesen und somit die Widerspruchsfreiheit dieses Axiomensystems der Mengenlehre dargetan.

Für die Zahlenreihe könnte dies möglich sein, da man, allerdings nicht in einfacher Weise (und vielleicht auch nicht ohne eine Zirkeldefinition), einsehen kann, daß es zu jeder Menge M eine Menge $\{M\}$ gibt, also auch dann, wenn M nicht zirkelfrei ist.

Für den Nachweis jedoch, daß das System aller Mengen eine dem Kontinuum äquivalente Menge enthält, dürfte der Begriff zirkelfrei oder ein äquivalenter Begriff jedenfalls nicht zu vermeiden sein.

Man könnte aber, wenn die Zahlenreihe gegeben ist, für das Kontinuum die Gesamtheit aller Teil*systeme* der Zahlenreihe nehmen, dies wäre jedoch ein System höherer Stufe. Für die Bildung von Funktionen usw. kämen dann Systeme noch höherer Stufe in Frage. Dies wäre unbequem und könnte auch zu Schwierigkeiten führen. Die allgemeine Mengenlehre könnte man auf diese Weise jedenfalls nicht erhalten.

Der Vorteil der angewendeten Methode ist gerade der, daß die erste Stufe (die Mengen) schon die ganze Mengenlehre umfaßt; die zweite Stufe (Systeme von Mengen) und die dritte (alle Systeme einer Eigenschaft) braucht man nur für die Begründung, so daß man sich also z. B. in der Analysis, nachdem sie einmal begründet ist, um verschiedene Stufen nicht mehr zu kümmern braucht.

(Eingegangen den 1. April 1932)

A propos de la discussion sur les fondements des mathématiques

(Exposé fait au Colloque mathématique de Zurich, en janvier 1939.)

Il y a un mois environ, en décembre, s'est tenu à Zurich, comme vous le savez, un Congrès international sur les Fondements et la Méthode dans les Sciences Mathématiques. Le mérite revient à M. le Prof. Gonseth d'avoir inspiré et conduit ce Congrès avec la collaboration de l'Institut International de Coopération Intellectuelle.

Toutefois, le but de ce Congrès ne pouvait pas être de faire aboutir en peu de jours la discussion sur les fondements des mathématiques à des conclusions définitives, mais plutôt de provoquer cette discussion et de la conduire sur une voie utile. Vers la fin du Congrès on souleva plusieurs questions, sérieuses à mon avis, qui ne purent être résolues. Il me semble donc raisonnable de reprendre ici ces problèmes et d'en poursuivre la discussion. Il y vient, en outre, s'ajouter la raison suivante: Si l'on sait qu'un train est sur une voie fausse, on a le devoir de prévenir le danger et d'arrêter le train, si cela est possible. J'estime qu'il en est de même en mathématiques et c'est pourquoi je prends ici la parole.

Je vais considérer une question déterminée de la théorie des ensembles, à savoir celle de *la nature de l'axiome du choix*.

Du Congrès, je ne vais répéter que ce qui est nécessaire à la compréhension de ce qui suit. J'avais prétendu (1) que l'axiome du choix n'est pas, dans un système déterminé et fermé d'ensembles, un axiome véritable, mais une proposition qui doit être ou vraie ou fausse. Je voudrais expliquer et préciser ici cette affirmation et en même temps la limiter un peu.

Je rappelle pour commencer le contenu de l'axiome en question. Soit M un ensemble d'ensembles, tous non-vides et sans élé-

ments communs. Si *A, B, C,...* sont les éléments de *M* de nombre
ou de puissance quelconques, *A* contient au moins un élément *a*,
B un élément *b*, etc. Comme les ensembles ne contiennent pas
d'éléments communs, ces éléments *a, b, c*.... doivent être différents les uns des autres. L'axiome du choix de Zermelo exige
maintenant que pour chaque ensemble *M* de la sorte indiquée, il
existe un ensemble de choix *N*, c'est-à-dire un ensemble ayant
exactement un élément commun avec chaque élément de *M*, et
aucun d'autre; ce qui veut donc dire que *N* aura exactement un
élément *a* de *A*, ainsi qu'un élément *b* de *B*, exactement, etc.

L'ensemble de choix *N* est un ensemble partiel de l'ensemble-
somme *SM* de *M*, qui contient simplement tous les éléments des
ensembles *A, B, C,....* *N* peut être identique à cette somme *SM*,
à savoir lorsque les ensembles *A, B, C,...* ne contiennent chacun
qu'un élément *a, b, c,...* Dans ce cas, l'axiome du choix n'est pas
nécessaire pour construire l'ensemble de choix *N*. Dans d'autres
cas, il est également possible, avec un axiome de séparation, de
déterminer des ensembles partiels de *SM* tels qu'ils soient des
ensembles de choix. La question qui se pose, c'est de savoir dans
quels cas cela n'est pas possible, c'est-à-dire quand le recours à
l'axiome du choix est inévitable, et, en même temps, s'il est toujours possible d'y satisfaire.

Si l'on propose un système quelconque d'axiomes pour la
théorie des ensembles, on peut donc envisager trois cas possibles
pour l'axiome du choix: en premier lieu le cas où il serait possible
de trouver un ensemble *M* du genre exigé, sur la base du système
d'axiomes, pour lequel il n'existerait aucun ensemble de choix;
alors l'axiome du choix serait *faux*; ou bien le système lui-même
serait, en soi, contradictoire. Si l'on élimine cette possibilité, on
pourrait, en second lieu, trouver, uniquement sur la base des
axiomes restants, un ensemble de choix *N* pour chaque ensemble
M du genre considéré; l'axiome du choix serait alors *inutile* ou
superflu. Il nous reste encore à examiner le troisième cas pour lequel on a vraiment besoin de l'axiome du choix afin de fournir ou
de construire des ensembles de choix.

En tout cas, cela n'est possible que si l'axiome de séparation
ne fournit pas tous les ensembles partiels d'un ensemble; puisque,

s'il fournissait tous les ensembles partiels de *SM* il devrait fournir aussi tous les ensembles *N,* pour autant qu'il en existe. Il est cependant possible que l'axiome de séparation soit conçu si étroitement qu'il ne fournisse, par exemple, que les ensembles partiels susceptibles d'être construits de telle ou telle façon déterminée. Mais alors les autres ensembles partiels, qui doivent précisément être fournis par l'axiome du choix, ne doivent pas pouvoir être constructibles dans ce même sens, étant donné que l'axiome du choix ne contient lui-même aucune règle de construction. Si, dans les mathématiques, on ne considère comme admissibles que des choses constructibles, il est clair que l'on doit alors rejeter l'axiome du choix par principe, *a priori.*

Supposons au contraire que d'autres ensembles, non spécialement constructibles, ne soient pas exclus. Dans ce cas, l'axiome du choix peut être nécessaire, mais toutefois dans les seuls cas où, pour un ensemble *M,* on peut imaginer plus d'un ensemble de choix. Car, si, pour un ensemble, on ne peut donner qu'un seul ensemble de choix, ce dernier peut être obtenu directement de façon plus simple. Et si l'on n'en peut donner aucun, l'axiome est alors faux. Cependant l'axiome exige seulement qu'un — au moins — de ces différents ensembles de choix se présente. Il est donc admissible, et conciliable au moins avec les axiomes courants, de ne prendre chaque fois qu'un seul ensemble de choix. Mais, par là, on n'indique pas lequel, l'un ou l'autre pouvant être pris indifféremment. Les ensembles qui sont mis à part par l'axiome restent indéterminés; l'axiome est *vague,* car il ne fournit pas une délimitation précise du domaine des ensembles. Dans un système catégorique, ce cas ne peut pas se présenter.

Cela ne prouve pas, cependant, qu'il n'existe absolument aucun système catégorique d'axiomes dont le domaine correspondant ne puisse être modifié par l'élimination de l'axiome du choix (toutefois, cela ne semble possible que dans des cas très artificiels).

Par contre, l'énoncé de cet axiome ne peut être que vrai ou faux dans un système catégorique qui ne comprend pas l'axiome du choix, de la même façon que chaque énoncé univoque est vrai ou faux. Ceci est surtout le cas pour la théorie générale des ensembles, dans laquelle sont admissibles tous les ensembles exempts, en soi, de contradiction.

On pourrait citer encore une autre interprétation selon laquelle l'axiome du choix n'a pas absolument à fixer les ensembles; il signifierait seulement que, parmi les différents ensembles de choix supposés existants, l'un d'eux (déterminé ou librement choisi), peut être considéré comme proposé. Dans ce cas, non seulement la dénomination « axiome » est mal choisie, mais la formulation devrait encore en être modifiée. En tout cas, on ne peut pas le placer au même rang que les autres axiomes de la théorie des ensembles.

*   *   *

Maintenant la question se pose de savoir si l'axiome du choix est vrai ou faux dans la théorie générale des ensembles. Une communication de M. Gödel a été lue au Congrès, d'après laquelle M. Gödel aurait réussi à démontrer que l'axiome du choix est *exempt de contradiction.* A cette communication, je voudrais opposer une autre communication, ou mieux encore un fait d'après lequel l'axiome du choix est *faux,* et cela non seulement dans certains systèmes étroits et spécialement construits, mais faux dans un cas très important et très général.

Ces deux résultats (celui de Gödel, et celui que j'annonce) ne sont pas en contradiction; car il est parfaitement possible de démontrer l'absence de contradiction (c'est-à-dire absence de contradiction *formelle*) pour des propositions qui sont fausses de façon évidente. Toutefois, je ne peux pas comprendre qu'il soit permis en mathématiques de qualifier tout court de libres de contradiction, des propositions fausses de façon évidente. Je ne peux pas comprendre non plus que l'on consacre l'effort et le travail d'années entières, à démontrer la dite absence de contradiction de propositions et de théories qui, même si l'on arrivait à le démontrer, pourraient cependant être fausses avec évidence.

Et cette *évidence* ne peut pas être niée. Elle est, tout simplement; je vais le démontrer par un exemple, le même que j'ai déjà donné il y a douze ans (2). Il est encore valable à l'heure qu'il est.

Supposons donné un formalisme déterminé, d'ailleurs quelconque, pas trop limité et non-contradictoire; et dans lequel certaines propositions soient démontrables. Dans tout formalisme utilisable, il ne doit se présenter, à propos de toute formule, que la stricte alternative: ou bien elle représente une démonstration, ou bien elle n'en représente pas une.

Soit maintenant une suite indéfinie quelconque, formée, par exemple, uniquement avec les chiffres 0 et 1, par exemple la suite 001100110011... On peut se demander si le chiffre 0 y apparaît, ou non, un nombre infini de fois. Pour plusieurs de ces suites, on pourra démontrer formellement l'une ou l'autre de ces deux éventualités; par exemple pour les suites 111111... ou 1011011101..., etc. Chacune de ces démonstrations ne consistant qu'en un nombre fini de signes, on peut arriver à les disposer en une succession dénombrée. A chaque démonstration correspond une suite de chiffres déterminée, à savoir celle pour laquelle la démonstration est valable et par cela même, ces suites seront disposées elles aussi, en une succession dénombrée. Par ailleurs, la même suite peut apparaître plusieurs fois.

Construisons maintenant une nouvelle suite a suivant le procédé diagonal de Cantor, de sorte que le n^{me} chiffre de a soit différent du n^{me} chiffre de la n^{me} suite de cette succession. C'est-à-dire qu'on remplacera 0 par 1, et *vice versa*. Considérons enfin la proposition suivante: «*Dans a le nombre 0 n'apparaît pas un nombre infini de fois.*»

Cette proposition est exempte de contradiction formelle, étant donné que dans le formalisme il n'existe aucune démonstration qui la contredise; sinon, a devrait être comprise dans la succession, ce qui n'est pas possible. Et pourtant cette proposition est évidemment fausse: car pour la suite 1111... on peut démontrer, avec un nombre de signes, il est vrai, de plus en plus grand, c'est-à-dire avec une complication arbitrairement croissante que le chiffre 0 n'apparaît pas un nombre infini de fois; par exemple on démontre que 0 n'apparaît ni en premier ni en deuxième ni en troisième..., ni en r^{me} lieu et que, finalement, il n'apparaît pas du tout. A chaque démonstration semblable correspond dans a un zéro, et par conséquent, dans a, le chiffre 0 apparaît pourtant un nombre infini de fois.

Ce raisonnement montre clairement qu'une proposition exempte de contradiction formelle peut fort bien être évidemment fausse. Et une contradiction aussi flagrante ne peut pas être tout simplement qualifiée d'«inexistante».

En outre, il s'ensuit que la preuve de l'absence de contradiction formelle pour n'importe quelle théorie ne garantit pas que celle-ci ne contienne pas néanmoins des contradictions évidentes. Je considère ce fait comme une objection importante à la théorie de la démonstration. Ce n'est que lorsque cette objection fut reprise sous une forme plus arithmétique, et plus restreinte (connu sous le nom de théorème de Gödel), que la théorie de la démonstration en tint compte et subit une transformation essentielle. La question de principe qui se pose ici est de savoir, si l'on doit prendre en considération une objection motivée objectivement contre une théorie dès qu'elle s'élève ou bien si, au contraire, elle ne doit l'être que dans le cas et dans la mesure où l'on s'y trouve forcé d'un autre côté. Le contenu essentiel de l'objection dont je viens de parler n'a pas été, jusqu'à présent, prise sérieusement en considération.

Je ne saurais affirmer que quelque chose de faux a été, en fait, démontré comme formellement non-contradictoire, dans la démonstration de Gödel de la non-contradiction de l'axiome du choix dont il est ici question, pour la bonne raison que j'ignore encore dans quelle mesure cette démonstration a été réalisée (3). S'il n'était question que du domaine de l'analyse, l'axiome du choix ne serait pas faux mais vrai; mais dans ce cas, le résultat ne serait pas nouveau, car il y a quelques années que j'en ai démontré la validité dans le domaine de l'analyse (4); et de la validité d'une proposition s'ensuit évidemment aussi son absence de contradiction formelle. Il s'ensuit aussi qu'il existe un bon ordre du continu, mais non que l'on puisse établir un bon ordre effectif. Il existe toujours une différentiation entre des choses qu'on peut déduire sans le principe du choix et celles qui ne peuvent être déduites qu'avec ce principe.

Or, la preuve de Gödel se rapporte directement à la théorie des ensembles; mais justement dans le domaine intégral de celle-ci, c'est-à-dire dans le domaine pour lequel l'axiome du choix fut établi et formulé par Zermelo pour la première fois, cet axiome se révèle faux. Je m'en vais en donner un exemple dans un moment.

Il nous faut auparavant discuter une autre question, qui fut aussi soulevée au cours de la discussion du Congrès, à savoir celle de la *convenance du raisonnement non-formel.*

En considérant par exemple les recherches sur l'absence de contradiction de l'analyse, je me demande ce qui convient le mieux: d'arriver peut-être — après plusieurs années d'un travail très pénible et de recherches extrêmement compliquées — à un résultat qui, ainsi que M. Bernays l'a lui-même reconnu, ferait à peine progresser la vraie compréhension de la non-contradiction effective de l'analyse; résultat qui, d'ailleurs, ne peut faire progresser cette compréhension pour la simple raison qu'il resterait compatible avec des contradictions évidentes dans l'analyse; ou bien d'obtenir l'absence de contradiction effective et absolue de l'analyse, au moyen d'un petit nombre de raisonnements sûrs et pas trop difficiles et de façon véritablement évidente. Je le répète: Qu'est-ce qui convient le mieux?

D'autre part, l'absence absolue de contradiction entraîne la non-contradiction formelle (et non réciproquement). Par conséquent toutes ces recherches, longues et pénibles, destinées à démontrer l'absence de contradiction formelle sont tout à fait superflues au regard du résultat: ce résultat est depuis longtemps acquis. Cette dernière objection subsiste, elle aussi, depuis bien des années et n'a pas été prise non plus en considération jusqu'à présent.

Il en va de même avec la théorie des ensembles. L'axiome du choix est lui aussi vrai dans un certain domaine partiel de la théorie des ensembles, et par conséquent non-contradictoire; mais il est faux dans le domaine intégral de cette théorie. Pour décider de ces choses en toute sécurité, il faut évidemment tout d'abord fixer de façon exacte, la nature et l'objet de la théorie des ensembles elle-même. Je voudrais esquisser comment cela peut être fait, et cela pour une théorie des ensembles dans laquelle les idées d'ensemble et de puissance ne soient pas inutilement limitées.

Toutefois une limitation est nécessaire; si les ensembles doivent être bien définis, les éléments de ces ensembles ne peuvent pas être vagues. Des objets non mathématiques ne doivent pas être admis comme éléments. Même les objets mathématiques ne seront pas considérés ici comme définis; ils ne le seront que sur la base de la théorie des ensembles. On ne dispose de rien d'autre que des ensembles eux-mêmes: on ne‧ considérera que des ensembles d'ensembles.

Afin de définir maintenant ces ensembles exactement, le mieux est de les fixer axiomatiquement. Les ensembles sont tout simplement «des choses» entre lesquelles il existe une certaine relation, et qui, avec cette relation, satisfont aux axiomes. On pourrait prendre pour cette relation la relation ε du contenu au contenant: $a \varepsilon M$ veut dire que a est contenu dans M comme élément. Pour une raison, qui sera claire dans un instant, j'emploie plutôt la relation inverse, la relation «contenir»: $M \beta a$, c'est-à-dire M contient a comme élément.

La totalité de ces ensembles est maintenant déterminée par les 3 *axiomes* que voici (5):

Le *premier* exprime qu'il doit être toujours déterminé de façon univoque pour n'importe quels ensembles M et N, si $M \beta N$ est ou non valable. En d'autres termes pour n'importe quel ensemble M, les ensembles avec lesquels il entre dans la relation β, c'est-à-dire les ensembles qui sont ses éléments doivent être déterminés. Si les éléments d'un ensemble sont toujours déterminés, en revanche, il n'est pas nécessaire que des ensembles quelconques soient les éléments d'un ensemble déterminé qui leur correspond. Voilà précisément la raison pour laquelle la relation β est ici plus adéquate que ε.

Le *deuxième* axiome exprime que les ensembles isomorphes sont identiques. Des ensembles non discernables ne seront donc pas admis.

Le *troisième* axiome est celui de l'intégralité (Vollständigkeitsaxiom). On y prescrit d'admettre tout simplement tous les ensembles possibles, compte tenu des autres axiomes.

Une objection a été soulevée contre cet axiome de l'intégralité (6), d'après laquelle il ne serait pas réalisable (erfüllbar) et n'empêcherait pas tout système d'ensembles satisfaisant aux premiers axiomes d'être élargi.

Cette objection est fausse: elle montre toutefois que pour juger de ces choses on doit être au clair sur les antinomies. Avec une antinomie non résolue on peut naturellement tout réfuter et tout démontrer, mais de ce fait même on ne peut faire de véritable science. La résolution des antinomies est donc absolument nécessaire (7).

On émet encore aujourd'hui souvent l'opinion que les antinomies proviennent du fait que l'on considère une totalité infinie comme fermée, ce qui ne devrait pas être permis, ou bien, ce qui ne devrait pas non plus être permis, du fait d'aller au-delà de l'infini dénombrable en construisant encore des puissances plus élevées. Mais, pourquoi cela ne devrait-il pas être permis? On n'en fournit aucune raison objective, d'autant plus que c'est plutôt ailleurs que l'on rencontre les antinomies. En fait, tout cela est permis. Il est parfaitement permis d'opérer avec des choses en nombre actuellement infini et de construire des puissances très élevées. Tout est permis en mathématiques pourvu qu'on ne se contredise point. C'est là la seule faute que l'on puisse commettre et si on l'évite, les antinomies disparaissent et toute la théorie des ensembles subsiste avec toutes ses puissances, les hautes et les plus hautes.

Que ces puissances existent c'est un fait, mais un fait, il est vrai, qui ne saurait être admis sans autre. On doit d'abord s'assurer que l'on ne se contredit vraiment pas dans leur définition, et cela n'est pas si facile. Mais cette difficulté ne commence pas seulement au non-dénombrable; elle commence déjà dans la suite des nombres entiers. Pour que la suite des nombres naturels puisse être prolongée arbitrairement, il faut supposer déjà l'existence de choses en nombre infini et dépasser, par conséquent, toute expérience directe. La définition générale du nombre naturel comporte un cercle vicieux et seulement une investigation approfondie (8) montre qu'il n'y a cependant pas de contradiction, c'est-à-dire que la suite indéfinie des nombres existe.

Que devient alors le système de tous les ensembles que je viens de définir? Est-ce qu'on peut l'élargir? Le système contient la suite entière des nombres naturels, il contient aussi le continu et le système de tous les ensembles partiels du continu, et un tel système peut toujours être élargi. Mais si je dis maintenant avoir pris tous les ensembles, il n'en est plus de même. Si je dis: je les prends tous plus un, je me suis contredit et cela n'est pas permis. Si je dis seulement que je prends tous les ensembles, il n'y a là aucune contradiction; il ne m'est seulement pas permis de dire que j'en prends encore davantage. Le système de tous les ensembles ne peut pas être élargi.

Il faut prendre encore une autre objection en considération, objection qui, lorsqu'elle est élevée contre cette théorie, repose sur un malentendu.

J'ai parlé de « systèmes » d'ensembles: système de tous les ensembles, certains systèmes partiels, etc. Qu'est-donc qu'un système? Un système est une réunion d'ensembles. Les ensembles sont des « choses » satisfaisant aux axiomes; on peut réunir en un système n'importe lesquelles de ces choses.

Or, au cours de la discussion du Congrès, on fit la remarque qu'on ne doit pas utiliser une conception vague, naïve, intuitive de l'ensemble, en même temps qu'une conception axiomatique et exactement définie de l'ensemble. L'idée de système est précisément une conception intuitive de l'ensemble, mais aucunement une idée vague ou imprécise. Au contraire, si les ensembles sont exactement définis, les systèmes d'ensembles le sont alors également. Sur la base de conceptions précises introduites de façon axiomatique, on peut ensuite introduire d'autres conceptions exactes. Par exemple si les nombres naturels sont fixés de façon axiomatique, on pourra, à partir de ces derniers, introduire les nombres rationnels qui, bien que n'étant pas fixés axiomatiquement, n'en sont pas moins précis. Il en est de même des systèmes d'ensembles.

On doit, il est vrai, s'assurer qu'on n'entre pas de nouveau en conflit avec les paradoxes de la théorie des ensembles. Mais ce n'est pas le cas, car les difficultés n'apparaissent que lorsqu'on considère des ensembles quelconques d'ensembles, et non à propos d'ensembles d'autres choses, comme par exemple d'ensembles de points. Ces ensembles de choses peuvent être construits sans plus.

Des difficultés pourraient effectivement se présenter si l'on construisait des systèmes de systèmes en une progression illimitée. Mais ce n'est pas le cas, car on ne considère que des systèmes d'ensembles, et cela ne rencontre pas de difficulté, pour la raison qu'aucun raisonnement réflexif (Zirkelschluss) ne peut se présenter. Ce sont les raisonnements réflexifs qui fournissent le plus facilement l'occasion de se contredire sans qu'on s'en aperçoive, et c'est pourquoi il faut leur accorder une attention spéciale. Mais si les ensembles sont bien définis d'autre part, un tel raisonnement réflexif ne peut pas intervenir dans la construction des systèmes d'ensembles. Il n'y a, par exemple, dans le système de tous les ensembles, aucun *ensemble* qui contienne comme éléments les ensembles et rien que les ensembles qui ne se contiennent pas eux-mêmes comme élément; mais ces derniers ensembles forment un *système* univoquement déterminé. Il y a donc des systèmes auxquels ne correspond aucun ensemble. A la place des antinomies se présentent ainsi des résultats univoques, sûrs et précis.

Il faut ajouter une remarque de principe: je ne suis pas d'avis que l'objet des fondements des mathématiques soit, comme on l'a parfois prétendu, de ramener des raisonnements plus ou moins douteux à des raisonnements moins douteux, ou, comme on l'a dit aussi, des raisonnements plus ou moins sûrs à des raisonnements plus sûrs. Il ne s'agit pas, dans les propositions et les démonstrations des mathématiques de «moins sûr» ou de «plus sûr», mais de vrai ou de faux. Mais cela ne rend pas la chose meilleure d'assimiler des raisonnements justes aux raisonnements douteux, et de considérer des raisonnements faux, je veux dire de véritables erreurs, comme non douteux, — comme on le fait en réalité.

Je veux construire maintenant un *exemple d'ensemble pour lequel l'axiome du choix n'est pas valable.*

Je considère dans cette intention la suite des nombres ordinaux finis et transfinis. On peut définir ceux-ci, d'après Zermelo, comme des ensembles; le premier de ceux-ci étant l'ensemble vide (Nullmenge) et tout autre nombre ordinal étant identique à l'ensemble de tous les précédents, c'est-à-dire:

$$( ) = 0, \ (0) = 1, \ (0,1) = 2, \ (0,1,2) = 3 \dots, \ (0,1,2\dots) = \omega, \dots$$

On doit encore établir de façon expresse qu'un nombre ordinal ν ne doit pas se contenir lui-même comme élément, mais seulement les précédents, c'est-à-dire les plus petits.

L'ensemble de tous ces nombres ordinaux ne peut pas exister; autrement, l'antinomie de Burali-Forti s'ensuivrait. Mais considérons les ensembles qui ne contiennent, comme élément unique, qu'un nombre ordinal ν; c'est-à-dire les suivants:

$(0), (1), (2), ..., (\omega), ..., ...$

Sauf le premier, ces ensembles M_ν ne sont pas des nombres ordinaux car chacun ne contient qu'un seul élément, tandis que les nombres ordinaux contiennent tous les précédents. Je désigne par M l'ensemble de tous ces ensembles M_ν.

La définition de cet ensemble M ne contient aucune contradiction. Il suffit de s'assurer que la relation β est partout fixée de façon univoque, et c'est précisément le cas. L'ensemble M ne se contient pas lui-même, puisqu'il ne contient pas seulement un unique élément; et il n'est pas non plus contenu dans un de ses éléments, car M n'est certainement pas un nombre ordinal puisque les nombres ordinaux ne contiennent comme éléments que des nombres ordinaux, tandis que M contient d'autres éléments. Donc, d'après une proposition générale (9), l'ensemble M existe.

Or l'axiome du choix n'est pas satisfait pour cet ensemble. L'ensemble de choix N devra contenir tous les nombres ordinaux et rien que ces nombres, ce qui n'est pas possible. Ainsi donc, le choix lui-même est ici possible et même univoque; mais l'axiome exigerait que l'ensemble de choix existât ce qui n'est pas le cas ici. L'exemple n'est pas dirigé contre le principe du choix comme tel, mais seulement contre l'axiome du choix, pour autant qu'il exige l'existence de l'ensemble.

Il s'agit maintenant de savoir jusqu'à quel point ces considérations peuvent être employées encore pour d'autres systèmes d'axiomes de la théorie des ensembles. Les recherches de Gödel ne se rapportent pas, en tout cas, à la théorie des ensembles que nous venons de considérer, mais à des systèmes plus restreints et formalisés d'une façon ou d'une autre. A ce propos, on peut faire la remarque que le même exemple peut être employé dans des domaines plus restreints de la théorie des ensembles, dans la mesure où ces ensembles *M*, susceptibles d'être construits avec tous les nombres ordinaux du domaine, ne sont pas expressément éliminés ou défendus.

Le résultat est donc le suivant: si l'on prétend que l'axiome du choix est compatible avec certains autres axiomes de la théorie des ensembles, dans le sens qu'on peut indiquer des systèmes dans lesquels tous ces axiomes sont satisfaits, alors la proposition est vraie, mais elle n'est pas nouvelle. Si l'on prétend, par contre, que dans chaque système de la théorie des ensembles — d'ailleurs exempt de contradiction —, on peut toujours employer l'axiome du choix par exemple pour construire ou définir d'autres ensembles, alors cette affirmation est fausse, même si l'on peut prouver qu'elle est libre de contradiction formelle (10).

Notes additionnelles

Je vais encore répondre brièvement à quelques objections présentées, au même colloque mathématique, principalement par M. le Professeur Bernays.

13   « La théorie présentée se fonde sur une certaine position philosophique... »

En effet, cette position consiste en ceci: que l'on sait, en principe, ce qu'il faut entendre par vrai et faux; et en ceci: que l'on exige dans la théorie intégrale des ensembles, comme, par exemple, dans l'arithmétique, que la réponse à toute question univoque soit également univoque. Sans cette position philosophique, on peut pratiquer peut-être un métier, mais guère faire de la science.

« Le raisonnement qui conduit à l'exemple d'une proposition libre de contradiction formelle, mais cependant fausse, doit être rejeté, car il est apparenté au paradoxe de Richard. »

Est-ce que l'on peut condamner quelqu'un parce qu'il est apparenté à un accusé, d'ailleurs innocent? Il faudrait pour cela être en mesure de lui reprocher à lui-même une faute. Où est la faute du raisonnement précédent? Pour ce que je prétends, il importe peu que la proposition envisagée puisse être exprimée dans le formalisme donné: on peut toutefois imaginer des formalismes où cela arrive. Le langage peut être lui aussi considéré comme un formalisme. On peut élucider de la même façon le paradoxe de

Richard (11). Toutefois, on doit se donner la peine de réfléchir mûrement sur ces choses; et alors les résultats deviennent évidents.

«Qu'est-ce qu'évident veut dire?»

Une chose est évidente lorsqu'après une réflexion suffisante, on voit qu'elle doit être ainsi et non autrement. Il est possible qu'une chose soit évidente pour quelqu'un et qu'elle ne le soit pas pour quelqu'autre qui n'est pas suffisamment averti de la matière traitée. Il est cependant impossible que deux faits contradictoires soient également évidents, car avec une contradiction véritable, ne découlant pas d'une erreur, toute science cesserait d'exister. On peut décider de cas en cas, si un raisonnement donné ou un fait déterminé sont évidents ou non, sans que pour cela il faille donner explicitement des règles générales.

«Convient-il de fixer la notion d'ensemble par des axiomes?»

L'expression «axiome» employée pour désigner les conditions formulées au début d'une théorie, est peut-être un peu trompeuse, et ne convient peut-être pas tout à fait: le mot «postulat» serait plus adéquat, mais il est, pour l'instant, moins en usage. Abstraction faite de cette nuance, si l'on veut traiter la théorie des ensembles comme une science exacte, il faut dire ce que l'on entend par ensemble. Cela ne s'obtient pas par une définition explicite, car il n'y a pas d'autres choses données par avance que l'on puisse prendre comme base de définition, ou auxquelles on puisse ramener les ensembles. Ceux-ci doivent être définis d'une façon implicite, c'est-à-dire par certaines propriétés déterminées qui leur soient propres, et desquelles on pourra déduire leurs autres propriétés.

«Des objections contre l'axiome de l'intégralité (le troisième, c'est-à-dire le Vollständigkeitsaxiom) ont déjà été élevées sous diverses formes.»

Toutes ces objections sont erronées, de même que tous les essais de résoudre la quadrature du cercle doivent nécessairement échouer. Certes, il est possible de construire des systèmes encore plus amples que le système de tous les ensembles, par exemple en adjoignant, à chaque système d'ensembles qui ne constitue pas un ensemble, une *chose* nouvelle. Mais ces choses nouvelles n'ont pas avec les ensembles la relation originelle β, mais une autre relation $\eta\,(\beta)$, déduite de β. Elles ne constituent donc pas des ensembles, car dans les axiomes il n'est question que d'une seule relation fondamentale qui, étant unique, ne saurait être dépendante d'une autre notion fondamentale. Si l'on voulait, malgré tout, désigner les nouvelles choses comme des ensembles au sens de notre système d'axiomes ou, autrement dit, si l'on voulait considérer la relation $\eta\,(\beta)$ comme une relation simple β, on se contredirait, c'est-à-dire que l'on commettrait une faute, ce qui n'est pas permis.

«Si l'on imagine les ensembles simplement proposés un à un, pourquoi ne peut-on pas en ajouter d'autres encore?»

Cela peut se faire aussi longtemps qu'on n'emploie pas l'idée «*tous*». On ne se contredirait que lorsque, parlant de tous les ensembles, on prétendrait en ajouter d'autres encore.

«Pourquoi ne prend-on pas un véritable ensemble total qui contiendrait aussi les nouvelles choses dont il a été question, et tout ce qu'on pourrait imaginer encore?»

Cela n'est pas impossible, mais inutile. Naturellement il ne s'agirait pas d'un des ensembles axiomatiquement définis. Le système de ces derniers ensembles est déjà si ample que toute l'analyse, et tous les systèmes formels de la théorie des ensembles employés jusqu'à présent, ne représentent qu'une partie extrêmement minime de ce système; c'est en outre, un système déterminé de façon simple et univoque. Cela peut nous suffire.

«On n'a pas fait mention de la séparation des ensembles en ensembles réflexifs (zirkelhaft) et non-réflexifs (zirkelfrei).»

En effet, cette séparation (12) est de la plus grande importance pour l'édification ultérieure de la théorie des ensembles et, surtout, pour le fondement de la suite des nombres et de l'analyse; pour d'autres des questions soulevées, elle n'est pas indispensable. La discuter ici nous mènerait trop loin. La discussion, d'ailleurs, ne prend de sens que lorsqu'on est convenu des autres points.

«Diverses objections ont été faites précédemment par M. Skolem (13).»

Ces objections se fondent sur des malentendus. Dès les débuts, M. Skolem estima que la distinction entre ensemble et totalité (ou système) n'était qu'un artifice verbal, tandis qu'il s'agit,

ainsi qu'il a été démontré plus haut, de deux conceptions essen-
tiellement différentes, car un système quelconque n'est pas nécessairement un ensemble. C'est à cause de cela que le reste n'a pu
être compris. L'existence des ensembles par exemple n'est pas
conditionnée, mais absolue, et par conséquent univoque. Lorsque
M. Skolem remarque: « Dans le paragraphe 17, le principe de
choix » (pour les ensembles non-réflexifs!) « est « démontré » en
invoquant la possibilité de l'introduire sans contradiction. Tout
se fait donc avec la plus grande facilité » — on peut y répondre
qu'en effet, un trésor peut s'ouvrir beaucoup plus facilement lorsqu'on emploie la juste clef, que lorsqu'on essaye de l'ouvrir avec
un bec-d'âne.

« Le raisonnement concernant l'ensemble M pour lequel
l'axiome du choix n'est pas valable, doit être considéré plutôt
comme un raisonnement de plausibilité que comme une preuve. »

On peut parler de raisonnement de plausibilité lorsqu'il reste
possible de penser que le résultat soit différent; on doit parler
de preuve, lorsque ce résultat ne peut être conçu autrement. Dans
le cas de l'ensemble considéré M des raisonnements de plausibilité conduiraient plutôt à penser qu'il n'existe pas. D'habitude, on
raisonnerait de la façon suivante: L'ensemble de tous les nombres
ordinaux est inconsistant. L'ensemble M a la même puissance que
cet ensemble inconsistant, et par conséquent il doit être lui-même
inconsistant. Nous aurions là une considération de plausibilité qui
conduirait pourtant à un résultat faux. On peut cependant s'assurer
que l'ensemble M satisfait aux conditions posées par le système
d'axiomes pour tout ensemble, et de ce fait son existence est
assurée.

D'autre part, on trouve aussi, de façon analogue, le fait re-
marquable suivant: *Parmi les nombres ordinaux définis comme
plus haut comme des ensembles, il y en a un qui est le plus grand.*
Considérons l'ensemble de tous les nombres ordinaux pour lesquels il en existe un plus grand. Cet ensemble existe, car, même
en faisant la supposition qu'il existe, il ne se contient pas lui-
même et n'est pas non plus « essentiel en lui-même » (c'est-à-dire
ici qu'il n'est contenu dans aucun des autres nombres ordinaux);
la relation β est déterminée de façon univoque. L'ensemble con-

tient cependant tous les nombres ordinaux plus petits, et ceux-ci seulement, et par conséquent il est lui-même un nombre ordinal, précisément le plus grand.

Les essais de construire des nombres ordinaux encore plus grands, doivent échouer de la même façon que les essais d'élargir le système de tous les ensembles. On ne peut pas, par exemple, enlever un nombre du commencement et le placer à la fin pour obtenir ainsi un nombre ordinal plus grand; cela contredirait la définition des nombres ordinaux en tant qu'ensembles.

« Dans les systèmes ordinaires de la théorie des ensembles, la formation de l'ensemble M considéré plus haut est exclue. »

C'est en effet le cas, dès que l'on exige que l'axiome de la réunion (Axiom der Vereinigung) soit satisfait, car l'exemple précédent de l'ensemble M montre que cet axiome lui aussi est faux, dans le domaine de tous les ensembles. Il y a même des ensembles avec deux éléments seulement pour lesquels l'axiome de la réunion n'est pas satisfait. On prend pour l'un des éléments le nombre ordinal le plus grand, et pour l'autre l'ensemble contenant le nombre ordinal le plus grand comme élément unique. L'ensemble de réunion devrait contenir tous les nombres ordinaux et rien que ces nombres, ce qui est impossible.

Toutefois, la question se pose ici de savoir si les axiomes de la théorie des ensembles ont pour rôle de montrer quelles sont les propriétés des ensembles ou bien d'écarter tous les ensembles qui ne satisfont pas à certaines exigences choisies arbitrairement.

Pour les systèmes d'axiomes usuels, il semblerait que la seconde interprétation fût à accepter. Mais il faut bien remarquer qu'on n'obtient ainsi que des domaines partiels et arbitrairement choisis de la théorie des ensembles qui, pour eux-mêmes, n'admettent guère de fondement satisfaisant. Pour fonder l'analyse, on ne posera pas non plus des axiomes qui ne soient que partiellement satisfaits, pour mettre ensuite à l'interdit les parties de l'analyse pour lesquelles ils ne sont pas valables. Il peut être utile pour certaines fins particulières d'établir quelques limitations, mais il faut tout d'abord déterminer le domaine dans son intégrité.

Une fois la théorie intégrale des ensembles déterminée, on peut en séparer un système partiel et cependant fort général et étendu, dans lequel les axiomes courants sont satisfaits, et qui se révèle utile pour les applications. C'est précisément le système des ensembles non-réflexifs.

Enfin, qu'il me soit permis de répondre à une question soulevée au cours du Congrès par M. le Prof. Skolem (14). La voici: Que faut-il entendre par *«pensée non formelle»* ?

Je suis tout à fait d'accord avec M. le Prof. Skolem pour penser qu'il n'y a pas de différence essentielle entre un formalisme et un langage naturel; le langage courant peut être lui aussi considéré comme un formalisme. Mais c'est un fait que, dans les mathématiques, il y a des choses qui ne peuvent pas être exprimées dans une langue complètement fixée. Or il faut s'incliner devant les faits. Je prends comme exemple ceux des nombres de la deuxième classe qui ne peuvent pas être fixés individuellement dans la langue en question. Il existe de ces nombres, et l'un d'eux est le plus petit de tous. Celui-ci, qui est bien déterminé, ne peut pas non plus être fixé par la langue et, pourtant, on n'est pas en droit de l'exclure de la deuxième classe des nombres. La situation peut être expliquée à l'aide de l'exemple plus simple suivant (15).

On écrit sur un tableau les nombres 1, 2, 3, et l'expression: «Le nombre naturel le plus petit qui n'est pas écrit sur ce tableau». On demande maintenant: «Quel est le nombre déterminé par l'expression écrite au tableau?» — Réponse: aucun! Car, s'il y en avait un, il serait, à la fois, écrit et pas écrit au tableau. Cependant, si l'on prononce ces mots, ou si l'on en réalise le sens en se rapportant au tableau, ces mots fixent alors un nombre déterminé, à savoir: 4.

De même, le nombre mentionné plus haut, ne se laisse pas fixer par la langue, mais bien par la pensée; il existe aussi bien que le nombre 4. Cette façon de penser ne conduit pas à un silence perpétuel, car on peut en tirer des conclusions dont l'aboutissement peut être représenté dans le langage. L'introduction de nombres imaginaires dans l'analyse engendrait autrefois des scrupules, mais on a appris à calculer avec ces nombres et l'on arrive souvent, après un «voyage à travers l'imaginaire» à des résultats importants et réels. On apprendra de façon analogue à opérer avec des choses qui dans leur ensemble peuvent être exprimées par le langage, mais non individuellement, et l'on arrivera également à des résultats importants et susceptibles d'être exprimés, après un « voyage à travers le silence ». Un mathématicien, surtout si on lui montre la voie, est certainement capable de faire seul un bout de chemin.

Notes bibliographiques.

1. Après l'exposé du Prof. Sierpinski (p. 141).
2. Formale Beweise und die Entscheidbarkeit. Mathemat. Zeitschr. **25** (1926), p. 676. Voir aussi: Jahresbericht der Deutschen Math.-Ver. **36** (1927), p. 18.
3. Ainsi que je l'ai vu plus tard dans la note de Gödel, The Consistency of the axiom of choice and of the generalized Continuum-Hypothesis. Proc. of the Nat. Acad. of Sciences America **24** (1938), p. 556, Gödel ne démontre qu'une proposition *conditionnée*: Si le système de la théorie des ensembles de v. Neumann est consistant sans axiome du choix, il l'est aussi avec cet axiome. Mais nos réserves, quant au principe, n'en sont pas modifiées.
4. Über die Grundlegung der Mengenlehre (cité comme « Grundlegung »), Math. Zeitschr. **25** (1926), p. 683 et surtout p. 709, Satz 19.
   — Die Existenz der Zahlenreihe und des Kontinuums. Comm. Math. Helv. **5** (1933), p. 88.
5. Ou postulats. Voir « Grundlegung », p. 691.
6. R. Baer, Über ein Vollständigkeitsaxiom in der Mengenlehre. Math. Zeitschrift **27** (1928), p. 536.
7. Gibt es Widersprüche in der Mathematik? Jahresbericht der Deutschen Math.-Ver. **34** (1925), p. 143.
   — Über die Lösung von Paradoxien. Philosophischer Anzeiger **2** (1927), p. 183.
8. Voir les travaux cités dans la note 4.
9. « Grundlegung », p. 697, Satz 6.
10. Voir la note 3.
11. Formale Beweise und die Entscheidbarkeit, p. 678.
    — Über die Lösung von Paradoxien, p. 187.
    — Antwort auf die Entgegnung des Herrn Lipps. Philosophischer Anzeiger **2** (1927), p. 203.
12. Voir « Grundlegung », p. 702.
    — J. J. Burckhardt, Zur Neubegründung der Mengenlehre. Folge. Jahresbericht der Deutschen Math.-Ver. **49** (1939), p. 146.
13. Fortschritte der Mathematik **52** (1926), p. 192 (Compte-rendu de la « Grundlegung »).
14. Quatrième séance (p. 156).
15. Gibt es Widersprüche in der Mathematik? p. 149.

Gibt es unentscheidbare Sätze?

1. Formale Systeme

Vor ungefähr 18 Jahren habe ich gezeigt, daß man in formalen Systemen allgemeiner Art Sätze angeben kann, die durch formale Beweise in den Systemen selbst nicht entscheidbar sind, die aber durch eine inhaltliche Überlegung doch entschieden werden können[1]). Dabei wurden nur solche formalen Beweise als zulässig betrachtet, bei denen der inhaltlich festzustellende Sinn einen logisch einwandfreien Beweis ergibt.

Später hat Herr *K. Gödel* versucht, in den Principia Mathematica und verwandten Systemen ebenfalls formal unentscheidbare Sätze anzugeben[2]). Er konstruiert zu diesem Zweck einen Satz, der seine eigene formale Unbeweisbarkeit behauptet. Eine inhaltliche Überlegung zeigt, daß ein solcher Satz in einem widerspruchsfreien System richtig, also tatsächlich unbeweisbar und damit auch unentscheidbar sein muß. Wäre er nämlich falsch, so wäre er formal beweisbar und folglich richtig. Merkwürdig bleibt, daß eine solche unmittelbare Einsicht hier im speziellen Fall von denselben als gültig betrachtet wird, die glauben, sie als allgemeines Beweisprinzip verwerfen zu müssen.

Nun muß aber bei Gödel ein formaler Beweis nur gewissen formalen Bedingungen genügen ohne Rücksicht auf seinen wirklichen Sinn. Diese abgeänderte, in den formalen Theorien allerdings übliche Behandlungsweise hat jedoch zur Folge, daß jetzt prinzipiell kein Hindernis mehr besteht, den oben angegebenen, sehr einfachen und, solange er gedanklich geführt wird, korrekten Beweis für den angeblich formal unbeweisbaren Satz doch formal darzustellen. Dies ergibt aber einen Widerspruch und es folgt, daß Herr Gödel keineswegs die Existenz von Sätzen nachgewiesen hat, die in einem allgemeinen Sinne formal nicht entscheidbar wären, sondern er hat gezeigt, daß die von ihm betrachteten Systeme,

---

[1]) Formale Beweise und die Entscheidbarkeit, Math. Zeitschr. 25 (1926), S. 676—682. Das in § 9 dieser Arbeit gegebene Beispiel läßt sich auch durchführen, wenn nur die „in endlich vielen Schritten" vorzunehmenden Beweise arithmetischer Natur für einfache Zahlenfolgen durch einen passenden Formalismus festgelegt werden, es beantwortet also eine von *P. Lévy* in seiner Abhandlung S u r l e p r i n c i p e d u t i e r s e x c l u e t s u r l e s t h é o r è m e s n o n s u s c e p t i b l e s d e d é m o n s t r a t i o n, Revue de Métaphysique et de Morale 33 (1926), S. 253—258, insbes. S. 254, im Anschluß an Ausführungen von *R. Wavre*, L o g i q u e f o r m e l l e e t l o g i q u e e m p i r i s t e, ebenda S. 65—75, aufgestellte Frage.

[2]) Ü b e r f o r m a l u n e n t s c h e i d b a r e S ä t z e d e r P r i n c i p i a M a t h e m a t i c a u n d v e r w a n d t e r S y s t e m e I, Monatsh. f. Math. und Phys. 38 (1931), S. 173—198.

sofern sie nur gewisse einfache und inhaltlich korrekte Schlüsse enthalten, formal widerspruchsvoll sind.

Wenn also umgekehrt diese Systeme doch widerspruchsfrei sein sollen, so muß darin wenigstens einer von diesen Schlüssen fehlen. Tatsächlich kommt in den üblichen Systemen[3]) der folgende Schluß nicht vor:

„Aus der Beweisbarkeit von $\mathfrak{A}$ folgt $\mathfrak{A}$",

oder in Zeichen:

„Bew $\mathfrak{A} \rightarrow \mathfrak{A}$."

Man darf also im Rahmen der formalen Systeme diesen Schluß zum mindesten nicht für Beweise verwenden!

Wenn man nun aber den genannten Schluß in das System aufnimmt, so ändert sich der Begriff der Beweisbarkeit, und zwar, wie schon bemerkt, so stark, daß entweder der formal unentscheidbare Satz nicht mehr darstellbar oder aber das System widerspruchsvoll und somit jeder Satz beweisbar wird. Um dies zu vermeiden, muß man die Aufnahme des Schlusses verbieten!

Daß nun aber ein richtiger Satz „unentscheidbar" wird, wenn man eine zu seinem Beweis notwendige Schlußweise verbietet, dürfte doch wohl selbstverständlich sein. Wenn man die Schlußweise der vollständigen Induktion verbietet, so ist schon $a + b = b + a$ für natürliche Zahlen ein „unentscheidbarer" Satz.

Die „Inkonsistenz" gewisser neuerer Formalismen wurde durch *S. C. Kleene* und *J. B. Rosser* nachgewiesen[4]). Es konnte dabei wohl der Eindruck entstehen, daß die Widersprüche in diesen Systemen von der Aufnahme an sich unzulässiger Schlußweisen herrühren. Nach den vorangehenden Bemerkungen braucht dies aber nicht der Fall zu sein. An sich einwandfreie, auf die Formalisierung bezügliche Schlüsse können gerade durch die Formalisierung falsch werden, so daß also diese nicht zu „größerer Exaktheit", sondern zur Vernichtung führt.

Wenn man aber bei den Beweisen nicht allein auf die Form, sondern, wie zu Anfang bemerkt, auf die inhaltliche Bedeutung achtet, so verschwinden die Widersprüche, man braucht nichts mehr zu verbieten und kann tatsächlich formal unentscheidbare Sätze angeben. Wenn man jetzt die Beweise für die Wahrheit solcher Sätze formal darzustellen versucht, so mißlingt dies, weil diese Beweise eben durch die Formalisierung inhaltlich widerspruchsvoll, also falsch und daher ungültig werden. Die Beweise werden durch ihre formale Darstellung in derselben Weise falsch, wie die Behauptung „Ich schweige" falsch wird, sobald man sie ausspricht.

---

[3]) Wie mir Herr *P. Bernays* bestätigt hat.
[4]) The inconsistency of certain formal logics, Ann. of Math. 36 (1935), S. 630—636.

Wie man sieht, hängen diese Dinge eng mit den logischen Paradoxien zusammen; solange über diese keine Klarheit besteht, kann man auch keine feste Grundlage finden. Nun habe ich schon mehrfach angegeben, wie die Paradoxien zu lösen sind[5]), doch scheint dies bisher kaum beachtet oder verstanden worden zu sein. Ich bespreche deshalb hier noch die Paradoxie des „Lügners".

Die Überzeugung, daß jede Paradoxie lösbar sein muß, führt auch bei der Betrachtung eines Satzes zum Ziel, der seine eigene Unbeweisbarkeit in absolutem Sinne behauptet, und man erhält hierbei Aufschluß über die Existenz oder Nichtexistenz von absolut unentscheidbaren Sätzen.

2. Die Paradoxie des „Lügners"

Man könnte fragen, ob die Paradoxien nicht eher zur Philosophie als 14 zur Mathematik gehören. Während aber in der Philosophie viele Meinungen bestehen können, darf es in der Mathematik nur eine strenge, objektive Unterscheidung zwischen wahr und falsch geben. Dieser Standpunkt kann und soll aber auch bei der Behandlung der logischen Paradoxien eingenommen werden; diese sind deshalb zur reinen Mathematik zu rechnen.

Man kann Sätze angeben, die ihre eigene Falschheit behaupten, so z. B. den Satz „Ich lüge" oder „Die hier stehende Behauptung ist falsch". Es entsteht die Frage, ob ein solcher Satz wahr oder falsch oder vielleicht sinnlos ist.

Man schließt etwa so: Wenn der angegebene Satz wahr wäre, so müßte er falsch sein, wäre er aber falsch, so müßte er wahr sein. Der Satz kann also weder wahr noch falsch sein, er ist daher sinnlos oder er hat wenigstens „keinen eindeutigen Sinn".

Diese Überlegung ist jedoch nicht haltbar, denn sie führt selbst zu 15 einem Widerspruch. Wir wollen jeden Satz, der nicht entweder eindeutig wahr oder eindeutig falsch ist, als „sinnlos" bezeichnen. Ein wahrer Satz ist aber nicht sinnlos, ebenso ist ein falscher Satz nicht sinnlos.

Wenn nun der angegebene Satz sinnlos wäre, so wäre die in ihm enthaltene Behauptung eindeutig falsch, denn die Behauptung besagt ja, daß der Satz falsch, also nicht sinnlos sei. Es folgt also, wenn der Satz sinnlos wäre, so wäre er falsch. Einen „veränderlichen" Sinn kann der

---

[5]) S. z. B. Gibt es Widersprüche in der Mathematik? Jahresbericht der Deutschen Math.-Ver. 34 (1925), S. 143—155; Über die Lösung von Paradoxien, Philos. Anzeiger 2 (1927), S. 183—192, 202—203; A propos de la discussion sur les fondements des mathématiques, Les entretiens de Zurich sur les fondements et la méthode des sciences mathématiques (Zurich 1941), S. 162—180.

Satz aber schon deshalb nicht besitzen, weil er selbst nicht veränderlich ist.

Die richtige Lösung ergibt sich aus der Bemerkung, daß man bei einer Behauptung nicht nur auf den formalen Ausdruck, sondern auf den wirklichen Sinn zu achten hat. Jede Behauptung hat aber den Sinn, daß das, was behauptet wird, wahr sein soll. Wenn jedoch gleichzeitig be-
16 hauptet wird, daß gerade dies falsch sei, so werden zwei entgegengesetzte Aussagen behauptet und dies ergibt zusammen eine falsche Behauptung. „$\mathfrak{A}$ und Nicht-$\mathfrak{A}$" ist immer falsch, gleichgültig, ob $\mathfrak{A}$ oder Nicht-$\mathfrak{A}$ wahr ist. Der angegebene Satz ist also eindeutig falsch[6]).

Aus der Tatsache, daß der Satz falsch ist, ergibt sich nun aber nicht, daß er dann doch wahr sein müßte, denn ein Satz kann sehr gut falsch sein, auch wenn ein Teil dessen, was er aussagt, wahr ist. Man kann bei dem Satz zwischen einer expliziten und einer impliziten Behauptung unterscheiden. Die explizite Behauptung, daß der Satz falsch sei, wäre für sich genommen wahr, aber zusammen mit der impliziten Behauptung, daß er wahr sei, ergibt sich ein falscher Satz. Wenn ich jedoch sage: Die Behauptung „Ich lüge" ist falsch, so ist dies ein wahrer Satz. Es ist ein wesentlicher Unterschied, ob sich die Behauptung auf sich selbst oder auf einen anderen Satz bezieht.

Ein Hauptgrund für das Entstehen von Paradoxien ist der, daß die impliziten Aussagen, die tatsächlich vorhanden sind, übersehen oder nicht beachtet werden, und diese Gefahr wird jedenfalls bei einer rein formalen Behandlung nur verstärkt.

Man wirft den inhaltlichen Überlegungen gelegentlich vor, sie seien „vage", und meint, nur eine rein formale Darstellung sei hinreichend „scharf". Dieses Bestreben, den Sinn vollständig durch Formeln zu ersetzen, gleicht aber dem Versuch, die Farbe von Gegenständen nur nach ihrer Form zu beurteilen. Es ist verständlich, daß Farbenblinde an solchen „formalen" Definitionen ein großes Interesse besitzen; daß dies aber der beste Weg ist, um über die Farben Aufschluß zu erhalten, kann doch wohl bezweifelt werden[7]).

Wenn man sich aber bei den inhaltlichen Überlegungen an den Satz vom ausgeschlossenen Dritten hält, indem man eben diejenigen Dinge

---

[6]) Herrn *K. Dürr* verdanke ich die Bemerkung, daß sich diese Erklärung schon bei *A. Geulincx* findet: Methodus inveniendi argumenta (1663), s. Arnoldi Geulincx Antverpiensis Opera philosophica, rec. J. P. N. Land, Bd. II (1892), S. 25.

[7]) Vgl. z. B. *A. Tarski*, Der Wahrheitsbegriff in den formalisierten Sprachen, Studia philosophica (1935), S. 261—405. Aus § 1 dieser Arbeit geht hervor, daß der Verfasser nicht entscheiden kann, welche der von ihm angeführten Sätze tatsächlich wahr und welche falsch sind.

untersucht, für welche dieser Satz gilt, und wenn man sich ferner klar macht, daß dabei jeder einzelne Widerspruch schon alles zerstören würde, so erkennt man, daß es eine schärfere Unterscheidung als die zwischen wahr und falsch in diesem Gebiet nicht geben kann. Man erkennt auch, daß jede logische Paradoxie lösbar sein muß, daß ein Widerspruch nicht aus dem Nichts entstehen, sondern nur da herauskommen kann, wo man ihn hineingelegt hat, daß man also nur vermeiden muß, sich zu widersprechen, um eine widerspruchsfreie Mathematik zu erhalten.

3. Die absolute Entscheidbarkeit

Wir wollen auch weiterhin eindeutige Sätze betrachten, also solche, die nur entweder wahr oder falsch sind. Jede Behauptung, die nicht eindeutig wahr oder eindeutig falsch ist, soll als „sinnlos" bezeichnet werden.

Es sei nun der folgende Satz vorgelegt[8]):

„Die hier stehende Behauptung ist unbeweisbar."

Dabei sollen jetzt aber nicht nur formale Beweise in Betracht gezogen werden, sondern auch beliebige ideelle, sofern sie nur inhaltlich einwandfrei sind. Diese letztere Bedingung besagt, daß aus der Beweisbarkeit eines Satzes seine Wahrheit folgen muß. Dies ist eine notwendige Forderung, die man an den Begriff der Beweisbarkeit stellen muß. Weiteren Einschränkungen soll aber dieser Begriff nicht unterzogen werden, denn es wäre sonst immer denkbar, daß ein Satz, der sich mit einer solchen Einschränkung nicht beweisen läßt, ohne diese Einschränkung, also auf anderem Wege, doch beweisbar wäre, und dies soll eben vermieden werden. Wir betrachten also den Begriff der Beweisbarkeit in seinem größtmöglichen Umfang.

Es ist aber einleuchtend, daß man nicht einfach fordern darf, jeder wahre Satz müsse beweisbar sein. Man kann vielmehr die Frage stellen, ob es wahre Sätze gibt, die nicht beweisbar sind. Es wären dies absolut unentscheidbare Sätze.

Wenn der oben angegebene Satz, welcher seine eigene Unbeweisbarkeit behauptet, wahr wäre, so wäre er selbst ein Beispiel eines solchen unentscheidbaren Satzes. Um aber zu wissen, daß er wahr ist, müßte man ihn beweisen, und dies ist gemäß seiner Aussage unmöglich. Auf diese Weise läßt sich also das genannte Problem nicht lösen.

Wir wollen aber doch den Satz näher untersuchen. Man kommt zunächst wieder zu einer Paradoxie. Der Satz kann nämlich auf jeden Fall

---

[8]) Eine ähnliche Formulierung findet sich bei *D. Hilbert* und *P. Bernays*, Grundlagen der Mathematik, 2. Bd. (Berlin 1939), S. 269—270.

nicht sinnlos sein, denn daraus würde folgen, daß die in ihm enthaltene
Behauptung und somit der Satz selbst wahr wäre. Ein sinnloser Satz ist
ja sicher unbeweisbar, denn ein beweisbarer Satz ist wahr, also nicht
sinnlos.

Macht man nun aber die Annahme, der Satz und die in ihm enthaltene
Behauptung wären falsch, dann wäre er nicht unbeweisbar, sondern
beweisbar und folglich wahr. Wenn der Satz aber nicht sinnlos und nicht
falsch sein kann, so muß er wahr sein. Damit ist anscheinend bewiesen,
daß der Satz wahr ist. Für eine unbeweisbare Behauptung kann es jedoch
einen solchen Beweis nicht geben.

Um den Widerspruch zu lösen, muß man wieder die implizite Aussage
des Satzes berücksichtigen, welche besagt, daß die Behauptung wahr
sein soll. Es ist zu untersuchen, ob diese Aussage mit der expliziten Behauptung, daß sie unbeweisbar sei, verträglich ist oder nicht, und wir
kommen damit zu dem früheren Problem zurück, nämlich zu der Frage,
ob es wahre, aber unbeweisbare Sätze gibt oder nicht.

Machen wir zunächst die Annahme, daß es solche Sätze nicht geben
kann, dann sind die beiden Begriffe ,,wahr" und ,,unbeweisbar" miteinander unvereinbar, die implizite und die explizite Aussage des angegebenen Satzes widersprechen sich und der Satz selbst ist falsch. Man
erkennt auch, daß der Satz nur dann falsch sein kann, wenn die beiden
Begriffe miteinander unverträglich sind, denn sonst würde aus der
Falschheit des Satzes folgen, daß die explizite Behauptung für sich
falsch wäre, daß der Satz also nicht unbeweisbar, sondern beweisbar
wäre und somit nicht falsch sein könnte.

Machen wir jetzt also diese Annahme, daß es wahre und zugleich unbeweisbare Sätze gibt, dann sind die beiden Begriffe miteinander verträglich und der angegebene Satz kann nicht falsch sein. Da der Satz
aber, wie schon gezeigt wurde, auch nicht sinnlos sein kann, so ist,
unter der gemachten Annahme, bewiesen, daß der Satz wahr sein muß.

Jetzt können wir aber den folgenden Schluß ziehen:

Wenn von irgendeinem eindeutigen Satz die absolute Unentscheidbarkeit beweisbar ist, so ist auch die eben gemachte Annahme beweisbar,
d. h. dann ist beweisbar, daß es wenigstens einen wahren und zugleich
unbeweisbaren Satz gibt, denn entweder der betreffende Satz oder seine
Negation ist dann ein solcher. Dadurch wird dann aber der soeben angegebene Beweis, daß der Satz, welcher seine eigene Unbeweisbarkeit
behauptet, wahr ist, zu Ende geführt, und dies ergibt einen Widerspruch.
Es folgt also das Resultat:

Es gibt keinen eindeutigen Satz, für den die absolute Unentscheidbarkeit beweisbar ist.

Es bleiben hier zunächst noch zwei Möglichkeiten, nämlich:

Der Satz: „Es gibt eindeutige, aber absolut unentscheidbare Sätze" ist entweder falsch, oder er ist wahr, aber unbeweisbar.

Wäre er nämlich beweisbar, so wäre wiederum beweisbar, daß es wahre und zugleich unbeweisbare Sätze gibt, und dies führt, wie eben gezeigt, zu einem Widerspruch.

Die Falschheit des Satzes im ersten Fall kann also noch beweisbar sein, während der zweite Fall höchstens widerlegbar ist. Dies kann man nun auch so ausdrücken:

Die Annahme, daß es keine eindeutigen, absolut unentscheidbaren Sätze, also keine „unlösbaren mathematischen Probleme" gibt, ist nicht widerlegbar, sie ist „absolut widerspruchsfrei".

D. Hilbert hat das Problem gestellt[9]), zu zeigen, daß eine entsprechende Annahme keinen „finiten" Widerspruch ergibt; wie man sieht, läßt sich das Problem in absolutem Sinne lösen.

Wenn man sich auf den Standpunkt stellt, daß jeder „absolut widerspruchsfreie", d. h. jeder nicht widerlegbare Satz als wahr betrachtet werden darf, so muß jeder falsche Satz widerlegbar und folglich jeder wahre Satz beweisbar sein, sofern eben diese Begriffe „wahr" und „falsch" als absolute Gegensätze, d. h. als unvereinbar angesehen werden. Der Satz, welcher seine eigene Unbeweisbarkeit behauptet, ist dann notwendig falsch. Es ist aber noch zu untersuchen, ob dieser Standpunkt gerechtfertigt ist.

Die gegenteilige Annahme würde besagen: Es gibt einen falschen Satz, der nicht widerlegbar ist. Was bedeutet es aber, daß ein Satz falsch ist? Es kann dies jedenfalls keine andere Bedeutung haben als die, daß er einen Widerspruch enthält.

Nun macht man in der Mathematik wohl immer die Annahme, daß etwas Vorhandenes auch als gegeben betrachtet werden darf. Dies ist jedenfalls ein evidentes Prinzip[10]), sofern es sich um ein abstraktes Gegebensein, nicht um eine praktische Aufweisbarkeit handelt.

Wenn nun aber ein in einem Satz enthaltener Widerspruch gegeben ist, so wird der Satz durch eben diesen Widerspruch widerlegt.

---

[9]) Über das Unendliche, Math. Annalen 95 (1926), S. 161—190, insbes. S. 180.

[10]) Es handelt sich hier nicht um das Auswahlprinzip; auch das Gegebensein einer Gesamtheit würde genügen.

Es folgt also, daß tatsächlich jeder falsche Satz ideell widerlegbar ist. Wenn aber die Negation eines Satzes widerlegbar ist, so ist der Satz selbst beweisbar. Es folgt also weiter, daß jeder wahre Satz beweisbar und somit *jeder beliebige eindeutige Satz ideell entscheidbar ist.*

Das Problem der ideellen Entscheidbarkeit läßt sich also auf diese Weise, durch Zurückführung auf die Bedeutung der Begriffe, sehr einfach lösen; die vorhergehenden Betrachtungen sind jedoch nicht überflüssig, da sie auf andern Schlüssen beruhen, die auch für die praktische Entscheidbarkeit von Bedeutung sind.

Man könnte vielleicht noch den folgenden Einwand versuchen:

Es wäre denkbar, daß ein Satz $\mathfrak{A}$ keinen Widerspruch enthält, daß aber die Negation von $\mathfrak{A}$, also $\overline{\mathfrak{A}}$, ebenfalls widerspruchsfrei wäre und erst das „Zusammentreffen" beider Aussagen, also „$\mathfrak{A}$ und $\overline{\mathfrak{A}}$", einen Widerspruch ergibt. Wie ist dann die Entscheidung zu treffen?

Der Satz $\mathfrak{A}$ kann hier nicht falsch sein; da aber auch $\overline{\mathfrak{A}}$ nicht falsch ist, so kann $\mathfrak{A}$ nicht wahr sein. Es folgt also, daß $\mathfrak{A}$ sinnlos ist. Auch für eine sinnlose Aussage ergibt das Zusammentreffen mit ihrer Negation einen Widerspruch.

Die Annahme, daß $\mathfrak{A}$ sinnlos ist, ergibt jedoch keinen Widerspruch. Andernfalls würde nämlich folgen, daß $\mathfrak{A}$ wahr oder falsch sein müßte. Dies würde aber besagen, daß entweder $\overline{\mathfrak{A}}$ oder $\mathfrak{A}$ einen Widerspruch enthält, was nach Voraussetzung nicht der Fall ist.

Muß nun aber eine sinnlose Behauptung nicht falsch sein, da sie ja implizit behauptet, sie sei wahr, und dies doch nicht stimmt?

Für Sätze, die wirkliche Behauptungen darstellen, ist diese Auffassung tatsächlich richtig; es gibt dann also keine sinnlosen, sondern nur wahre oder falsche Behauptungen, und der soeben betrachtete Fall kann hier nicht eintreten. In der Tat, wenn der Satz $\mathfrak{A}$ eine unbedingte Behauptung darstellt und keinen Widerspruch enthält, so behauptet die Negation von $\mathfrak{A}$, daß diese Behauptung $\mathfrak{A}$ trotzdem falsch sei; sie enthält also einen Widerspruch und ist somit falsch. Die Negation von $\mathfrak{A}$ besagt ja stets: $\mathfrak{A}$ ist falsch; es muß also der ganze Satz verneint werden, nicht nur eine darin enthaltene explizite Aussage. Es ist aber ein Widerspruch gegenüber der Bedeutung von „falsch", wenn von einer widerspruchsfreien Behauptung gesagt wird, sie sei falsch.

Man kann sich aber auch Sätze denken, die nicht den Sinn haben, daß sie ihre unbedingte Wahrheit behaupten sollen. Nach unseren Festsetzungen sind diese Sätze als sinnlos zu bezeichnen, auch wenn sie in anderem Zusammenhang einen Sinn haben können.

Als Beispiel könnte das Parallelenaxiom genommen werden, oder auch der Satz:

„Die Zahl n ist eine gerade Zahl."

Es kommt hier auf den Sinn des Satzes an. Wenn über die Zahl n sonst nichts ausgesagt und der Satz als unbedingte Behauptung gemeint ist, so ist er falsch, denn die Zahl n kann auch eine ungerade Zahl sein. Wenn der Satz aber nur eine Annahme, eine Forderung oder Festsetzung bedeutet, so ist er keine Behauptung, d. h. er ist als Behauptung ein sinnloser Satz, wenn er auch als Annahme sinnvoll sein kann.

4. Die praktische Entscheidbarkeit

Die soeben abgeleiteten Ergebnisse liefern noch kein Hilfsmittel, um bei einem beliebigen Satz die Entscheidung wirklich durchzuführen. Sie haben aber doch nicht nur theoretische Bedeutung. Insbesondere können sie einen Ansporn[11]) dazu liefern, auch schwierige Probleme anzugreifen, und eine Erleichterung, sie zu lösen, denn es ist doch sicher viel leichter, etwas zu suchen und zu finden, wenn man weiß, daß es da ist, als wenn man mit der Möglichkeit rechnen muß, daß es das, was man sucht, gar nicht gibt.

Von praktischer Bedeutung ist aber auch die Folgerung:

Es ist unmöglich, von irgendeinem eindeutigen Satz (der also nur wahr oder falsch sein kann) die absolute Unentscheidbarkeit zu beweisen.

Es läßt sich also z. B. das Cantorsche Kontinuumproblem sicher nicht in der Weise erledigen, daß man zeigt, die betreffende Vermutung ist weder beweisbar noch widerlegbar.

Weiter findet man:

Wenn von einem eindeutigen Satz gezeigt werden kann, daß er auf keine Weise widerlegbar ist, so ist er damit schon bewiesen.

Die Resultate ändern sich aber, sobald man den Begriff der Beweisbarkeit einschränkt. Eine zunächst sehr schwierig erscheinende Paradoxie erhält man, wenn man zwar ideelle, rein gedanklich geführte Beweise zuläßt, aber doch nur so weit, als wir sie tatsächlich durchführen können. Um die Sache deutlich zu machen, will ich die Beweisbarkeit auf die mir selbst zur Verfügung stehenden Hilfsmittel einschränken. Ich betrachte jetzt den Satz:

„Die hier stehende Behauptung kann ich nicht beweisen."

Ist dieser Satz wahr oder falsch oder etwa sinnlos? Die früheren

---

[11]) Vgl. *D. Hilbert*, Mathematische Probleme, Göttinger Nachrichten (1900), S. 253 bis 297, insbes. S. 262 (Gesammelte Abhandlungen 3. Bd., S. 290—329, insbes. S. 298).

Schlüsse versagen, da ich sicher nicht jeden Satz entscheiden kann. Aber
der angegebene Satz kann nicht sinnlos sein, denn sonst wäre er bestimmt
wahr. Die implizite Behauptung, daß der Satz wahr sei, steht mit der
expliziten nicht in Widerspruch, und aus der Annahme, der Satz sei
falsch, folgt, daß die explizite Behauptung für sich falsch ist, d. h. es
folgt, daß ich den Satz beweisen kann; ein beweisbarer Satz muß aber
wahr sein. Damit habe ich anscheinend bewiesen, daß der Satz wahr
sein muß, und doch kann dies nicht stimmen, denn wenn er wahr ist,
kann ich ihn nicht beweisen.

Die Bemerkung, daß hier die nicht scharf festgelegte persönliche
Leistungsfähigkeit eine Rolle spielt, kann für sich genommen die Paradoxie nicht beseitigen. Es bleibt die Frage, ob der Satz tatsächlich wahr
oder falsch ist.

Um die Lösung zu finden, ist es gut, sich an ähnlichen Paradoxien
zu orientieren. So ist, wie sich oben schon gezeigt hat, ein Satz, der seine
eigene formale Unbeweisbarkeit behauptet, wahr, der zugehörige Beweis
ist aber nur dann einwandfrei, wenn er nicht in formaler Darstellung
geführt wird. Ebenso ist es nun hier: Der oben angegebene Satz ist wahr,
der zugehörige Beweis ist aber nur dann einwandfrei, wenn ich ihn nicht
selbst führe. Sobald ich selbst versuche, den Satz zu beweisen, verstricke
ich mich in Widersprüche und der Beweis wird falsch. Es ist mir also
tatsächlich nicht möglich, den angegebenen Satz zu beweisen. Daß ich
ihn nicht beweisen kann, das allerdings kann ich leicht beweisen, denn
aus der Annahme, ich könnte ihn beweisen, ergibt sich ja sofort ein
Widerspruch. Damit habe ich aber noch nicht bewiesen, daß der Satz
wahr ist, denn wenn er falsch wäre, könnte ich ihn ebenfalls nicht beweisen.

Darf ich trotzdem behaupten, daß der Satz wahr ist?

Antwort: Ja, aber nur deshalb, weil ich den Satz glauben muß. Ich
weiß ja, daß der Beweis des Satzes in Ordnung ist, sobald andere als ich
ihn führen. Andere können wohl etwas tun, was ich nicht tun kann; ich
jedoch kann das nicht. Die anderen verstricken sich nicht in einen Widerspruch, wenn sie den Satz beweisen wollen, der besagt, daß ich ihn nicht
beweisen kann. Wenn ich nun aber weiß, daß andere einen Satz beweisen
können, den ich nicht beweisen kann, so bleibt mir nichts anderes übrig,
als diesen Satz zu glauben.

Daß es Dinge gibt, die man nicht beweisen kann und doch glauben
muß, hat man wohl schon oft gesagt. Es erscheint aber doch merkwürdig,
daß hier ein bestimmter Satz vorliegt, von dem sich dies direkt zeigen
läßt.

Es bleibt noch die Frage, ob durch diese Erkenntnis die vorhergehenden Resultate nicht stark eingeschränkt werden, da wir ja unsere menschliche Unvollkommenheit nicht abstreifen können. Tatsächlich wird man Sätze bilden können, deren Beweis praktisch so kompliziert ist, daß man damit nicht zum Ziel gelangt[12]). Die vorstehenden Betrachtungen zeigen aber, daß Sätze, die wir nachweisbar nicht entscheiden können, in irgendeiner Weise auf unsere Leistungsfähigkeit Bezug nehmen müssen, daß sie also nicht der reinen Mathematik angehören. Dies gilt auch für den Fall, daß man direkt zeigen könnte, daß wir bestimmte, an sich mögliche mathematische Operationen nicht ausführen und auch nicht auf ausführbare Operationen zurückführen können; mathematisch gesehen würde dies nur eine Annahme und kein Beweis sein.

Wenn man sich aber auf rein formale Darstellungen beschränkt, so ist man an einen tatsächlich abzählbaren Bereich gebunden, und dabei kann allerdings viel Wertvolles verloren gehen.

---

[12]) Vgl. dazu *P. Cérésole*, L'irréductibilité de l'intuition des probabilités et l'existence de propositions mathématiques indémontrables, Archives de psychologie 15 (1915), S. 255—305.

(Eingegangen den 7. April 1944).

COMMENTARII MATHEMATICI HELVETICI

Eine transfinite Folge
arithmetischer Operationen

Herrn Rudolf Fueter zum 70. Geburtstag gewidmet.

1. Einleitung

Es ist bekannt, daß man im Bereich der natürlichen Zahlen die Addition auf ein wiederholtes Fortschreiten um eins, d. h. auf die Grundoperation des Zählens zurückführen kann, ebenso die Multiplikation auf eine wiederholte Addition und das Potenzieren auf eine wiederholte Multiplikation. Höhere Operationen, die man durch wiederholtes Potenzieren usw. erhalten würde, werden gewöhnlich nicht eingeführt[1]), da die anderen für die meisten Zwecke schon ausreichen. Die höheren Operationen sind hier auch insofern entbehrlich, als sie wenigstens prinzipiell durch die niederen ersetzt werden können.

Im Bereich der transfiniten Zahlen, speziell in der Cantorschen zweiten Zahlklasse, lassen sich aber die durch höhere Operationen gewonnenen Zahlen im allgemeinen nicht in endlicher Form mit Hilfe von niederen Operationen darstellen. Ist ω die erste Zahl dieser Zahlklasse, also die erste auf die endlichen Zahlen folgende Ordnungszahl, so ist für die endliche Darstellung von $\omega + \omega$ die Addition, für $\omega \cdot \omega$ die Multiplikation und für ω^ω das Potenzieren notwendig. Für größere Zahlen braucht man noch höhere Operationen. Es fragt sich, wie diese zweckmäßig einzuführen sind und ob sich damit alle Zahlen der zweiten Zahlklasse darstellen lassen.

Schon bei der auf das Potenzieren nächstfolgenden Operation stößt man auf eine Schwierigkeit; es fragt sich, ob man im Exponenten oder in der Basis iterieren soll. Im ersten Fall erhält man aus ω^ω die Folge $(\omega^\omega)^\omega = \omega^{\omega^2}$, $(\omega^{\omega^2})^\omega = \omega^{\omega^3}$ usw., allgemein ω^{ω^α}, also lauter Zahlen,

---

[1]) Operationen höherer Stufe sind in der Encyklopädie der Math. Wissenschaften IA1 S. 26 erwähnt. *A. Haag*, Arch. d. Math. 1 (1949) S. 220 definiert solche mit Logarithmen.

die sich schon durch das Potenzieren ausdrücken lassen. Man ist deshalb geneigt, den andern Fall zu nehmen, der aus ω^ω die Folge

$$\omega^{\left(\omega^\omega\right)} = \omega^{\omega^\omega} \ , \ \omega^{\left(\omega^{\omega^\omega}\right)} \quad \text{usw.}$$

und nach ω-facher Iteration als Limes die Zahl $\varepsilon = \omega^{\omega^{\omega^{\cdot^{\cdot^{\cdot}}}}}$ liefert, die sich nicht mehr in endlicher Form durch die früheren Operationen ausdrücken läßt. Die weitere Iteration liefert dann aber $\omega^\varepsilon = \varepsilon$, $\omega^\varepsilon = \varepsilon$ usw., d. h. man kommt nicht mehr vom Fleck. Die Schwierigkeit löst sich erst, wenn man doch den ersten Fall als eine neue Operation annimmt, die sich nur „zufälligerweise", infolge der Potenzregeln, noch durch die alten ausdrücken läßt. Aus dieser vierten Operation ergibt sich dann eine fünfte, welche, allerdings in anderer Weise als vorher, auch die Zahl ε darstellt. Die Folge dieser Operationen läßt sich ins Transfinite fortsetzen, und es wird sich zeigen, daß sich damit für jede Zahl der ersten und zweiten Zahlklasse eine eindeutige Darstellung ergibt.

Mit abzählbar vielen arithmetischen Operationen in endlicher Anwendung erhält man allerdings, von ω ausgehend, nur abzählbar viele Zahlen, also nicht die ganze zweite Zahlklasse. Es sind also mehr als abzählbar viele Operationen notwendig, und zu ihrer Bezeichnung braucht man mehr als abzählbar viele Zeichen, etwa eben die Zahlen der ersten und zweiten Zahlklasse. Dies hat zur Folge, daß schließlich doch nicht alle Zahlen größer als ω vollständig durch kleinere Zahlen bezeichnet werden. Die erste dieser „kritischen Zahlen", für welche dies nicht mehr gilt, ist aber schon sehr groß.

Für die Limeszahlen der zweiten Zahlklasse ergibt sich dann, sofern sie kleiner als diese kritischen Zahlen sind, eine eindeutige Darstellung in der Form $\lim \alpha_n$. Auch für viele kritische Zahlen läßt sich nach einer von O. Veblen angegebenen Methode[2]) eine solche Darstellung finden und damit die Reihe fortsetzen. Wenn dies für die ganze zweite Zahlklasse gelingen würde, so wäre damit ein wichtiges, aber auch sehr schwieriges[3]) Problem gelöst. Es wäre dann möglich, von einer eindeutigen

---

[2]) *O. Veblen*: Continuous increasing functions of finite and transfinite ordinals, Trans. Amer. Math. Soc. 9 (1908) S. 280. Eine Bearbeitung und Weiterführung dieser Methode findet sich in der Arbeit von *H. Bachmann*: Die Normalfunktionen und das Problem der ausgezeichneten Folgen von Ordnungszahlen, Vierteljahrsschrift der Naturforschenden Gesellschaft in Zürich, 95 (1950) S. 115.

[3]) „un des plus difficils" nach *W. Sierpinski*: Remarque sur les ensembles des nombres ordinaux de classes I et II, Revista de Ciencias 41 (1939) S. 289.

Teilmenge des Kontinuums zu zeigen, daß sie die erste überabzählbare Mächtigkeit besitzt, und man hätte damit auch eine überabzählbare wohlgeordnete Teilmenge des Kontinuums.

Es soll zunächst dieser letzte Punkt noch näher betrachtet werden.

2. Wohlgeordnete Teilmengen des Kontinuums

Als Elemente des Kontinuums kann man an Stelle der Punkte eines Intervalls die zahlentheoretischen Funktionen $f(n)$ nehmen, bei denen n die endlichen Zahlen $0, 1, 2, \ldots$ durchläuft und die Funktionswerte $f(n)$ ebenfalls solche Zahlen sind.

Das Kontinuum eindeutig wohlzuordnen ist bisher nicht gelungen; man kennt nur endliche oder abzählbar unendliche wohlgeordnete Teilmengen desselben. Eine überabzählbare Wohlordnung im Kontinuum würde bedeuten, daß allen Zahlen der ersten und zweiten Zahlklasse umkehrbar eindeutig Elemente des Kontinuums zugeordnet wären.

Die Zahlen der ersten Zahlklasse erhält man von 0 ausgehend durch die Grundoperation des Fortschreitens um eins; für die Zahlen der zweiten Zahlklasse ist noch eine zweite Operation nötig, die Bildung von $\lim \alpha_n$ aus einer aufsteigenden Folge von Ordnungszahlen $\alpha_n (n = 0, 1, 2, \ldots)$. Die Zahl $\lim \alpha_n$ ist als erste auf alle Zahlen α_n folgende Ordnungszahl eindeutig bestimmt; umgekehrt gehören aber zu einer solchen Limeszahl viele Folgen α_n, denn es ist z. B. $\omega = \lim n = \lim 2n = \lim 2^n$ usw. Diese Vieldeutigkeit erschwert die eineindeutige Abbildung auf Elemente des Kontinuums.

Jeder Zahl α der zweiten Zahlklasse gehen abzählbar unendlich viele Ordnungszahlen voraus, d. h. die Zahlen $\xi < \alpha$ lassen sich in eine einfache Folge $\xi_0, \xi_1, \xi_2 \ldots$ bringen. Diese Abzählungen sind ebenfalls nicht eindeutig bestimmt.

Es entstehen so die beiden Probleme:

Erstes Problem: Jeder Limeszahl α der zweiten Zahlklasse soll eindeutig eine aufsteigende Folge von Ordnungszahlen, eine „Hauptfolge" $\alpha_0 < \alpha_1 < \alpha_2 < \cdots$ zugeordnet werden, derart, daß $\lim \alpha_n = \alpha$ wird.

Zweites Problem: Jeder Zahl α der zweiten Zahlklasse soll eine eindeutige Abzählung aller Zahlen $\xi < \alpha$ zugeordnet werden.

Es soll nun mit bekannten Methoden[4]) gezeigt werden, daß jede Lösung des einen oder des andern Problems zu einer überabzählbaren Wohl-

---

[4]) Vgl. z. B. Enzyklopädie der Math. Wissenschaften, 2. Aufl. I 1,5 S. 45/46.

ordnung im Kontinuum führt, und weiter, daß die beiden Probleme äquivalent sind, daß also eine Lösung des einen Problems zu einer solchen des andern führt und umgekehrt.

Ist zunächst das erste Problem gelöst, so ordne man der Zahl 0 die Funktion $f_0(n) = 0$ zu, ferner der Zahl $\beta + 1$ die Funktion $f_{\beta+1}(n) = f_\beta(n) + 1$ und der Zahl $\alpha = \lim \alpha_n$ die Funktion $f_\alpha(n) = \mathrm{Max}\, f_{\alpha_m}(n)$ für $m \leq n$, wobei α_n die zu α gehörende Hauptfolge durchlaufen soll. Durch diese Vorschrift sind nach dem Prinzip der transfiniten Induktion allen Zahlen der ersten und zweiten Zahlklasse zahlentheoretische Funktionen zugeordnet, und zwar lauter verschiedene, denn für $\alpha > \beta$ wird bei hinreichend großem n $f_\alpha(n) > f_\beta(n)$. Dies gilt nämlich für $\alpha = \beta + 1$, es gilt für $\alpha + 1$, wenn es für α gilt, und für $\alpha = \lim \alpha_n$, wenn es von einer Stelle ab für alle α_n gilt; es gilt also für alle $\alpha > \beta$.

Ist das zweite Problem gelöst, so kann man die Zuordnung in folgender Weise vornehmen: Den endlichen Zahlen $m = 0, 1, 2, \ldots$ sollen die Funktionen $f_m(n) = m$ entsprechen. Ist α eine Zahl der zweiten Zahlklasse und sind den Zahlen $\xi < \alpha$ die Funktionen $f_\xi(n)$ zugeordnet, so soll, wenn $\xi_0, \xi_1, \xi_2 \ldots$ die eindeutige Abzählung dieser Zahlen ist, der Zahl α die Funktion $f_\alpha(n) = f_{\xi_n}(n) + 1$ entsprechen. Damit sind durch transfinite Induktion auch allen Zahlen der zweiten Zahlklasse Funktionen zugeordnet, und zwar lauter verschiedene, denn wenn $f_\alpha(n)$ mit einem früheren $f_{\xi_m}(n)$ identisch wäre, so hätte man den Widerspruch $f_\alpha(m) = f_{\xi_m}(m) = f_{\xi_m}(m) + 1$.

Aus einer Lösung des ersten Problems ergibt sich eine solche des zweiten durch folgende Vorschrift: Der Zahl ω werde die natürliche Anordnung $0, 1, 2, \ldots$ der endlichen Zahlen zugeordnet. Ist $\alpha = \beta + 1$ und $\eta_0, \eta_1, \eta_2 \ldots$ die der Zahl β zugeordnete Abzählung der Zahlen $\eta < \beta$, so soll der Zahl α die Anordnung $\beta, \eta_0, \eta_1, \eta_2 \ldots$ der Zahlen kleiner als α entsprechen. Ist $\alpha = \lim \alpha_n > \omega$, wobei α_n die zu α gehörende Folge durchläuft, und sind den Zahlen $\alpha_n \geqq \omega$ die Anordnungen $\xi_{n0}, \xi_{n1}, \xi_{n2} \ldots$ zugeordnet, so bringe man die Zahlen ξ_{nm} in eine einfache Folge, indem man ξ_{nm} vor $\xi_{n'm'}$ setzt, wenn $n + m < n' + m'$ oder $n + m = n' + m'$ und $n < n'$ ist, und streiche in dieser Folge jede Zahl, die schon an einer früheren Stelle aufgetreten ist. Dadurch erhält man die zu α gehörende Abzählung der Zahlen kleiner als α und durch transfinite Induktion die gesuchte Lösung.

Ist umgekehrt das zweite Problem gelöst, so ist insbesondere jeder Limeszahl α der zweiten Zahlklasse eine eindeutige Abzählung $\xi_0, \xi_1, \xi_2 \ldots$ aller Zahlen $\xi < \alpha$ zugeordnet. Streicht man darin alle Zahlen ξ_m, denen eine größere Zahl ξ_n vorangeht, so bleibt eine aufsteigende Folge

$\xi_0 = \alpha_0 < \alpha_1 < \alpha_2 < \cdots$ mit $\lim \alpha_n = \alpha$; diese soll der Zahl α zugeordnet sein.

Wie schon bemerkt, kann man mit Hilfe der nun weiter zu betrachtenden arithmetischen Operationen das erste Problem (und damit auch das zweite) nicht vollständig, aber doch für einen großen Abschnitt der zweiten Zahlklasse lösen.

3. Die arithmetischen Operationen

Es sollen jetzt für die Zahlen der ersten und zweiten Zahlklasse die Operationen höherer Stufe erklärt werden, welche die Addition, die Multiplikation und das Potenzieren verallgemeinern. Man wird von diesen Operationen verlangen, daß sie zwei in bestimmter Reihenfolge gegebenen Zahlen ξ und η eine Zahl $\varphi(\xi, \eta)$ zuordnen, man kann sie also als Funktionen von zwei Variabeln darstellen. Die zu definierenden Operationen seien dementsprechend durch die Funktionen $\varphi_\alpha(\xi, \eta)$ dargestellt, wobei α die Zahlen der ersten und zweiten Zahlklasse durchläuft. Speziell soll $\varphi_0(\xi, \eta) = \varphi_0(0, \eta) = \eta + 1$ die Grundoperation des Fortschreitens um eins bedeuten, die also eine Funktion einer Variabeln ergibt. Es folgen die Funktionen[5]) $\varphi_1(\xi, \eta) = \eta + \xi$, $\varphi_2(\xi, \eta) = \eta \cdot \xi$, $\varphi_3(\xi, \eta) = \eta^\xi$ usf. Für die Arithmetik der endlichen Zahlen kommen nur die Funktionen $\varphi_n(\xi, \eta)$ mit endlichem n in Betracht.

Um die Funktionen $\varphi_\alpha(\xi, \eta)$ für beliebige α zu definieren, braucht man die Operationen des Iterierens und der Limesbildung.

Der Ausdruck $\lim \alpha_n$ ist für aufsteigende Folgen α_n schon erklärt. Ist nun $\psi(\alpha_n)$ eine für aufsteigende Folgen α_n definierte und von einer Stelle ab nicht abnehmende Funktion, so soll $\lim \psi(\alpha_n)$ die kleinste Zahl bedeuten, die von dieser Stelle ab von keiner der Zahlen $\psi(\alpha_n)$ übertroffen wird.

Ist $\lim \alpha_n = \lim \beta_n = \alpha$ und $\psi(\xi)$ eine für $\xi < \alpha$ von einer Stelle $\gamma < \alpha$ ab nicht abnehmende Funktion von ξ, so ist $\lim \psi(\alpha_n) = \lim \psi(\beta_n)$. Es gibt nämlich zu jeder Zahl α_n eine größere Zahl β_m, daher ist

$$\lim \psi(\alpha_n) \leqq \lim \psi(\beta_n) ;$$

ebenso folgt die umgekehrte Beziehung, also die Behauptung.

---

[5]) Für das Produkt verwende ich hier die in der Mengenlehre für die Ordnungszahlen zur Zeit übliche Reihenfolge der Faktoren, nach der z. B. $\omega + \omega = \omega \cdot 2$ gesetzt wird. Ich setze aber der Deutlichkeit halber einen Punkt zwischen die Faktoren, denn man schreibt z. B. für zwei Meter 2 m und nicht m 2, und für $100 + 100$ sagt man zweihundert und nicht hundertzwei.

Die ν-fache Iteration der Funktion $\varphi_\alpha(\xi, \eta)$ sei nun durch die Forderungen erklärt:

$$\varphi_\alpha^0(\xi, \eta) = \eta \ ,$$
$$\varphi_\alpha^{\nu+1}(\xi, \eta) = \varphi_\alpha\big(\xi, \varphi_\alpha^\nu(\xi, \eta)\big) \ ,$$
$$\varphi_\alpha^{\lim \nu_n}(\xi, \eta) = \lim \varphi_\alpha^{\nu_n}(\xi, \eta)$$

für aufsteigende Folgen ν_n. Dabei wird vorausgesetzt, daß sich $\varphi_\alpha^\nu(\xi, \eta)$ von einem endlichen Wert von ν ab als nicht abnehmende Funktion von ν ergibt.

Die Funktionen $\varphi_\alpha(\xi, \eta)$ können jetzt durch die folgenden Festsetzungen definiert werden:

Es sei $\quad \varphi_0(\xi, \eta) \ = \varphi_0(0, \eta) = \eta + 1 \ ;$

$\qquad\quad \varphi_1(\xi, \eta) \ = \varphi_0^\xi(0, \eta) = \eta + \xi;$

$\qquad\quad \varphi_2(\xi, \eta) \ = \varphi_1^\xi(\eta, 0) = \eta \cdot \xi \ ;$

$\qquad\quad \varphi_3(\xi, \eta) \ = \varphi_2^\xi(\eta, 1) = \eta^\xi \ ;$

$\qquad\quad \varphi_4(\xi, \eta) \ = \varphi_3^\xi(\eta, \eta) = \eta^{\eta^\xi} \ ;$

$\qquad\quad \varphi_5(\xi, \eta) \ = \varphi_4^\xi(\eta, \eta) \quad$ usw. ;

allgemein $\ \varphi_{\alpha+1}(\xi, \eta) = \varphi_\alpha^\xi(\eta, \eta) \qquad$ für $\alpha \geq 3$;

$\qquad \varphi_{\lim \alpha_n}(\xi, \eta) = \lim \varphi_{\alpha_n}(\xi, \eta) \quad$ für aufsteigende Folgen α_n .

Durch transfinite Induktion bestimmt sich hieraus $\varphi_\alpha(\xi, \eta)$ für beliebige Zahlen α, ξ, η der ersten und zweiten Zahlklasse, denn wie später gezeigt wird, ergibt sich $\varphi_\alpha^\nu(\xi, \eta)$ von endlichen Werten von α bzw. ν ab als nicht abnehmende Funktion von α und von ν .

Daß φ_1, φ_2 und φ_3 die bekannten Operationen ergeben, ist direkt zu sehen[6]). Für $n \geq 3$ wird $\varphi_{n+1}(\xi, \eta) = \varphi_n^\xi(\eta, \eta)$; es folgt

$$\varphi_\omega(\xi, \eta) = \lim \varphi_n(\xi, \eta) \quad \text{usf.}$$

Als Verallgemeinerung der Rekursionsformeln

$$\eta + (\xi + 1) = (\eta + \xi) + 1 \ ,$$
$$\eta \cdot (\xi + 1) = \eta \cdot \xi + \eta \ ,$$
$$\eta^{\xi+1} = \eta^\xi \cdot \eta$$

---

[6]) Im Unterschied zur üblichen Arithmetik ist hier der Ausdruck 0^0 wegen $0^0 = \varphi_3(0, 0)$ $= \varphi_2^0(0, 1) = 1$ sofort eindeutig bestimmt. Daß es zweckmäßig ist, $0^0 = 1$ zu setzen, ergibt sich auch daraus, daß 0^n ein Produkt von n Faktoren darstellt, das nur dann verschwindet, wenn wenigstens ein Faktor Null ist, also nur dann, wenn n größer als Null ist. Schreibt man $a_n b$ für $\varphi_n(a, b)$, so ist $9_9 9$ beträchtlich größer als $9^{99} = 9_4 9$.

(Der Schluß dieses Artikels folgt im nächsten Heft)

ergibt sich
$$\varphi_{\alpha+1}(\xi + 1, \eta) = \varphi_\alpha\big(\eta, \varphi_{\alpha+1}(\xi, \eta)\big)$$
und
$$\varphi_{\alpha+1}(\lim \xi_n, \eta) = \lim \varphi_{\alpha+1}(\xi_n, \eta),$$

denn für $\alpha \geqq 3$ ist

$$\varphi_{\alpha+1}(\xi + 1, \eta) = \varphi_\alpha^{\xi+1}(\eta, \eta) = \varphi_\alpha\big(\eta, \varphi_\alpha^\xi(\eta, \eta)\big) = \varphi_\alpha\big(\eta, \varphi_{\alpha+1}(\xi, \eta)\big)$$
und
$$\varphi_{\alpha+1}(\lim \xi_n, \eta) = \varphi_\alpha^{\lim \xi_n}(\eta, \eta) = \lim \varphi_\alpha^{\xi_n}(\eta, \eta) = \lim \varphi_{\alpha+1}(\xi_n, \eta).$$

Auch hier wird die Existenz des Limes noch bestätigt werden; es wird sich nämlich zeigen, daß $\varphi_\alpha^\nu(\xi, \eta)$ für $\alpha \geqq 5$, also von einer festen endlichen Stelle ab in bezug auf alle Variabeln nicht abnehmend ist. Daraus folgt weiter noch die Formel

$$\varphi_\alpha(\lim \xi_n, \eta) = \lim \varphi_\alpha(\xi_n, \eta)$$

auch für den Fall, daß α eine Limeszahl ist. Es ist nämlich mit

$$\alpha = \lim \alpha_m = \lim (\alpha_m + 1):$$

$$\varphi_\alpha(\lim \xi_n, \eta) = \lim \varphi_{\alpha_m+1}(\lim \xi_n, \eta) = \lim_{(m)} \lim_{(n)} \varphi_{\alpha_m+1}(\xi_n, \eta) =$$

$$= \lim_{(n)} \lim_{(m)} \varphi_{\alpha_m+1}(\xi_n, \eta) = \lim \varphi_\alpha(\xi_n, \eta),$$

wobei die Vertauschung der Limesbildungen aus dem eben angegebenen Grunde erlaubt ist.

Für $\alpha < 3$ erhält man die bekannten Rekursionen; $\alpha = 3$ ergibt

$$\eta^{\eta^{\xi+1}} = \left(\eta^{\eta^\xi}\right)^\eta \quad \text{und} \quad \eta^{\eta^{\lim \xi_n}} = \lim \eta^{\eta^{\xi_n}}.$$

4. Monotoniesätze

In diesem Abschnitt wird stets $\alpha > 0$ vorausgesetzt. Es gelten dann die Sätze:

Satz 1. *Für* $\xi > 1$, $\eta > 1$ *ist* $\varphi_\alpha(\xi, \eta) > \eta$.

Satz 2. *Für* $\xi > 1$, $\eta > 1$ *und* $N > \nu$ *ist* $\varphi_\alpha^N(\xi, \eta) > \varphi_\alpha^\nu(\xi, \eta)$.

Satz 1 folgt aus Satz 2 für $\nu = 0$, $N = 1$. Es ist aber besser, die beiden Sätze getrennt zu betrachten und gemeinsam zu beweisen.

Für $\alpha = 1, 2, 3$ sind die Sätze bekannt, denn sie besagen hier, daß für $\xi > 1$, $\eta > 1$ stets $\eta + \xi > \eta$, $\eta \cdot \xi > \eta$ und $\eta^\xi > \eta$, und für

$\xi > 1$, $\eta > 1$, $N > \nu$ stets $\eta + \xi \cdot N > \eta + \xi \cdot \nu$, $\eta \cdot \xi^N > \eta \cdot \xi^\nu$ und $\eta^{\xi^N} > \eta^{\xi^\nu}$ ist.

Es sei jetzt $\alpha \geq 3$, $\xi > 1$, $\eta > 1$. Wenn für einen bestimmten Wert von α Satz 1 erfüllt, also $\varphi_\alpha(\xi, \eta) > \eta$ ist, so gilt für diesen Wert von α auch Satz 2, denn es folgt $\varphi_\alpha^1(\xi, \eta) > \varphi_\alpha^0(\xi, \eta)$, und wenn

$$\varphi_\alpha^\nu(\xi, \eta) \geq \varphi_\alpha^0(\xi, \eta) = \eta > 1$$

ist, so ist nach Satz 1 (wobei $\varphi_\alpha^\nu(\xi, \eta)$ an Stelle von η einzusetzen ist) auch

$$\varphi_\alpha^{\nu+1}(\xi, \eta) = \varphi_\alpha\big(\xi, \varphi_\alpha^\nu(\xi, \eta)\big) > \varphi_\alpha^\nu(\xi, \eta)$$

und

$$\varphi_\alpha^{\lim \nu_n}(\xi, \eta) = \lim \varphi_\alpha^{\nu_n}(\xi, \eta) > \varphi_\alpha^{\nu_n}(\xi, \eta)$$

für aufsteigende Folgen ν_n, denn diese Formeln zeigen zugleich, daß $\varphi_\alpha^\nu(\xi, \eta)$ mit ν monoton zunimmt, daß also der Limes existiert.

Weiter ergibt sich nun

$$\varphi_{\alpha+1}(\xi, \eta) = \varphi_\alpha^\xi(\eta, \eta) > \varphi_\alpha(\eta, \eta) > \eta$$

und

$$\varphi_{\lim \alpha_n}(\xi, \eta) = \lim \varphi_{\alpha_n}(\xi, \eta) \geq \varphi_{\alpha_n}(\xi, \eta) > \eta \ ,$$

sofern Satz 1 für α bzw. für alle α_n erfüllt ist und $\lim \varphi_{\alpha_n}(\xi, \eta)$ existiert. Damit ist aber Satz 1 und wie eben gezeigt auch Satz 2 für alle Werte von α bewiesen, für welche $\varphi_\alpha(\xi, \eta)$ definiert ist.

Satz 3. *Für $\Xi > \xi$ und $\eta > 1$ gilt $\varphi_\alpha(\Xi, \eta) \geq \varphi_\alpha(\xi, \eta)$ und, wenn α keine Limeszahl ist, $\varphi_\alpha(\Xi, \eta) > \varphi_\alpha(\xi, \eta)$.*

Für $\alpha = 1, 2, 3$ ist dies bekannt, denn es bedeutet $\eta + \Xi > \eta + \xi$, $\eta \cdot \Xi > \eta \cdot \xi$, $\eta^\Xi > \eta^\xi$ für $\Xi > \xi$ und $\eta > 1$.

Ist $\alpha \geq 3$, so ist für $\Xi > \xi$ und $\eta > 1$ wegen Satz 2

$$\varphi_{\alpha+1}(\Xi, \eta) = \varphi_\alpha^\Xi(\eta, \eta) > \varphi_\alpha^\xi(\eta, \eta) = \varphi_{\alpha+1}(\xi, \eta) \ ,$$

und wenn für alle α_n $\varphi_{\alpha_n}(\Xi, \eta) \geq \varphi_{\alpha_n}(\xi, \eta)$ ist, so ist auch

$$\varphi_{\lim \alpha_n}(\Xi, \eta) \geq \varphi_{\lim \alpha_n}(\xi, \eta) \ ,$$

sofern diese Werte definiert sind. Satz 3 gilt also für alle in Betracht kommenden Zahlen.

Satz 4. *Für $A > \alpha$ und $\eta \geq \xi > 1$ ist $\varphi_A(\xi, \eta) > \varphi_\alpha(\xi, \eta)$, wenn nicht zugleich $A \leq 3$ und $\xi = \eta = 2$ ist.*

Es ist zwar $2^2 = 2 \cdot 2 = 2 + 2$, sonst aber für $\eta \geqq \xi > 1$ stets $\eta^\xi > \eta \cdot \xi > \eta + \xi$.

Für $\alpha \geqq 3$ und $\eta \geqq \xi > 1$ ist nach Satz 2 und Satz 3

$$\varphi_{\alpha+1}(\xi, \eta) = \varphi_\alpha^\xi(\eta, \eta) > \varphi_\alpha(\eta, \eta) \geqq \varphi_\alpha(\xi, \eta)$$

und folglich

$$\varphi_{\lim \alpha_n}(\xi, \eta) = \lim \varphi_{\alpha_n}(\xi, \eta) > \varphi_{\alpha_n}(\xi, \eta) .$$

Satz 4 gilt also allgemein, und es ergibt sich zugleich, daß die für $\eta \geqq \xi > 1$ und $\alpha > 3$ als Funktion von α monoton wachsende Funktion $\varphi_\alpha(\xi, \eta)$ für alle Werte von α definiert ist.

Satz 5 und Satz 6 werden wieder gemeinsam bewiesen:

Satz 5. *Für* $\xi \geqq 1$ *und* $H > \eta \geqq 1$ *ist* $\varphi_\alpha^\nu(\xi, H) \geqq \varphi_\alpha^\nu(\xi, \eta)$.

Satz 6. *Für* $\varXi > \xi \geqq 1$ *und* $\eta > 1$ *ist* $\varphi_\alpha^\nu(\varXi, \eta) \geqq \varphi_\alpha^\nu(\xi, \eta)$, *und speziell* $\varphi_\alpha^\nu(\varXi, \eta) > \varphi_\alpha^\nu(\xi, \eta)$, *wenn* α *und* ν *keine Limeszahlen sind und auch* ν *nicht Null ist.*

Für $\alpha = 1, 2, 3$ sind die Sätze erfüllt, wie man direkt einsehen kann; es werde $\alpha \geqq 3$ vorausgesetzt.

Es sei für einen bestimmten Wert von α Satz 5 erfüllt, dann gilt für diesen Wert auch Satz 6. Wenn nämlich Satz 6 für den Exponenten ν als gültig betrachtet wird, so ergibt sich für $\varXi > \xi \geqq 1$ und $\eta > 1$ wegen $\varphi_\alpha^\nu(\varXi, \eta) \geqq \varphi_\alpha^0(\varXi, \eta) = \eta > 1$ nach Satz 3 und Satz 5

$$\varphi_\alpha^{\nu+1}(\varXi, \eta) = \varphi_\alpha\big(\varXi, \varphi_\alpha^\nu(\varXi, \eta)\big) \geqq \varphi_\alpha\big(\xi, \varphi_\alpha^\nu(\varXi, \eta)\big) \geqq \varphi_\alpha\big(\xi, \varphi_\alpha^\nu(\xi, \eta)\big) =$$
$$= \varphi_\alpha^{\nu+1}(\xi, \eta) ,$$

und speziell $\varphi_\alpha^{\nu+1}(\varXi, \eta) > \varphi_\alpha^{\nu+1}(\xi, \eta)$, wenn α keine Limeszahl ist. Wenn ferner für alle ν_n $\varphi_\alpha^{\nu_n}(\varXi, \eta) \geqq \varphi_\alpha^{\nu_n}(\xi, \eta)$ ist, so ist auch

$$\varphi_\alpha^{\lim \nu_n}(\varXi, \eta) = \lim \varphi_\alpha^{\nu_n}(\varXi, \eta) \geqq \lim \varphi_\alpha^{\nu_n}(\xi, \eta) = \varphi_\alpha^{\lim \nu_n}(\xi, \eta) .$$

Da nun Satz 6 für $\nu = 0$ erfüllt ist, so gilt er für den angenommenen Wert von α allgemein.

Wenn Satz 5 für α gilt, so gilt er auch für $\alpha + 1$. Nach dem eben Bewiesenen folgt nämlich

$$\varphi_{\alpha+1}(\xi, H) = \varphi_\alpha^\xi(H, H) \geqq \varphi_\alpha^\xi(\eta, H) \geqq \varphi_\alpha^\xi(\eta, \eta) = \varphi_{\alpha+1}(\xi, \eta) ,$$

und wenn $\varphi_{\alpha+1}^{\nu}(\xi, H) \geqq \varphi_{\alpha+1}^{\nu}(\xi, \eta)$ für einen Wert $\nu \geqq 1$ erfüllt ist, so ergibt sich

$$\varphi_{\alpha+1}^{\nu+1}(\xi, H) = \varphi_{\alpha+1}\big(\xi, \varphi_{\alpha+1}^{\nu}(\xi, H)\big) \geqq \varphi_{\alpha+1}\big(\xi, \varphi_{\alpha+1}^{\nu}(\xi, \eta)\big) = \varphi_{\alpha+1}^{\nu+1}(\xi, \eta),$$

und wenn für alle ν_n $\varphi_{\alpha+1}^{\nu_n}(\xi, H) \geqq \varphi_{\alpha+1}^{\nu_n}(\xi, \eta)$ gilt, so folgt

$$\varphi_{\alpha+1}^{\lim \nu_n}(\xi, H) \geqq \varphi_{\alpha+1}^{\lim \nu_n}(\xi, \eta),$$

es gilt also

$\varphi_{\alpha+1}^{\nu}(\xi, H) \geqq \varphi_{\alpha+1}^{\nu}(\xi, \eta)$ für alle ν (für $\nu = 0$ ist es selbstverständlich).

Schließlich folgt $\varphi_{\lim \alpha_n}(\xi, H) \geqq \varphi_{\lim \alpha_n}(\xi, \eta)$, wenn $\varphi_{\alpha_n}(\xi, H) \geqq \varphi_{\alpha_n}(\xi, \eta)$ für alle α_n gilt, und hieraus folgt wie oben, wenn nur $\lim \alpha_n$ an Stelle von $\alpha + 1$ gesetzt wird, daß auch $\varphi_{\lim \alpha_n}^{\nu}(\xi, H) \geqq \varphi_{\lim \alpha_n}^{\nu}(\xi, \eta)$ gilt. Damit ist aber Satz 5 und also auch Satz 6 allgemein bewiesen.

Satz 4 wurde unter der Voraussetzung $\eta \geqq \xi > 1$ hergeleitet; es soll jetzt noch der Fall $\xi \geqq \eta > 1$ betrachtet werden. Da der Satz für $\xi = \eta > 1$ bewiesen ist, kann die Induktion nach ξ angewendet werden; da aber z. B. $2^\omega = 2 \cdot \omega = 2 + \omega$ ist, kann nicht mehr durchweg das Größerzeichen gelten.

Man findet zunächst:

$$\eta \cdot n \geqq \eta + \eta \cdot (n - 2) + 2 > \eta + 1 \cdot (n - 2) + 2 = \eta + n$$
$$\text{für} \quad \eta > 1 \quad \text{und} \quad 2 < n < \omega,$$

$$\eta \cdot \xi = \eta \cdot (1 + \xi) = \eta + \eta \cdot \xi \geqq \eta + \xi \quad \text{für} \quad \eta > 1 \quad \text{und} \quad \xi \geqq \omega,$$

und

$$\eta \cdot (\xi + 1) = \eta \cdot \xi + \eta \geqq \eta + \xi + \eta > \eta + (\xi + 1) \text{ für } \eta > 1 \text{ und } \xi > 1.$$

Es sei weiter $\alpha \geqq 1$; nach Abschnitt 3 gilt die Rekursionsformel

$$\varphi_{\alpha+1}(\xi + 1, \eta) = \varphi_\alpha\big(\eta, \varphi_{\alpha+1}(\xi, \eta)\big).$$

Macht man die Induktionsvoraussetzung $\varphi_{\alpha+2}(\xi, \eta) \geqq \varphi_{\alpha+1}(\xi, \eta)$, so ergibt sich, wenn der Reihe nach die Rekursionsformel, dann die Induktionsvoraussetzung und Satz 5, dann Satz 1 und Satz 4 und schließlich wieder die Rekursionsformel angewendet wird:

$$\varphi_{\alpha+2}(\xi + 1, \eta) =$$
$$= \varphi_{\alpha+1}\big(\eta, \varphi_{\alpha+2}(\xi, \eta)\big) \geqq \varphi_{\alpha+1}\big(\eta, \varphi_{\alpha+1}(\xi, \eta)\big) > \varphi_\alpha\big(\eta, \varphi_{\alpha+1}(\xi, \eta)\big) =$$
$$= \varphi_{\alpha+1}(\xi + 1, \eta).$$

Ist $\alpha = \lim \alpha_n$ und die Induktionsvoraussetzung

$$\varphi_{\alpha+1}(\xi, \eta) \geqq \varphi_\alpha(\xi, \eta) \geqq \varphi_{\alpha_n+1}(\xi, \eta)$$

erfüllt, so folgt ebenso

$$\varphi_{\alpha+1}(\xi + 1, \eta) = \varphi_\alpha\big(\eta, \varphi_{\alpha+1}(\xi, \eta)\big) \geqq$$
$$\geqq \varphi_\alpha\big(\eta, \varphi_\alpha(\xi, \eta)\big) > \varphi_{\alpha_n}\big(\eta, \varphi_\alpha(\xi, \eta)\big) \geqq \varphi_{\alpha_n}\big(\eta, \varphi_{\alpha_n+1}(\xi, \eta)\big) =$$
$$= \varphi_{\alpha_n+1}(\xi + 1, \eta) ,$$

also auch

$$\varphi_{\alpha+1}(\xi + 1, \eta) \geqq \varphi_\alpha(\xi + 1, \eta) .$$

Ist $\xi = \lim \xi_n$ und $\varphi_{\alpha+1}(\xi_n, \eta) \geqq \varphi_\alpha(\xi_n, \eta)$ für alle n , so folgt

$$\varphi_{\alpha+1}(\lim \xi_n, \eta) = \lim \varphi_{\alpha+1}(\xi_n, \eta) \geqq \lim \varphi_\alpha(\xi_n, \eta) = \varphi_\alpha(\lim \xi_n, \eta) ,$$

wobei die letzte Gleichung nach der am Schluß von Abschnitt 3 gemachten Bemerkung gilt, wenn noch die weitere Induktionsvoraussetzung hinzugefügt wird, daß $\varphi_\alpha(\xi, \eta)$ als Funktion von α und von ξ je von einer festen endlichen Stelle ab bis zur betrachteten nicht abnehmend ist.

Durch Induktion nach ξ folgt jetzt $\varphi_{\alpha+1}(\xi, \eta) \geqq \varphi_\alpha(\xi, \eta)$, und da

$$\varphi_{\lim \alpha_n}(\xi, \eta) = \lim \varphi_{\alpha_n}(\xi, \eta) \geqq \varphi_{\alpha_n}(\xi, \eta)$$

ist, so folgt durch Induktion nach α , daß stets

$$\varphi_A(\xi, \eta) \geqq \varphi_\alpha(\xi, \eta) \text{ ist für } A > \alpha \text{ und } \xi > 1, \eta > 1 .$$

Es gilt also:

Satz 7. *Für $A > \alpha$ und $\xi > 1$, $\eta > 1$ ist stets $\varphi_A(\xi, \eta) \geqq \varphi_\alpha(\xi, \eta)$, und insbesondere $\varphi_A(\xi + 1, \eta) > \varphi_\alpha(\xi + 1, \eta)$, wenn α keine Limeszahl ist.*

Es gilt weiter noch

Satz 8. *Für $\xi > 1$, $\eta > 1$, $A > \alpha$ ist $\varphi_A^\nu(\xi, \eta) \geqq \varphi_\alpha^\nu(\xi, \eta)$.*

Der Satz gilt für $\nu = 0$. Wenn er für die Zahl ν bzw. für alle ν_n einer aufsteigenden Folge richtig ist, so folgt nach Satz 5 und Satz 7:

$$\varphi_A^{\nu+1}(\xi, \eta) = \varphi_A\big(\xi, \varphi_A^\nu(\xi, \eta)\big) \geqq \varphi_A\big(\xi, \varphi_\alpha^\nu(\xi, \eta)\big) \geqq \varphi_\alpha\big(\xi, \varphi_\alpha^\nu(\xi, \eta)\big) = \varphi_\alpha^{\nu+1}(\xi, \eta)$$

und

$$\varphi_A^{\lim \nu_n}(\xi, \eta) = \lim \varphi_A^{\nu_n}(\xi, \eta) \geqq \lim \varphi_\alpha^{\nu_n}(\xi, \eta) = \varphi_\alpha^{\lim \nu_n}(\xi, \eta) ,$$

der Satz gilt also allgemein.

Es sind jetzt noch die bisher meist ausgeschlossenen Fälle $\xi \leq 1$ und $\eta \leq 1$ zu betrachten. Setzt man in die Definitionsgleichungen der Funktionen $\varphi_\alpha(\xi, \eta)$, $\alpha = 1, 2, 3 \ldots$, für η oder ξ die Werte 0 und 1 ein, so ergeben sich die folgenden Resultate:

Satz 9. *Es ist* $\varphi_\alpha(0, 0) = 0$, *ausgenommen* $\varphi_3(0, 0) = 1$.

Für $\xi > 0$ *ist* $\varphi_\alpha(\xi, 0) = 0$, *ausgenommen* $\varphi_1(\xi, 0) = \xi$ *und* $\varphi_4(\xi, 0) = 1$.

Für $\eta > 0$ *ist* $\varphi_\alpha(0, \eta) = \eta$, *ausgenommen* $\varphi_2(0, \eta) = 0$ *und* $\varphi_3(0, \eta) = 1$.

Für $\xi > 0$ *ist* $\varphi_\alpha(\xi, 1) = 1$, *ausgenommen* $\varphi_1(\xi, 1) = 1 + \xi$ *und* $\varphi_2(\xi, 1) = \xi$.

Für $\eta > 0$ *ist* $\varphi_1(1, \eta) = \eta + 1$, $\varphi_2(1, \eta) = \eta$, $\varphi_3(1, \eta) = \eta$, $\varphi_4(1, \eta) = \eta^\eta$, $\varphi_5(1, \eta) = \eta^{\eta^\eta}$, *und für* $\eta \geq 1$ *und* $A > \alpha \geq 2$ *allgemein* $\varphi_A(1, \eta) \geq \varphi_\alpha(1, \eta)$, *und speziell* $\varphi_A(1, \eta) > \varphi_\alpha(1, \eta)$, *wenn* $\eta > 1, A > \alpha \geq 3$ *und* α *keine Limeszahl ist.*

Die letzten Beziehungen sind richtig, da für $\alpha \geq 3$ und $\eta > 1$ nach Satz 6 $\varphi_{\alpha+1}(1, \eta) = \varphi_\alpha(\eta, \eta) \geq \varphi_\alpha(1, \eta)$ und speziell $\varphi_{\alpha+1}(1, \eta) > \varphi_\alpha(1, \eta)$ gilt, wenn α keine Limeszahl ist, also auch $\varphi_{\lim \alpha_n}(1, \eta) = \lim \varphi_{\alpha_n}(1, \eta) > \varphi_{\alpha_n}(1, \eta)$ ist; für $\alpha = 2$ und für $\eta = 1$ ist die angegebene Beziehung nach den vorangehenden Formeln von Satz 9 direkt ersichtlich.

In den ersten vier Fällen von Satz 9 ist also $\varphi_\alpha(\xi, \eta)$ wenigstens von der Stelle $\alpha = 5$ ab als Funktion von α konstant, im letzten Fall für $\alpha \geq 2$ monoton zu- oder wenigstens nicht abnehmend. In allen Fällen ist daher die Existenz von $\varphi_\alpha(\xi, \eta)$ für beliebige α gesichert, zusammen mit dem früheren auch für beliebige ξ und η.

Aus den Formeln von Satz 9 ergeben sich entsprechende für die Iteration $\varphi_\alpha^\nu(\xi, \eta)$, nämlich

Satz 10. *Es ist* $\varphi_\alpha^\nu(0, 0) = 0$, *ausgenommen* $\varphi_3^\nu(0, 0) = 1$ *für* $\nu > 0$.

Für $\xi > 0$ *ist* $\varphi_\alpha^\nu(\xi, 0) = 0$, *ausgenommen* $\varphi_1^\nu(\xi, 0) = \xi \cdot \nu$ *und*
$$\varphi_4^\nu(\xi, 0) = 1 \quad \text{für} \quad \nu > 0.$$

Für $\eta > 0$ *ist* $\varphi_\alpha^\nu(0, \eta) = \eta$, *ausgenommen* $\varphi_2^\nu(0, \eta) = 0$ *und*
$$\varphi_3^\nu(0, \eta) = 1, \quad \text{beides für} \quad \nu > 0.$$

Für $\xi > 0$ *ist* $\varphi_\alpha^\nu(\xi, 1) = 1$, *ausgenommen* $\varphi_1^\nu(\xi, 1) = 1 + \xi \cdot \nu$ *und*
$$\varphi_2^\nu(\xi, 1) = \xi^\nu.$$

Für $\eta > 0$ *ist* $\varphi_1^\nu(1, \eta) = \eta + \nu$, $\varphi_2^\nu(1, \eta) = \eta$, $\varphi_3^\nu(1, \eta) = \eta$ *und allgemein*
$$\varphi_\alpha^N(1, \eta) > \varphi_\alpha^\nu(1, \eta) \quad \text{für} \quad N > \nu, \alpha > 3, \eta > 1,$$
$$\varphi_A^\nu(1, \eta) \geq \varphi_\alpha^\nu(1, \eta) \quad \text{für} \quad A > \alpha \geq 2 \quad \text{und} \quad \eta > 0.$$

Dabei ergeben sich die letzten Beziehungen wie folgt: Für $\alpha > 3$ und $\eta > 1$ ist nach Satz 9

$$\varphi_\alpha(1, \eta) \geqq \varphi_4(1, \eta) = \eta^\eta > 1,$$

und wenn $\varphi_\alpha^\nu(1, \eta) > 1$ ist, so ist wegen Satz 9

$$\varphi_\alpha^{\nu+1}(1, \eta) = \varphi_\alpha\big(1, \varphi_\alpha^\nu(1, \eta)\big) \geqq \varphi_4\big(1, \varphi_\alpha^\nu(1, \eta)\big) > \varphi_\alpha^\nu(1, \eta) > 1,$$

also auch

$$\varphi_\alpha^{\lim \nu n}(1, \eta) > \varphi_\alpha^{\nu n}(1, \eta) > 1 \quad \text{und somit} \quad \varphi_\alpha^N(1, \eta) > \varphi_\alpha^\nu(1, \eta)$$
$$\text{für} \quad N > \nu, \quad \alpha > 3 \quad \text{und} \quad \eta > 1.$$

Die letzte Formel von Satz 10 folgt wie bei Satz 8, wenn $\xi = 1$ gesetzt und an Stelle von Satz 7 die entsprechende Formel von Satz 9 verwendet wird.

Allgemein ergibt sich also, daß für $\alpha \geqq 5$ die Funktion $\varphi_\alpha^\nu(\xi, \eta)$ in bezug auf alle Variabeln α, ν, ξ, η nicht abnehmend und folglich auch in der ersten und zweiten Zahlklasse für beliebige Werte dieser Variabeln definiert ist.

5. Die Hauptdarstellung der Zahlen

Es soll jetzt gezeigt werden, daß man jeder Zahl ζ der ersten und zweiten Zahlklasse eine eindeutige Darstellung in der Form $\zeta = \varphi_\alpha(\xi, \eta)$, ihre „Hauptdarstellung", zuordnen kann, bei welcher $\xi < \zeta$ und $\eta < \zeta$ ist, ausgenommen die Zahlen $\zeta = 0$ und ω, welche die Hauptdarstellungen $0 = \varphi_1(0, 0)$ und $\omega = \varphi_1(0, \omega)$ besitzen sollen. Es wird nicht verlangt, daß immer auch $\alpha < \zeta$ sein müsse.

Wenn es für die Zahl ζ irgend eine Darstellung in der Form $\varphi_\alpha(\xi, \eta)$ mit $\xi < \zeta$ und $\eta < \zeta$ gibt, so findet man ihre Hauptdarstellung in der Weise, daß man unter allen möglichen solchen Darstellungen von ζ zunächst diejenigen aussondert, bei denen die Zahl α den kleinstmöglichen Wert besitzt; unter diesen werden sodann diejenigen ausgewählt, bei denen ξ am kleinsten ist, und schließlich unter diesen, mit festem, möglichst kleinem α und ξ, noch diejenige, für welche η am kleinsten ist. Diese ist dann eindeutig bestimmt. Für die endlichen Zahlen $n > 0$ ergibt sich so die Hauptdarstellung $n = \varphi_0(0, n - 1)$.

Jede Zahl ζ, für die es eine Hauptdarstellung gibt, insbesondere also jede, die sich in der Form $\zeta = \varphi_\alpha(\xi, \eta)$ mit $\xi < \zeta$ und $\eta < \zeta$ darstellen läßt, soll „darstellbar" heißen.

Man betrachte die Zahlen $\varrho_0 = \varphi_0(0, 0) = 1$, $\varrho_1 = \varphi_1(0, \omega) = \omega$, $\varrho_2 = \varphi_2(\omega, \omega) = \omega^2$, allgemein $\varrho_\alpha = \varphi_\alpha(\omega, \omega)$ für $\alpha \geqq 2$. Nach Satz 4 nehmen sie monoton zu und wegen $\varrho_{\lim \alpha_n} = \lim \varrho_{\alpha_n}$ bilden sie eine Normalfunktion[7]. Die Zahlen ϱ_α sind darstellbar, da für $\alpha \geqq 2$ stets $\omega < \varphi_\alpha(\omega, \omega)$ ist, und jede Zahl ζ der zweiten Zahlklasse wird von gewissen Zahlen ϱ_α übertroffen.

Es werde nun angenommen, es gebe Zahlen der zweiten Zahlklasse, die nicht darstellbar sind, und ζ sei die kleinste. Unter den Zahlen ϱ_α, die größer als ζ sind, kann die kleinste keine Limeszahl als Index haben, denn wenn $\zeta < \varrho_{\lim \alpha_n} = \lim \varrho_{\alpha_n}$ ist, so kann ζ nicht alle Zahlen ϱ_{α_n} übertreffen. Es gibt also eine Zahl α mit $\varrho_\alpha < \zeta < \varrho_{\alpha+1}$. Dabei ist $\alpha \geqq 2$, denn die Zahlen zwischen ϱ_1 und ϱ_2 sind in der Form $\varphi_0(0, \eta)$ oder in der Form $\varphi_1(\omega, \eta)$ darstellbar. Es gilt also

$$\varphi_\alpha(\omega, \omega) < \zeta < \varphi_{\alpha+1}(\omega, \omega) \quad \text{mit} \quad \alpha \geqq 2 \ .$$

Es sei nun allgemein

$$\varphi_\gamma(\xi, \eta) < \zeta < \varphi_{\gamma+1}(\xi, \eta) \quad \text{mit} \quad \omega \leqq \xi \leqq \eta < \varphi_\gamma(\xi, \eta) \quad \text{und} \quad \gamma > 2$$

für bestimmte Werte von ξ, η und γ.

Es ist $\varphi_{\gamma+1}(\xi, \eta) = \varphi_\gamma^\xi(\eta, \eta)$, und die Zahlen $\varphi_\gamma^\nu(\eta, \eta)$ sind für $\nu \leqq \xi$ darstellbar, da sie entweder kleiner als ζ oder größer als $\varphi_\gamma(\xi, \eta)$, also größer als η sind und in der Form $\varphi_{\gamma+1}(\nu, \eta)$ geschrieben werden können. Nach Satz 2 nehmen sie mit ν monoton zu. Die kleinste darunter, welche ζ übertrifft, kann wegen $\varphi_\gamma^{\lim \nu_n}(\eta, \eta) = \lim \varphi_\gamma^{\nu_n}(\eta, \eta)$ keine Limeszahl im Exponenten haben; es gibt also eine bestimmte Zahl ν mit

$$\varphi_\gamma^\nu(\eta, \eta) < \zeta < \varphi_\gamma^{\nu+1}(\eta, \eta) \ .$$

Nun ist $\varphi_\gamma^{\nu+1}(\eta, \eta) = \varphi_\gamma(\eta, \varphi_\gamma^\nu(\eta, \eta))$ und die Zahlen $\varphi_\delta(\eta, \varphi_\gamma^\nu(\eta, \eta))$ nehmen nach Satz 4 mit δ monoton zu. Sie sind sämtlich darstellbar, da schon $\varphi_0(\eta, \varphi_\gamma^\nu(\eta, \eta)) > \varphi_\gamma^\nu(\eta, \eta) \geqq \eta$ ist, und die kleinste darunter, welche ζ übertrifft, kann keine Limeszahl als Index haben. Es gibt also eine bestimmte Zahl δ mit

$$\varphi_\delta(\eta, \varphi_\gamma^\nu(\eta, \eta)) < \zeta < \varphi_{\delta+1}(\eta, \varphi_\gamma^\nu(\eta, \eta)) \ .$$

Dabei ist $\delta + 1 \leqq \gamma$, also $\delta < \gamma$, und $\omega \leqq \eta \leqq \varphi_\gamma^\nu(\eta, \eta) < \varphi_\delta(\eta, \varphi_\gamma^\nu(\eta, \eta))$. Dies sind aber entsprechende Bedingungen wie zu Anfang, jedoch mit

---

[7] *F. Hausdorff:* Grundzüge der Mengenlehre, 1. Aufl. (1914), S. 114.

kleinerem Index. Von $\varphi_\alpha(\omega, \omega) < \zeta < \varphi_{\alpha+1}(\omega, \omega)$ ausgehend gelangt man so nach endlich vielen Schritten zu einer Beziehung

$$\varphi_\gamma(\xi, \eta) < \zeta < \varphi_{\gamma+1}(\xi, \eta) \quad \text{mit} \quad \omega \leqq \xi \leqq \eta < \varphi_\gamma(\xi, \eta) \quad \text{und} \quad \gamma \leqq 2 \,.$$

Ist nun $\gamma = 2$, also $\varphi_2(\xi, \eta) < \zeta < \varphi_3(\xi, \eta) = \eta^\xi$, so sind die Zahlen $\eta^\nu = \varphi_3(\nu, \eta)$ für $\nu \leqq \xi$ darstellbar, da sie kleiner als ζ oder größer als $\varphi_2(\xi, \eta)$, also größer als η sind. Es gibt also eine bestimmte Zahl ν mit $\eta^\nu < \zeta < \eta^{\nu+1} = \eta^\nu \cdot \eta$. Nun sind weiter die Zahlen $\eta^\nu \cdot \mu = \varphi_2(\mu, \eta^\nu)$ für $\mu \leqq \eta$ darstellbar, es gibt also eine Zahl μ mit

$$\eta^\nu \cdot \mu < \zeta < \eta^\nu \cdot (\mu + 1) = \eta^\nu \cdot \mu + \eta^\nu \,.$$

Daraus folgt aber $\zeta = \eta^\nu \cdot \mu + \tau = \varphi_1(\tau, \eta^\nu \cdot \mu)$ mit $\tau < \eta^\nu$, d. h. ζ selbst ist darstellbar.

Ist aber $\gamma = 1$, also $\varphi_1(\xi, \eta) < \zeta < \varphi_2(\xi, \eta) = \eta \cdot \xi$, so ergibt sich wieder eine Zahl μ mit $\eta \cdot \mu < \zeta < \eta \cdot (\mu + 1) = \eta \cdot \mu + \eta$ und daraus $\zeta = \eta \cdot \mu + \tau = \varphi_1(\tau, \eta \cdot \mu)$ mit $\tau < \eta$.

Schließlich folgt auch für $\gamma = 0$ aus $\varphi_0(\xi, \eta) < \zeta < \varphi_1(\xi, \eta)$, d. h. aus $\eta + 1 < \zeta < \eta + \xi$ mit $\xi < \zeta$, daß ζ darstellbar ist. Damit ist aber die ursprüngliche Behauptung bewiesen.

Die soeben gegebene Herleitung zeigt auch, wie man für eine beliebige Zahl ζ der zweiten Zahlklasse die zugehörige Hauptdarstellung $\varphi_\alpha(\xi, \eta)$ finden kann, und es folgt zugleich, daß $\alpha \leqq \mu$ wird, wenn $\varrho_\mu \leqq \zeta < \varrho_{\mu+1}$ ist.

Für die Zahlen ϱ_α selbst hat man zunächst die Hauptdarstellungen $\varrho_0 = \varphi_0(0, 0) = 1$, $\varrho_1 = \varphi_1(0, \omega) = \omega$, $\varrho_2 = \varphi_2(\omega, \omega) = \omega \cdot \omega$, $\varrho_3 = \varphi_3(\omega, \omega) = \omega^\omega$; für $\varrho_4 = \varphi_4(\omega, \omega)$ erhält man aber eine reduzierte Darstellung $\varrho_4 = \varphi_3(\omega^\omega, \omega) = \omega^{\omega^\omega}$; dann folgt $\varrho_5 = \varphi_5(\omega, \omega) = \varepsilon$ usf. Ob sich auch spätere Darstellungen $\varphi_\alpha(\omega, \omega)$ noch reduzieren lassen, müßte erst untersucht werden.

6. Die Hauptfolgen

Es bleibt jetzt noch die Aufgabe, die Limeszahlen der zweiten Zahlklasse durch Hauptfolgen darzustellen, d. h. also jeder Limeszahl λ eindeutig eine aufsteigende Folge $\lambda_0 < \lambda_1 < \lambda_2 < \cdots$ zuzuordnen mit $\lim \lambda_n = \lambda$. Diese Aufgabe wird hier nur für einen Abschnitt der Zahlenreihe gelöst.

Zunächst werde der Zahl ω die Hauptfolge $n = 0, 1, 2, 3 \ldots$ zugeordnet mit $\lim n = \omega$. Weiter sei $\lambda > \omega$, und allen Limeszahlen, die kleiner als λ sind, seien schon Hauptfolgen zugeordnet. Die Hauptdarstellung der Limeszahl λ sei $\lambda = \varphi_\alpha(\xi, \eta)$.

Ist hier $\alpha < \lambda$ und $\alpha = \lim \alpha_n$, also $\lambda = \lim \varphi_{\alpha_n}(\xi, \eta)$, wobei α_n die zu α gehörende Hauptfolge durchlaufen soll, so sind die Zahlen $\varphi_{\alpha_n}(\xi, \eta)$ kleiner als λ, weil $\varphi_\alpha(\xi, \eta)$ eine Hauptdarstellung ist, es sind also unendlich viele verschiedene, und wenn man gleiche nur einmal zählt, so erhält man eine eindeutig bestimmte aufsteigende Folge, welche die Hauptfolge von λ darstellt.

Ist α keine Limeszahl, so ist $\alpha = \beta + 1$ und ξ muß eine Limeszahl sein, denn wegen Satz 9 ist $\xi \neq 0$ und ein Ausdruck der Form $\varphi_{\beta+1}(\xi+1, \eta)$ kann keine Hauptdarstellung sein, da er nach der Rekursionsformel mit kleinerem Index in der Form $\varphi_\beta(\eta, \varphi_{\beta+1}(\xi, \eta))$ geschrieben werden kann, wobei nach Satz 3 $\varphi_{\beta+1}(\xi, \eta) < \varphi_{\beta+1}(\xi + 1, \eta)$ ist. Es ist also $\lambda = \varphi_\alpha(\lim \xi_n, \eta) = \lim \varphi_\alpha(\xi_n, \eta)$, wobei ξ_n die zu ξ gehörende Hauptfolge durchlaufen soll. Dabei sind die Zahlen $\varphi_\alpha(\xi_n, \eta)$ wiederum kleiner als λ und sie bestimmen, wenn man gleiche nur einmal zählt, die Hauptfolge von λ.

Ist nun $\varrho_\mu \leq \lambda < \varrho_{\mu+1}$, so ist nach Abschnitt 5 $\alpha \leq \mu$, also $\alpha < \lambda$, sofern $\mu < \varrho_\mu$ ist. Diese Beziehung gilt aber bis zur ersten kritischen Zahl $\kappa = \varrho_\kappa$ der Normalfunktion ϱ_μ. Man findet κ als Limes der Zahlen $\varrho_0, \varrho_{\varrho_0}, \varrho_{\varrho_{\varrho_0}}, \ldots$. Für alle Limeszahlen, die kleiner als κ sind, ergeben sich also durch Induktion die zugehörigen Hauptfolgen.

Man kann das Verfahren noch fortsetzen, wenn man der Zahl κ die eben angegebene Folge als Hauptfolge zuordnet, sofern sich die Darstellung $\varrho_\kappa = \varphi_\kappa(\omega, \omega)$ nicht reduzieren läßt. Auch weiteren kritischen Zahlen kann man etwa nach dem Verfahren von Veblen[8]) bestimmte Hauptfolgen zuordnen und die zwischenliegenden Limeszahlen wie oben behandeln. Auch so kommt man aber nicht beliebig weit; man beherrscht damit immer nur einen wenn auch umfangreichen Abschnitt der zweiten Zahlklasse.

(Eingegangen den 30. Juni 1950.)

---

[8]) Vgl. Fußnote [2]).

UEBER DIE BERECHTIGUNG INFINITESIMALGEOMETRISCHER BETRACHTUNGEN

Die klassische Differentialgeometrie, wie sie von Gregorio Ricci Curbastro, von Luigi Cremona und von Luigi Bianchi gefördert und gepflegt wurde, stützt sich auf die Infinitesimalrechnung; sie untersucht die geometrischen Gebilde, die Kurven und Flächen und Räume, zunächst im Unendlichkleinen. Es fragt sich, ob solche infinitesimalgeometrischen Betrachtungen berechtigt sind.

Es ist bekannt, dass das Operieren mit unendlich benachbarten Elementen im ursprünglichen Sinn nicht berechtigt ist. Wenn man zum Beispiel eine Tangente als die Verbindungsgerade von zwei unendlich benachbarten Punkten einer Kurve definiert, so darf diese Ausdrucksweise nicht wörtlich verstanden werden. Sie ist vielmehr durch einen Grenzübergang zu ersetzen, bei dem die beiden Kurvenpunkte einander unendlich nahe rücken. Was bedeutet aber ein solcher Grenzübergang?

Es kommt dabei nicht auf den Begriff der Bewegung an; wesentlich ist jedoch, dass in einer gewissen Umgebung eines Punktes unendlich viele Kurvenpunkte vorhanden sind, und um z. B. die Eindeutigkeit der Tangente in einem bestimmten Punkt zu gewährleisten, muss man alle Kurvenpunkte einer solchen Umgebung in Betracht ziehen; diese bilden aber bei der üblichen Auffassung ein überabzählbares Kontinuum.

Und nun entsteht die Frage: Gibt es das überhaupt? Gibt es unendlich viele Punkte? Gibt es ein überabzählbares Kontinuum? Oder ist das auch nur eine Ausdrucksweise, die nicht wörtlich verstanden werden darf?

Bei den modernen Untersuchungen über die Grundlagen der Mathematik versucht man, möglichst mit formalen Methoden und

finiten Betrachtungen auszukommen. Dabei bleibt man aber nicht
etwa nur auf einen abzählbaren Bereich beschränkt, sondern in Wirklichkeit sogar nur auf einen endlichen. Man führt zwar ein « Axiom
des Unendlichen » ein, d. h. man tut so, als ob es unendlich viele
Dinge gäbe, man kann dies aber hier nicht beweisen, und zwar ist
ein solcher Beweis in einem formalen System prinzipiell unmöglich,
denn in einem finiten Bereich gibt es eben nur endlich viele Dinge,
da kann man nicht beweisen, dass es unendlich viele gibt. Auch
wenn man zeigen kann, dass bestimmte Formeln, die dem Axiom
des Unendlichen entsprechen, beim formalen Rechnen nicht zu einem
Widerspruch führen, so bleibt das Ganze doch nur ein Spiel mit
Formeln ohne Inhalt. Die Kurven und Flächen und Räume verlie-
ren in einem endlichen System ihre Bedeutung und ihren Sinn, denn
sie setzen das Unendliche wirklich voraus.

Wenn man nun aber sagt, das Unendliche sei einem in der
Zahlenreihe intuitiv gegeben, so muss man antworten : Das ist nicht
wahr! Das ist nur eine Täuschung!

Wenn es intuitiv klar wäre, dass man hinter jede natürliche
Zahl eine weitere setzen kann, dann müsste dasselbe auch für die
Ordnungszahlen gelten, und hier stimmt es nicht.

Bei den Ordnungszahlen beginnt man mit den endlichen Zahlen
$0, 1, 2, 3, \ldots$ und setzt dann hinter jede Zahlenreihe, die man auf
diese Weise erhält, eine neue Zahl. Hinter die Reihe der endlichen
Zahlen setzt man die Zahl ω, dann $\omega + 1, \omega + 2, \cdots$, dann $\omega +$
$+ \omega, \omega + \omega + 1$ usf., und es sieht so aus, als ob man auch diese
Konstruktion ohne Einschränkung immer weiter fortsetzen könnte.
Und doch geht dies nicht! Hinter die Reihe aller Ordnungszahlen
kann man keine weitere mehr setzen, weil es keine mehr gibt. Wenn
man schon alle hat, dann gibt es keine weitere mehr.

Man kann zeigen, dass es eine letzte Ordnungszahl L gibt([1]), die
nach allen andern kommt, und hinter diese Zahl L kann man keine
weitere setzen, weil es keine mehr gibt. Warum sollte es bei den
natürlichen Zahlen nicht ebenso sein, dass es eine letzte gibt, hinter
die man keine mehr setzen kann, weil man schon alle hat? Wenn
es tatsächlich nur endlich viele Dinge gibt, dann ist auch die Zahlenreihe nicht unendlich.

Sollen wir nun also auf die ganze Differentialgeometrie verzichten oder sie nur als ein Spiel mit Formeln betrachten? Ich glaube

---

([1]) Vgl. Les Entretiens de Zurich 1938, Zürich 1941, S. 177.

nicht. Dann müssen wir uns aber überzeugen, dass das Unendliche nicht sinnlos ist, dass es also wirklich unendlich viele Dinge gibt.

17 Dies kann aber nicht mit reinen Formalismen geschehen, dazu braucht es ein inhaltliches Denken. Ich will andeuten, wie dies möglich ist.

Wenn man zeigen will, dass es unendlich viele Zahlen gibt, dann muss man die Zahlen zuerst definieren.

Was sind die natürlichen Zahlen? Wenn es materielle Dinge wären, etwa Striche auf einer Tafel, dann wären es jedenfalls nicht unendlich viele. Die Zahlen sind aber ideelle Dinge, denn sie sind unvergänglich, während doch solche Striche sehr rasch vergänglich sind. Die Zeichen auf der Tafel sind also nur Namen für die Zahlen, es sind nicht die Zahlen selbst.

Die natürlichen Zahlen sind ideelle Dinge, zwischen denen eine bestimmte Beziehung besteht, nämlich die Beziehung, dass z. B. die Zahl 4 auf die Zahl 3 folgt. Man sagt auch, 4 ist der Nachfolger von 3 oder 3 ist der Vorgänger von 4; ich will diese Beziehung mit β bezeichnen; es gilt also 4 β 3. Es ist dies eine direkt gegebene Beziehung, eine Grundbeziehung, die sich nicht auf andere, schon gegebene Beziehungen stützt.

Es gilt dann ebenso 3 β 2, 2 β 1, und ich füge noch hinzu: 1 β 0, d. h. 0 soll der Vorgänger von 1 sein, soll aber selbst keinen Vorgänger besitzen und auch selbst keine natürliche Zahl sein. Jede natürliche Zahl hat dann genau einen Vorgänger; 0 hat keinen.

Damit ergibt sich nun die folgende Definition:

Die Null und die natürlichen Zahlen sind ideelle Dinge, die durch eine Grundbeziehung β miteinander verknüpft und allein durch diese Grundbeziehung festgelegt werden. Dabei soll noch folgendes gelten:

1) *0 β x gilt nicht.* D. h. 0 hat keinen Vorgänger.

2) *Z (n), wenn n β 0 oder n β m mit Z (m), aber nicht n β a, n β b mit a $\neq$ b gilt.*

Z (n) bedeutet dabei: *n* ist eine natürliche Zahl. *n* ist also eine natürliche Zahl, wenn es genau einen Vorgänger besitzt, der entweder die Null oder selbst eine natürliche Zahl ist.

3) *Z (n) nur, wenn notwendig.*

n ist also nur dann eine natürliche Zahl, wenn aus 1) und 2) folgt, dass es eine natürliche Zahl sein muss. Wegen 1 β 0 ist 1 notwendig eine natürliche Zahl, ebenso 2 mit 2 β 1 usw. Wenn aber z. B. x β x gilt, so ist *x* keine natürliche Zahl, weil es nach 2) keine sein muss.

Hierdurch sind die natürlichen Zahlen eindeutig und widerspruchsfrei festgelegt, denn es wird nichts Unmögliches verlangt. Insbesondere wird nicht verlangt, dass es zu jeder Zahl eine folgende geben müsse; das soll ja eben erst untersucht werden, ob das stimmt.

Wie kann man das nun einsehen, dass es zu jeder natürlichen Zahl eine folgende gibt? Dazu muss man zeigen, dass dieses Hindernis, welches bei den Ordnungszahlen das Weiterzählen schliesslich unmöglich macht, hier bei den natürlichen Zahlen nicht auftritt. Was ist dies für ein Hindernis? Es liegt nicht einfach im Begriff « alle », sondern vielmehr in einem unerfüllbaren Zirkel. Die Ordnungszahlen sind zirkelhaft definiert. Dies gilt aber ebenso für die natürlichen Zahlen, denn auch hier soll man hinter jede Zahl, die man durch eben die zu definierende Konstruktion erhält, eine neue Zahl setzen. Ein solcher Zirkel kann unerfüllbar sein.

Um nun das Wesen dieses Zirkels näher zu untersuchen, ist es gut, eine Verallgemeinerung der natürlichen Zahlen zu betrachten, nämlich die Mengen. Diese unterscheiden sich von den natürlichen Zahlen dadurch, dass sie nicht nur einen, sondern beliebig viele Vorgänger besitzen können. Hier kann also $M \beta a$, $M \beta b$ mit $a \neq b$ gelten; man schreibt dann auch $M = \{ a, b, \ldots \}$ und nennt die Vorgänger die Elemente der Menge.

Die Definition der Mengen lautet dann so:

Die Mengen sind ideelle Dinge, die durch eine Grundbeziehung β miteinander verknüpft und allein durch diese Grundbeziehung festgelegt werden. Dabei soll noch folgendes gelten:

1. *Jede Menge bestimmt ihre Elemente, d. h. die Mengen, zu* 18 *denen sie die Beziehung β besitzt.*

Wenn also eine Menge gegeben ist, dann sind auch ihre Elemente gegeben.

2. *Die Mengen M und N sind identisch immer, wenn möglich.* Wenn also z. B. $J = \{J\}$ und $K = \{K\}$ ist, so folgt $J = K$.

3. *M ist Menge immer, wenn möglich.*

Also jedes ideelle Ding, welches den andern Forderungen genügt, ist eine Menge.

Dadurch sind die Mengen eindeutig und widerspruchsfrei festgelegt, denn es wird nichts Unmögliches verlangt. Insbesondere wird nicht verlangt, dass es zu gegebenen Elementen immer eine zugehörige Menge geben müsse. Nimmt man z. B. alle Mengen, die sich nicht selbst als Element enthalten, so bilden diese keine Menge, denn diese müsste sich selbst enthalten, wenn sie sich nicht enthält, und dürfte sich nicht enthalten, wenn sie sich enthält. Man sieht hier sehr deutlich den Zirkel, der die Bildung von Mengen verhindern kann. Diesen Zirkel gilt es also zu vermeiden.

Man kann nun tatsächlich zirkelfreie Mengen definieren, für welche die üblichen Regeln der Mengenlehre gelten. Dies will ich kurz andeuten ([2]) :

Die Definition der zirkelfreien Mengen kann selbst nicht zirkelfrei sein, denn sonst wäre die Menge aller zirkelfreien Mengen selbst zirkelfrei und müsste sich deshalb selbst enthalten, was bei einer zirkelfreien Menge doch nicht sein darf.

Die Definition lautet so :

1. *Eine Menge ist zirkelfrei, wenn ihre Elemente zirkelfrei sind und sie selbst nicht vom Begriff « zirkelfrei » abhängt.*

2. *Eine Menge ist zirkelfrei nur, wenn notwendig.*

Eine Menge ist vom Begriff « zirkelfrei » unabhängig, wenn sie sich auf Grund ihrer Definition nicht ändert, gleichgültig, welche Mengen als zirkelfrei bezeichnet werden, insbesondere also dann, wenn dieser Begriff in der Definition gar nicht vorkommt. So ist z. B. die Menge aller zirkelfreien Mengen nicht zirkelfrei, aber die Nullmenge, d. h. die Null, ist zirkelfrei.

Es mag auffallen, dass eine Menge von einem bestimmten logischen Begriff abhängig sein kann. Dies ist aber eine Tatsache, denn z. B. die Menge aller Mengen hängt vom Begriff « alle » ab ; sie kann nicht ohne diesen Begriff definiert werden, denn sonst wäre kein Hindernis da, noch weitere Mengen zu bilden.

Man kann nun zeigen, dass eine Gesamtheit von zirkelfreien Mengen, sofern sie nur vom Begriff « zirkelfrei » unabhängig ist, stets eine zirkelfreie Menge bildet. Andernfalls müsste sie nämlich eine zirkelhafte, d. h. nicht-zirkelfreie Menge bilden, was doch nach Definition nicht sein kann. Insbesondere gibt es also zu jeder zirkelfreien Menge m eine zirkelfreie Menge n, die m als einziges Element enthält : $n = \{m\}$, für die also $n \beta m$ gilt, und dies zeigt, dass es zu jeder natürlichen Zahl eine folgende gibt, dass also die Zahlenreihe unendlich ist. Die Teilmengen der Zahlenreihe ergeben dann das Kontinuum, und mit dem Kontinuum hat man auch die Differentialgeometrie. So zeigt es sich also, dass die infinitesimalgeometrischen Betrachtungen, die sich auf das Kontinuum stützen, berechtigt sind.

([2]) Vgl. « Die Unendlichkeit der Zahlenreihe ». Erscheint in den « Elementen der Mathematik » 1954.

Die Unendlichkeit der Zahlenreihe[1])

Es freut mich, hier in Ihrem Kreise sprechen zu können, in Basel mit seiner altehrwürdigen mathematischen Tradition, und über einen Gegenstand, der wohl auch innerhalb der Mathematik als altehrwürdig bezeichnet werden kann, nämlich über die natürlichen Zahlen.

Auch die Frage, ob es etwas Unendliches gibt, ist schon sehr alt; manche sagen ja, andere sagen nein, das gilt auch heute noch.

Versuche, die Unendlichkeit der Zahlenreihe zu beweisen, also zu zeigen, dass es zu jeder Zahl immer eine noch grössere Zahl gibt, sind im letzten Jahrhundert gemacht worden; ich nenne hier

BOLZANO 1851: *Paradoxien des Unendlichen* (§ 13).

FREGE 1884: *Die Grundlagen der Arithmetik* (§ 78 ff.).

DEDEKIND 1887: *Was sind und was sollen die Zahlen?* (§ 5).

Besonders die spätere Entwicklung der Mengenlehre hat dann aber gezeigt, dass diese Beweise nicht ausreichend sind.

DEDEKIND zum Beispiel gibt in seiner Schrift einen strengen Aufbau des Operierens mit den natürlichen Zahlen unter der Voraussetzung, dass es unendlich viele Dinge gibt. Für diese Voraussetzung gibt er aber eine Begründung, die man nicht als stichhaltig betrachten kann. DEDEKIND schliesst etwa so: Er betrachtet die Welt der denkbaren Dinge. Dazu gehört das eigene Ich und zu jedem Ding der Gedanke an dieses Ding. So erhält man also den Gedanken an das Ich, dann den Gedanken an den Gedanken an das Ich usf. und damit scheinbar eine unendliche Reihe von Gedanken. Aber doch nur scheinbar. Wenn man nämlich diese Reihe wirklich zu bilden versucht, dann sieht man, dass man diese Gedanken sehr bald schon nicht mehr voneinander unterscheiden kann, besonders, wenn man die natürlichen Zahlen noch nicht hat, mit denen man sie zählen könnte; und man sieht auch, dass man bald schon diese Gedanken nicht mehr weiter bilden kann. Die Reihe dieser Gedanken ist nicht unendlich.

Diese Überlegung zeigt nun aber auch, dass es nicht selbstverständlich ist, dass die Reihe der natürlichen Zahlen unendlich ist. Auch hier könnte es eine Stelle geben, wo man einfach nicht mehr weiterkommt. Wenn es tatsächlich nichts Unendliches gibt, dann ist auch die Zahlenreihe nicht unendlich.

---

[1]) Vortrag vor der Mathematischen Gesellschaft Basel, gehalten am 29. Juni 1953.

Wenn wir diese Frage nun entscheiden wollen, ob die Zahlenreihe endlich oder ob sie unendlich ist, dann müssen wir zuerst sagen, was die natürlichen Zahlen sind oder was wir hier darunter verstehen wollen, denn sonst hat die Frage keinen Sinn.

Was also sind die natürlichen Zahlen in der Mathematik?

Es sind hier auf jeden Fall nicht die Zahlwörter eins, zwei, drei, vier usw. Es sind auch nicht die Zahlzeichen 1, 2, 3, 4 usw. Es sind auch nicht etwa hintereinandergesetzte Striche////..., obschon alle diese Dinge ganz gut zum Zählen gebraucht werden können. Wenn wir zählen, dann verwenden wir die Zahlwörter eins, zwei, drei, vier usw.; aber damit kommen wir nicht sehr weit, ganz bestimmt nicht bis ins Unendliche.

Was sind nun also die Zahlen, wie sie in der Mathematik vorkommen? Diese sollen auf jeden Fall von der Sprache unabhängig sein, die wir gerade sprechen, und dann sollen sie vor allem auch unvergänglich sein, während doch diese Striche zum Beispiel sehr rasch vergänglich sind. Die Zahlen, die EULER untersucht hat, sind genau dieselben, die wir auch heute noch untersuchen; sie sind also wirklich unvergänglich.

Also diese Zahlwörter und Zahlzeichen sind nichts anderes als Namen oder Bezeichnungen für die Zahlen selbst, genau so, wie das Wort «Haus» nur ein Name ist für ein Haus, in dem man wirklich wohnen kann.

Wenn aber die Zahlen unvergänglich sind, so folgt schon, dass sie nicht realer, materieller Natur sind, denn bei materiellen Dingen können wir immer annehmen, dass sie vergänglich sind. Die Zahlen sind also ideelle Dinge, und das ist auch das erste und allereinfachste, was wir in der reinen Mathematik wirklich brauchen: Wir brauchen ideelle Dinge, mit denen wir operieren und über die wir etwas aussagen können.

Dazu brauchen wir aber noch mindestens eine Beziehung zwischen diesen Dingen, denn mit Dingen ohne jede Beziehung können wir nicht viel anfangen.

Eine solche Beziehung einfachster Art ist nun gerade bei den natürlichen Zahlen gegeben, nämlich die Beziehung, dass zum Beispiel die Zahl 4 auf 3 folgt. Wir sagen dafür auch, 4 ist der Nachfolger von 3, oder 3 ist der Vorgänger von 4; es ist das einfach eine unsymmetrische Beziehung zwischen 4 und 3, die wir auch durch einen Pfeil darstellen können: $4 \to 3$. Ich lasse den Pfeil absichtlich von 4 nach 3 gehen und nicht umgekehrt; denn in der umgekehrten Richtung wissen wir ja noch nicht, wie weit wir kommen; in dieser Richtung kommen wir zunächst bis zu 1: $3 \to 2 \to 1$.

Dies ist also eine ursprünglich gegebene Beziehung zwischen diesen Zahlen, eine *Grundbeziehung*, die nicht schon andere Beziehungen als gegeben voraussetzt. Wir können diese Beziehung auch mit einem Buchstaben bezeichnen, etwa mit β, und dann sagen, es gilt $4\,\beta\,3$, $3\,\beta\,2$, $2\,\beta\,1$.

Es ist nun zweckmässig, auch noch $1\,\beta\,0$ zu setzen, also eine Null einzuführen, welche Vorgänger von Eins, aber selbst keine natürliche Zahl sein soll, und diese Null soll auch keinen Vorgänger haben. Jede natürliche Zahl hat dann genau einen Vorgänger, die Null hat keinen.

Nach diesen Vorbereitungen können wir jetzt die Null und die natürlichen Zahlen vollständig definieren:

Definition

Die Null und die natürlichen Zahlen sind ideelle Dinge, die durch eine Grundbeziehung β miteinander verknüpft und allein durch diese Grundbeziehung festgelegt sind. Dabei soll noch folgendes gelten:

1) $0 \, \beta \, x$ *gilt nicht.* Das heisst, Null hat keinen Vorgänger.

2) $Z(n)$, *wenn* $n \, \beta \, 0$ *oder* $n \, \beta \, m$ *mit* $Z(m)$, *aber nicht* $n \, \beta \, a$ *und* $n \, \beta \, b$ *mit* $a \neq b$.

Dabei bedeutet $Z(n)$: n ist eine natürliche Zahl. 2) besagt also, dass n eine natürliche Zahl ist, wenn es genau einen Vorgänger hat, der entweder die Null oder selbst eine natürliche Zahl ist. Dies soll auch nur in diesem Fall gelten, das heisst, genauer wird noch gefordert:

3) $Z(n)$ *gilt nur, wenn notwendig.*   19

Dies besagt also, dass n nur dann eine natürliche Zahl ist, wenn aus 1) und 2) folgt, dass es eine natürliche Zahl sein muss.

Wenn zum Beispiel für ein Ding x gilt $x \, \beta \, x$, so dass also x sein eigener Vorgänger ist, dann ist x keine natürliche Zahl; denn wenn man annimmt, dass x keine natürliche Zahl ist, dann muss es auch nach 2) keine sein, also nach 3) ist es keine. Aus der Annahme, dass $Z(x)$ gilt, würde nach 2) auch $Z(x)$ folgen; aber diese Annahme ist nicht notwendig, und deshalb gilt $Z(x)$ nicht.

Dagegen ist 1 wegen $1 \, \beta \, 0$ notwendig eine natürliche Zahl; ebenso 2 mit $2 \, \beta \, 1$ usf. Das System der natürlichen Zahlen ist also nicht leer, es enthält die Zahlen 1, 2, 3, 4; es ist eindeutig bestimmt, denn irgendein gegebenes n muss entweder nach 1) und 2) notwendig eine natürliche Zahl sein, oder dies ist nicht der Fall, dann ist es keine.

Schliesslich sind die natürlichen Zahlen hierdurch auch widerspruchsfrei definiert, denn es wird nichts Unmögliches verlangt: Nur *wenn* ein Ding n gewisse Eigenschaften hat, dann ist es eine natürliche Zahl, sonst nicht.

Insbesondere wird also nicht verlangt, dass es zu jeder Zahl m eine darauffolgende Zahl n mit $n \, \beta \, m$ geben müsse. Ob es das gibt, das muss ja gerade noch untersucht werden.

Man kann aber jetzt schon Sätze über die natürlichen Zahlen herleiten, und zwar insbesondere den Schluss von n auf $n + 1$, das heisst das Prinzip der vollständigen Induktion; nur muss dieses Prinzip so formuliert werden, dass die Existenz von $n + 1$ nicht schon vorausgesetzt wird. Man kann es so formulieren:

Vollständige Induktion

$\mathfrak{A}(n)$ *sei eine beliebige Aussage über natürliche Zahlen.*

Wenn $\mathfrak{A}(1)$ *gilt und aus der Voraussetzung, dass* $\mathfrak{A}(m)$ *gilt und* n *eine auf* m *folgende natürliche Zahl ist, folgt, dass auch* $\mathfrak{A}(n)$ *gilt, dann gilt* $\mathfrak{A}(n)$ *für alle natürlichen Zahlen* n.

Es wird also nicht gefordert, dass es zu jedem m ein solches n geben müsse. Der Beweis geht so: Man betrachtet die Gesamtheit der Zahlen n, für die $\mathfrak{A}(n)$ richtig ist. Zu dieser Gesamtheit gehört die Zahl 1, und wenn m dazu gehört und n eine natürliche Zahl ist, die auf m folgt, so gehört auch n dazu; also gehören alle diejenigen n dazu, die nach 2) notwendig natürliche Zahlen sind. Dies sind aber nach 3) alle natürlichen Zahlen überhaupt. Also gilt $\mathfrak{A}(n)$ für alle natürlichen Zahlen n.

Nun kommen wir wieder zu der Frage, ob die Zahlenreihe unendlich ist, ob es also zu jeder dieser Zahlen m eine Zahl n gibt, so dass $n \, \beta \, m$ gilt.

Es scheint nun wohl so, als ob dies in der Welt der ideellen Dinge eigentlich selbstverständlich wäre, denn man sieht zunächst keinen Grund, der einen hindern würde, zu jeder Zahl m eine folgende Zahl n anzunehmen.

In Wirklichkeit gibt es aber einen solchen Grund, und dass dies der Fall ist, das sieht man bei der Betrachtung der Ordnungszahlen.

Ich will hier die Ordnungszahlen nur anschaulich erklären; sie sollen ja nur zum Vergleich dienen.

Wenn wir die natürlichen Zahlen anschaulich erklären wollen, dann können wir etwa so sagen: Wir beginnen mit der Zahl 1 und setzen dann hinter jede Zahl, die wir auf diese Weise erhalten, eine neue Zahl. So erhalten wir die Zahlen 1, 2, 3, 4, 5, ..., und dies geht anscheinend immer weiter bis ins Unendliche.

Bei den Ordnungszahlen ist es nun so: Man beginnt hier zweckmässig mit 0, dann kommt 1, und dann setzt man hinter jede Zahlenreihe, die man auf diese Weise erhält, eine neue Zahl.

So erhält man zunächst die endlichen Ordnungszahlen 0, 1, 2, 3, 4, 5 ..., die man gewöhnlich ebenso bezeichnet wie die natürlichen Zahlen.

Hinter diese Reihe der endlichen Ordnungszahlen setzt man dann wieder eine neue Zahl ω, dann $\omega + 1$, $\omega + 2$ usw., hinter alle diese die Zahl $\omega + \omega$, dann $\omega + \omega + 1$ usw., und auch diese Konstruktion kann man anscheinend immer weiter fortsetzen.

In Wirklichkeit geht dies aber nicht, denn hinter die Reihe aller Ordnungszahlen kann man keine neue Ordnungszahl mehr setzen, denn dies wäre doch ein Widerspruch: wenn man schon alle Ordnungszahlen hat, dann gibt es keine neue mehr.

Man kann sogar zeigen, dass es unter diesen Ordnungszahlen eine grösste gibt[1]), also eine bestimmte letzte Ordnungszahl L, und hinter diese Zahl L kann man dann keine weitere Ordnungszahl mehr setzen, weil es eben keine mehr gibt.

Es ist also gar nicht selbstverständlich, dass man hinter jede Zahl eine weitere setzen kann; bei den Ordnungszahlen geht es nicht, es fragt sich, ob es bei den natürlichen Zahlen geht, oder ob es nicht auch da eine grösste gibt.

Um dies zu entscheiden, muss man sich zuerst klarmachen, was der Grund ist, dass man bei den Ordnungszahlen schliesslich nicht mehr weiterkommt. Der Grund liegt nicht einfach in dem Wort «alle»; das ist ein klarer und logisch einwandfreier Begriff. Der eigentliche Grund liegt vielmehr in einem unerfüllbaren Zirkel: Die Konstruktionsvorschrift für die Ordnungszahlen ist zirkelhafter Natur, sie bezieht sich ganz deutlich auf sich selbst, und dieser Zirkel ist eben schliesslich nicht mehr erfüllbar. Es heisst ja in der Vorschrift, man solle hinter jede Zahlenreihe, die man durch eben diese erst zu definierende Vorschrift erhält, eine neue Zahl setzen.

Und wie ist es bei den natürlichen Zahlen? Nun, da ist die Konstruktionsvorschrift genau ebenso zirkelhaft: es heisst doch auch da, man solle hinter jede Zahl, die man durch eben diese erst zu definierende Vorschrift erhält, eine neue Zahl setzen; auch das könnte unmöglich sein. Auch bei der früheren Definition der natürlichen Zahlen kommt das $Z(m)$ in der Definition von $Z(n)$ schon vor. Dieser Zirkel lässt sich nicht einfach wegschaffen.

Wenn man nun diesen Zirkel nicht wegschaffen kann, dann muss man eben zeigen, dass er bei den natürlichen Zahlen unschädlich ist. Aber auch das ist nicht so einfach; man muss sich erst klarmachen, wann ein solcher Zirkel etwas schaden kann, und dazu muss man ein allgemeineres System von Dingen untersuchen als das der natürlichen Zahlen, nämlich ein solches, in dem der Schaden wirklich auftritt. Man könnte

---

[1]) Vgl. *Les Entretiens de Zurich 1938*, Zürich 1941, S. 177.

die Ordnungszahlen nehmen; besser ist aber ein noch allgemeineres System, das der reinen Mengen, deren Elemente nur wieder reine Mengen sind.

Ich will jetzt genauer erklären, was wir unter einer reinen Menge oder kurz unter einer *Menge* verstehen wollen. Wie gesagt, ist es eine Verallgemeinerung der natürlichen Zahlen. Der Unterschied ist im wesentlichen nur der, dass eine natürliche Zahl immer nur *einen* Vorgänger hat, während eine Menge beliebig viele Vorgänger haben kann. Für eine Menge M kann also auch für $a \neq b \neq c$ gelten $M \beta a$, $M \beta b$, $M \beta c$ usw., wobei diese Dinge a, b, c usw. auch wieder Mengen sein sollen. Die «Vorgänger» nennt man dann die *Elemente* von M und schreibt $M = \{a, b, c, \ldots\}$. Dies erklärt auch den Namen «Menge»; in Wirklichkeit sind aber die Mengen auch nur ideelle Dinge, welche durch die β-Beziehung mit ihren Elementen verknüpft sind.

Die genaue Definition der Mengen lautet nun so:

Definition

Die Mengen sind ideelle Dinge, die durch eine Grundbeziehung β miteinander verknüpft und allein durch diese Grundbeziehung festgelegt sind. Dabei soll noch folgendes gelten:

a) *Jede Menge bestimmt ihre Elemente, das heisst die Mengen, zu denen sie die Beziehung β besitzt.*

Wenn also eine Menge gegeben ist, so sind auch ihre Elemente gegeben. Es gilt aber nicht das Umgekehrte; wenn bestimmte Mengen gegeben sind, dann braucht es nicht eine Menge zu geben, welche gerade diese Mengen als Elemente besitzt; das darf man nicht verlangen.

Eine weitere Forderung bezieht sich auf die *Identität* von Mengen:

b) *Die Mengen M und N sind identisch immer, wenn möglich.*

Also immer dann, wenn die Annahme, dass die Mengen M und N identisch sind, keinen Widerspruch enthält, soll $M = N$ sein.

Wenn also zum Beispiel $I = \{I\}$ und $K = \{K\}$ gesetzt wird, so folgt $I = K$. Man könnte sagen, das ist selbstverständlich, denn die Mengen I und K unterscheiden sich tatsächlich nicht, dann darf man auch nicht festsetzen, dass sie verschieden sind, das wäre ein Widerspruch. Es gibt aber Fälle, wo diese Entscheidung nicht so einfach ist; deshalb wird b) gefordert.

Es ist noch eine weitere Bedingung nötig, nämlich

c) *M ist Menge immer, wenn möglich.*

Es könnte sonst sein, dass es gar keine Mengen gibt. Also immer, wenn die Annahme, M sei eine Menge, keinen Widerspruch enthält, dann soll M eine Menge sein.

Es folgt nun, dass es Mengen gibt. Zum Beispiel die Null ist die Nullmenge, die kein Element besitzt; die natürliche Zahl 1 ist die Menge, die 0 als Element enthält, 2 enthält 1 als Element usw.; also die natürlichen Zahlen sind bestimmte Mengen.

Das System aller Mengen ist also nicht leer; es ist eindeutig und widerspruchsfrei festgelegt, denn es wird wieder nirgends etwas Unmögliches verlangt; nur *wenn* ein Ding gewisse Eigenschaften hat, dann ist es eine Menge.

Es gibt aber Fälle, wo es zu gegebenen Elementen keine zugehörige Menge gibt. So zum Beispiel, wenn man alle Mengen betrachtet, die sich nicht selbst enthalten, also alle Mengen N, für die $N \beta N$ nicht gilt, so gibt es keine Menge, die alle und nur diese Mengen N enthält, denn sie müsste sich selbst enthalten, wenn sie sich nicht enthält, und dürfte sich nicht enthalten, wenn sie sich enthält. Der Grund, warum diese Menge nicht existiert, ist also wieder ein unerfüllbarer Zirkel in der Definition der Menge.

Es kann aber sein, dass eine zirkelhaft definierte Menge doch existiert; zum Beispiel die Menge aller Mengen enthält sich selbst und alle anderen Mengen, hier ergibt sich kein Widerspruch, diese Menge existiert, sie ist aber zirkelhafter Natur.

Es gibt aber auch Mengen, die zirkelfrei definiert sind, so zum Beispiel die Nullmenge 0, die 1, die 2. Hier tritt bei der Definition keinerlei Zirkel auf; dies sind explizite Definitionen.

Es kommt nun darauf an, diese beiden Fälle gut voneinander zu unterscheiden. Welches sind die zirkelfreien und welches die zirkelhaften Mengen?

Hier ergibt sich aber wieder eine Schwierigkeit: Diese Unterscheidung kann nicht explizit, also nicht in zirkelfreier Weise gegeben werden. Wäre dies nämlich möglich, dann könnte auch die «Menge aller zirkelfreien Mengen» explizit, also zirkelfrei erklärt werden, sie wäre dann selbst eine zirkelfreie Menge, aber als solche müsste sie sich selbst enthalten, und eine sich selbst enthaltende Menge können wir doch nicht als zirkelfrei bezeichnen.

Diese Unterscheidung zwischen zirkelfreien und zirkelhaften Mengen kann also nur durch eine implizite Definition gegeben werden; hier kommt man mit einfachem Konstruieren nicht weiter. Um nicht an die anschauliche Vorstellung gebunden zu sein, schreiben wir «z-frei» an Stelle von «zirkelfrei» und definieren:

I. *Eine Menge ist z-frei, wenn ihre Elemente z-frei sind und sie selbst nicht vom Begriff «z-frei» abhängt.*

20   II. *Eine Menge ist z-frei nur, wenn notwendig.*

Eine Menge ist vom Begriff «z-frei» unabhängig, wenn sie sich auf Grund ihrer Definition nicht ändert, gleichgültig, welche Mengen als z-frei bezeichnet werden. Mit andern Worten: Man macht zunächst die Annahme, irgendwelche gegebene Mengen seien z-frei und die andern nicht. Solange noch nicht feststeht, welche Mengen z-frei sind, ist diese Annahme zulässig. Wenn dann eine Menge M auf Grund ihrer Definition unabhängig von dieser Annahme eindeutig festliegt, dann ist sie vom Begriff «z-frei» unabhängig.

Die «Menge aller z-freien Mengen» ist vom Begriff «z-frei» abhängig, denn sie ändert sich nach dieser Definition, sobald man neue Mengen als z-frei bezeichnet. Wird keine Menge als z-frei bezeichnet, dann ist es die Nullmenge; werden alle als z-frei bezeichnet, dann ist es die Menge aller Mengen. Die Menge kann aber auch nicht auf andere Weise ohne diesen Begriff definiert werden, denn sonst wäre sie z-frei und müsste sich selbst enthalten, was, wie sich zeigen wird, nicht sein kann. Aber die Nullmenge ist vom Begriff «z-frei» unabhängig, weil man sie als «Menge ohne Elemente» definieren kann, ohne diesen Begriff zu verwenden; dies bleibt immer dieselbe Menge.

Es mag auffallen, dass es Mengen gibt, die von einem bestimmten Begriff abhängen, die man also nicht definieren kann, ohne diesen Begriff zu Hilfe zu nehmen. Dass es das aber gibt, zeigt sich schon an einem andern Beispiel: Die «Menge aller Mengen» ist vom Begriff «alle» abhängig. Wenn man nämlich diese Menge definieren könnte, ohne den Begriff «alle» zu verwenden, dann könnte es keinen Widerspruch ergeben, wenn man noch weitere Mengen bilden wollte, und das darf doch nicht sein.

Ich will jetzt zeigen, dass eine z-freie Menge sich nicht selbst enthalten kann. Dies folgt aus der Forderung II. Wenn nämlich M sich selbst enthält, also $M \beta M$ gilt, dann kann man die Menge M zunächst als z-haft, das heisst als nicht z-frei bezeichnen. Dann enthält sie nicht nur z-freie Elemente, sie muss also nach I nicht z-frei sein, und nach II ist sie es auch nicht. Also: *Jede sich selbst enthaltende Menge ist z-haft.*

Aber die natürlichen Zahlen sind z-frei. Dies ergibt sich mit dem Induktionsprinzip: 0 und 1 sind z-freie Mengen. Wenn $n = \{m\}$ ist und m ist z-frei, dann ist auch n z-frei, denn n enthält nur ein z-freies Element und ist vom Begriff «z-frei» unabhängig. Also sind alle natürlichen Zahlen z-frei.

Dass jede natürliche Zahl von allen ihr vorangehenden verschieden ist, folgt schon aus den Forderungen 2) und 3).

Nun ist aber immer noch nicht bewiesen, dass es unendlich viele Zahlen gibt, dass es also zu jeder Zahl m eine Zahl $n = \{m\}$ gibt. Da die natürlichen Zahlen z-freie Mengen sind, genügt es, allgemeiner zu zeigen, dass es zu jeder z-freien Menge M eine Menge N gibt, die sie als einziges Element enthält: $N = \{M\}$.

Dazu will ich zuerst einen scheinbar komplizierteren, in Wirklichkeit aber einfacheren Fall betrachten, um zu zeigen, wie man nun eine solche Existenz in nichttrivialen Fällen beweisen kann. Ich will zeigen, dass die Menge aller z-freien Mengen existiert.

Sie werde mit U bezeichnet. Die Annahme, U sei selbst eine z-freie Menge, führt zu einem Widerspruch, denn dann müsste sie sich selbst enthalten, und das geht nicht. Nun mache ich die Annahme, U sei eine z-hafte Menge. Diese Annahme enthält keinen Widerspruch, denn erstens ist dann U tatsächlich eine neue, von allen gegebenen verschiedene Menge, denn die gegebenen sind ja alle z-frei, und zweitens ist U auch nach Definition z-haft, nämlich vom Begriff «z-frei» abhängig, denn sonst könnte es nicht zu einem Widerspruch führen, wenn man U nachträglich als z-frei bezeichnet. Wenn aber die Annahme, dass U eine z-hafte Menge ist, keinen Widerspruch enthält, dann ist sie erfüllt, und U existiert also.

Genau so folgt nun aber allgemeiner:

Wenn die Annahme, eine Gesamtheit V von z-freien Mengen bilde eine z-freie Menge, zu einem Widerspruch führt, dann bildet V eine z-hafte Menge.

Zum Beweis braucht man oben nur U durch die zu V gehörige Menge zu ersetzen.

Dieser Satz wird nun angewendet auf die Gesamtheit, die aus der einen z-freien Menge M besteht:

Wenn die Annahme, diese Gesamtheit bilde eine z-freie Menge, zu einem Widerspruch führen würde, dann würde sie eine z-hafte Menge bilden. Das tut sie nun aber nicht, denn die Menge $N = \{M\}$ ist nicht z-haft, sie enthält ja nur z-freie Mengen und ist selbst nicht vom Begriff «z-frei» abhängig. Also ist die gemachte Annahme falsch, und die Annahme, dass N eine z-freie Menge ist, kann keinen Widerspruch enthalten. Daraus folgt aber, dass N existiert, und damit ist bewiesen, dass es zu jeder natürlichen Zahl eine folgende gibt, dass also die Zahlenreihe unendlich ist.

Um noch ein Bild zu gebrauchen, ist es also so: Das Unendliche ist einem zunächst verschlossen. Wenn man es haben will, dann muss man es aufschliessen. Dazu braucht man einen Schlüssel, und diesen Schlüssel muss man umdrehen. Dieses Umdrehen bedeutet aber einen Zirkel. Wenn man einen solchen erfüllbaren Zirkel nicht zulässt, dann bekommt man das Unendliche eben nicht. Wenn man dies aber zulässt, dann bekommt man es.   P. FINSLER, Zürich.

FÜR UND GEGEN DEN PLATONISMUS IN DER MATHEMATIK.
EIN GEDANKENAUSTAUSCH

DER PLATONISCHE STANDPUNKT
IN DER MATHEMATIK

Einem Vertreter der klassischen Mathematik, Herrn R. Nevanlinna,
zum 60. Geburtstag gewidmet.

In den interessanten Ausführungen des Herrn A. Wittenberg
« Über adäquate Problemstellung in der mathematischen Grundlagenforschung » *(Dialectica 27)* und in der daran anschliessenden
Diskussion *(Dialectica 30)* wird in klarer Weise eine bestimmte
Auffassung der Mathematik beschrieben, die als naiver oder
unbedenklicher Platonismus, als inhaltliche oder theologische, als
platonistische oder klassische Auffassung und bei E. Specker
(Dialectica 31) als « an-sich »-Auffassung bezeichnet wird. So
heisst es zum Beispiel in der Antwort des Herrn Wittenberg, dass
diese klassische Auffassung wesentlich die Meinung umfasst, « dass
diese Konzeption *objektive Verhältnisse* erfasst, dass sie selber
einen Sachverhalt schildert, der als solcher unserer Verfügungs-
gewalt entzogen bleibt ». Dieser « platonische Standpunkt » wird
aber, wenn auch mit Bedauern, abgelehnt. Weshalb? In erster
Linie wegen der Antinomien!

Muss man sich also immer noch durch die Antinomien ins
Bockshorn jagen lassen? Glaubt man immer noch an Gespenster?
Glaubt man immer noch, dass irgendwo ein Widerspruch herauskommen könnte, wo man ihn nicht hineingelegt hat? Wenn tatsächlich die Antinomien die platonistische Auffassung unmöglich
machen würden, dann müsste man doch wenigstens eine einzige
Antinomie angeben können, die sich bei dieser Auffassung nicht
in vernünftiger Weise erklären liesse. *Welche Antinomie ist das?*
Eine genaue und begründete Antwort auf diese Frage würde mich
sehr interessieren; es ist mir nämlich seit Jahrzehnten keine solche
Antinomie bekannt.

Tirage à part *Dialectica*
Vol. 10 No 3 - 15. 9. 1956

Herr Bernays bezeichnet allerdings die Frage, inwieweit sich die mengentheoretischen Antinomien aus dem Platonismus als notwendig ergeben, als sehr prekär und hält es für wahrscheinlich, dass eine revidierte Form der platonistischen Auffassung gewonnen werden kann, die nicht zu den Antinomien führt. Dabei braucht man aber wohl nicht an eine so « ausserordentlich radikale Revision » dieser Auffassung zu denken, wie es Herr Wittenberg in seiner Antwort tut, und meines Erachtens braucht man diese revidierte Form auch gar nicht erst zu suchen, sie ergibt sich vielmehr in sehr einfacher Weise. Zu glauben, dass viele Mengen immer gleich einer Menge sein oder wenigstens immer eine Menge bilden müssten, das ist doch die einzige Naivität, die man ablegen muss, um den « naiven » Platonismus zu einem vernünftigen zu machen. Wenn man einfach viele Dinge unbedenklich als ein Ding betrachtet, so braucht man sich nicht zu wundern, wenn sich daraus weitere Widersprüche herleiten lassen, denn es ist ein wesentlicher Unterschied, ob eine Menge viele Elemente enthält oder nur eines. Aber auch die Annahme, dass es zu vielen Mengen immer eine Menge geben müsse, die gerade sie als Elemente enthält, ist, wie Beispiele zeigen, objektiv falsch ; sie muss aber auch durch eine platonische Auffassung keineswegs gefordert werden. Die Verhältnisse sind eben in der Mengenlehre tatsächlich so, dass diese Annahme nicht erfüllt ist, und es gibt keinen triftigen Grund, trotzdem an dieser Annahme festzuhalten.

Den kritischen Bemerkungen des Herrn Wittenberg stimme ich sonst im ganzen durchaus zu und möchte nur der Deutlichkeit halber einige Punkte erwähnen, wo sich Abweichungen ergeben.

So wird man nach dem eben Ausgeführten nicht sagen können, dass sich die Antinomien « als unausweichliche Folge aus dem angeführten naiv-platonischen Standpunkte » ergaben ; es sollte wohl heissen, « als *scheinbar* unausweichliche Folge ». Weiter ist die Behauptung, dass es zwar die Menge der Zahlen der zweiten (transfiniten) Zahlklasse gibt, aber nicht die Menge aller transfiniten Ordinalzahlen, ebensowenig dogmatischen Charakters wie die Behauptung, dass 17 eine Primzahl ist und 15 nicht. Es sind dies einfach Tatsachen. Dass man diese Tatsachen im einen Fall weniger leicht einsehen kann als im andern, spielt dabei keine

Rolle. Wenn es richtig wäre, dass wir über keinerlei Kriterien für eine Beantwortung solcher Fragen verfügen, wie kommt es dann, dass dies nicht für die ganze Mengenlehre gilt, dass nicht in der ganzen Mengenlehre eine vollkommene Anarchie herrscht? Wie kommt es, dass auch derjenige Theorie der transfiniten Ordinalzahlen treiben kann, der von der Nichtexistenz des Aktualunendlichen überzeugt ist? Blosse Konstruierbarkeitskriterien reichen für die Mengenlehre nicht aus; zudem können Konstruktionsvorschriften unausführbar werden und so zu Widersprüchen führen. Gelten aber die Kriterien der Wahrheit und der Widerspruchsfreiheit nichts?

Wenn Herr Bernays bemerkt, dass durch die Strittigkeit der Grundlagen der Stand der mathematischen Ergebnisse keineswegs fortdauernd in der Schwebe bleibe, so wird man dem wohl zustimmen können. Aber wiederum, wie kommt das? Der Grund ist doch wohl der, dass man in der eigentlichen mathematischen Forschung eben weiss, was richtig und was falsch ist, und zwar in objektiver Weise, ohne jedes besondere Kriterium und ohne jede Kodifikation. Warum wendet man dieses Wissen nicht auch auf die Grundlagen und im besonderen auf die Mengenlehre an? Jede Kodifikation ist freilich ein Dogmatismus, solange sie nicht durch eine wirkliche Einsicht gestützt wird.

Beim elementaren Rechnen kennt man das Verbot, durch Null zu dividieren. Es ist dies kein Dogma und keine willkürliche Einschränkung, sondern eine wohlbegründete Regel, deren Nichtbeachtung leicht zu Fehlern, also zu Widersprüchen führt.

Das naive Operieren mit unendlich kleinen Grössen hat sich bei der Entwicklung der Infinitesimalrechnung als sehr nützlich erwiesen. Trotzdem muss es heute abgelehnt werden, weil es sich gezeigt hat, dass diese Grössen mit den gewünschten Eigenschaften nicht einwandfrei definiert werden können, dass es sie also nicht gibt.

Das naive Rechnen mit imaginären Zahlen hat sich ebenfalls als sehr nützlich erwiesen. In diesem Fall konnte dieses Rechnen trotz mancherlei Bedenken beibehalten werden, weil es sich gezeigt hat, dass die imaginären Zahlen widerspruchsfrei definiert werden können, dass sie also tatsächlich existieren. Es genügt dabei, dass die Definition der Zahlen selbst widerspruchsfrei ist, und man braucht dann nicht zu befürchten, dass bei hinreichend langem Operieren sich vielleicht doch ein Widerspruch einstellen könnte.

Das naive Operieren mit Mengen hat zu Widersprüchen geführt und musste deshalb verbessert werden. Es genügt aber auch hier, die Mengen ohne willkürliche Einschränkung widerspruchsfrei zu definieren, und man braucht dann keine Antinomien mehr zu befürchten.

Der Versuch, trotzdem noch solche zu konstruieren, scheint mir von derselben Art zu sein, wie der Versuch, die Quadratur des Kreises zu lösen. Eine wirkliche Antinomie würde doch bedeuten, dass etwas, das ist, zugleich auch nicht ist, und das ist doch ungereimt. Mit Fehlschlüssen kommt man natürlich in beiden Fällen leicht zum Ziel, und es fragt sich dann nur, ob man die Fehlschlüsse als solche einsieht oder zugibt.

Ein instruktives Beispiel gibt Herr Specker in seiner Antritts- vorlesung *(Dialectica 31)*. Er betrachtet die Menge Q derjenigen Mengen, die sich zwar nicht selbst als Element enthalten, wohl aber Element einer andern Menge sind, und meint, dass hier ein Widerspruch nicht zustande komme. Es kann dann aber keine Allmenge geben, deren Annahme « für sich allein » auch zu keinem Widerspruch führt. Es wird sodann gefolgert, dass aus der Wider- spruchsfreiheit der Annahme der Existenz einer Menge nicht auf die Existenz geschlossen werden dürfe.

Es sieht hier also so aus, als ob man nach Belieben entweder die Menge Q oder aber die Allmenge als existierend betrachten könne, aber nicht beide zugleich. Die « Existenz » soll aber hier doch wohl nicht die Zugehörigkeit der Menge zu einem bestimmten Modell einer willkürlich eingeschränkten Mengenlehre bedeuten, sondern eine Existenz im absoluten Sinn, das heisst im Bereich aller möglichen Mengen. Die « möglichen » Mengen sind aber die widerspruchsfreien, also gerade diejenigen, bei denen die Annahme der Existenz keinen Widerspruch enthält. Dann kann jedoch die Existenz einer Menge nicht von unserer Willkür abhängen, also nicht davon, ob wir eine andere Menge als existierend annehmen oder nicht. Es fragt sich also, ob die Menge Q existiert oder die Allmenge.

Die Allmenge ist dadurch definiert, dass ihr jede Menge als Element angehören soll. Dass man aus dieser Forderung nicht schliessen kann, dass irgendeine Menge nicht der Allmenge als Element angehört, das dürfte doch wohl klar sein. Dies bedeutet aber, dass die Definition der Allmenge keinen Widerspruch enthält, sofern nur der Mengenbegriff selbst widerspruchsfrei ist und jede widerspruchsfrei definierte Menge zugelassen, also die Allmenge nicht willkürlich ausgeschlossen wird. Im Bereich aller möglichen Mengen muss daher die Allmenge existieren.

Anders ist es jedoch bei der Menge Q. Da jede Menge Element der Allmenge ist, bedeutet Q die « Menge aller sich selbst nicht enthaltenden Mengen », die aber widerspruchsvoll definiert ist und daher nicht existiert.

Es stimmt nicht, dass die Annahme der Menge Q « für sich allein » keinen Widerspruch enthält. Wenn in einem bestimmten Gebiet auf der Erde alle Menschen schwarz sind, so folgt daraus nicht, dass die Behauptung « alle Menschen sind schwarz » widerspruchsfrei ist. Da es Menschen gibt, die nicht schwarz sind, ist die genannte Behauptung falsch, also widerspruchsvoll. Ebenso kann es zwar ein Modell einer eingeschränkten Mengenlehre geben, in dem keine Allmenge, dafür aber eine auf dieses Modell bezogene Menge Q vorkommt. Daraus folgt jedoch nicht, dass die Definition von Q für sich allein, also ohne eine solche Bezugnahme widerspruchsfrei ist, sie steht vielmehr in Widerspruch mit der allgemeinen Definition einer Menge. Ich sehe also nicht, wie man ehrlicherweise die Existenz der Menge Q behaupten oder die der Allmenge ablehnen kann.

Eine widerspruchsfreie Definition der Mengen habe ich in den *Elementen der Mathematik*, Band 9, 1954, Seite 33, angegeben. Es sind von G. Kreisel (*Math. Reviews*, 15, 1954, S. 670) Einwände dagegen erhoben worden, die aber eben auf dem Missverständnis beruhen, dass die Mengenlehre ein Formalismus sein müsse anstatt einer inhaltlichen Theorie. So ist es nicht richtig, dass alle Operationen der Mengenlehre, wie sie etwa bei Ackermann (*Math. Annalen*, 114, 1937, S. 305-315) zu finden sind, zugelassen werden; im Bereich der zirkelfreien Mengen sind diese Operationen ausführbar, also auch zugelassen, im Bereich aller Mengen sind sie

aber nicht immer möglich und deshalb auch nicht immer zugelassen. Auch das Auswahlaxiom ist für die zirkelfreien Mengen
erfüllt (*Math. Zeitschrift*, 25, 1926, S. 709), aber nicht für beliebige
Mengen (*Les Entretiens de Zurich*, 1941, S. 172). Die Existenz der
zweiten Zahlklasse ergibt sich ganz analog wie die der Reihe der
natürlichen Zahlen (*Elemente der Mathematik*, 9, 1954, S. 29-35).

Wenn es bei G. Kreisel weiter heisst : « but for general M and N,
$M = M'$, $N = N'$ may separately be consistent, though $M' = N'$ is
refutable », so ist hier jedenfalls noch $M = N$ gemeint. Wenn es
also « Logiken » gibt, in denen die aus der Identifizierbarkeit
hergeleitete Beziehung der Identität nicht transitiv ist, so werden
diese doch wohl für eine exakte Wissenschaft kaum sehr brauchbar
sein. Wenn man aber in der inhaltlichen Logik festsetzt, dass zwei 22
Mengen immer, wenn möglich, identisch sind, dann bedeutet dies,
dass die Mengen M und N identisch sind, wenn sie bis auf die
unwesentliche Bezeichnung genau dieselben Eigenschaften besitzen,
das heisst genauer ausgedrückt, wenn die Annahme, dass sie
dieselben Eigenschaften besitzen, keinen Widerspruch enthält.
Dann folgt aber aus $M = N$, $M = M'$, $N = N'$ auch $M' = N'$, da eben
die Widerspruchsfreiheit nicht in formalem, sondern in absolutem
Sinn zu verstehen ist und sich deshalb nicht plötzlich daraus doch
ein Widerspruch ergeben kann.

Herr P. Lorenzen meint im *Zentralblatt 55* (1955), Seite 46 im
Hinblick auf die Existenz der Zahlenreihe, dass ihm viele Einzel-
heiten der Beweisführung nicht zwingend erscheinen. Es wäre hier
wohl von Interesse, den Grund dafür wenigstens für eine solche
Einzelheit kennenzulernen.

WARUM KEIN PLATONISMUS?

Eine Antwort an Herrn Prof. Finsler

von Alexander WITTENBERG, Quebec

Eines sei vorausgeschickt: wenn wir könnten, wären wir Mathematiker fast alle Platonisten. Die platonistische Auffassung, — die Auffassung, dass die mathematischen Entitäten, zum Beispiel die Zahlen, ebenso ihre Eigenschaften besitzen, wie, sagen wir, die Elefanten, und dass also der Satz «jede Zahl besitzt Primteiler» ebensowohl die Feststellung einer bestehenden Tatsache ist wie der Satz «jeder Elefant besitzt einen Rüssel» — diese Auffassung ist die dem Mathematiker geläufige und natürliche, und sie besticht ebensosehr durch ihre Schönheit wie durch den einfach-klaren Standpunkt, den sie uns (auf erste Sicht) der Mathematik gegenüber verschafft. Niemand wird diesen Standpunkt leichthin preisgeben.

Taten es viele Mathematiker angesichts der Grundlagenschwierigkeiten dennoch, so nicht ohne schwerwiegende Gründe. Diese erschöpfen sich nicht in den Antinomien; die Antinomien waren im Grunde vielmehr das Alarmsignal, das den Mathematikern zwingend ins Bewusstsein rief, wie spekulativ gewisse Zweige der Mathematik geworden waren, und wie weit diese sich in Regionen vorgewagt hatte, in denen die Sinnfülle ihrer Aussagen nicht mehr ohne weiteres feststand [1].

Immerhin darf die Bedeutung der Antinomien nicht unterschätzt werden. Wenn Herr Finsler schreibt «es ist mir seit Jahrzehnten keine Antinomie bekannt, die sich bei dieser [platonistischen] Auffassung nicht in vernünftiger Weise erklären liesse», so muss doch darauf hingewiesen werden, dass sehr zahlreiche

---

[1] Vgl. hierzu die ausführliche Diskussion im ersten Teil meiner Dissertation: *Vom Denken in Begriffen — Mathematik als Experiment des reinen Denkens*, Birkhäuser, Basel, 1957.

andere namhafte Mathematiker diese Meinung nicht teilen. Ja, ein grosser Teil der modernen Untersuchungen über die Grundlagen der Mathematik wäre wohl überhaupt unterblieben, wenn es gelungen wäre die Antinomien in eindeutiger Weise auf fehlerhafte Überlegungen zurückzuführen. Es kommt gelegentlich in den klassischen Gebieten der Mathematik vor, dass eine fehlerhafte mathematische Arbeit erscheint. Eine solche schafft aber nie nennenswerte Verwirrung, da die Feststellung des Fehlers sofort Einmütigkeit der Fachleute schafft. — Bei den Antinomien ist die Situation eine ganz andere, da in Bezug auf die Beurteilung der Antinomien unter den Mathematikern keinerlei Einigkeit herrscht.

Dieser Umstand ist keineswegs nebensächlich. Man darf nicht vergessen, dass die Einmütigkeit, der « consensus », der Fachleute letzten Endes das einzige *konkrete*, das heisst *effektive* Wahrheitskriterium der Mathematik ist. Die Möglichkeit der Mathematik als Wissenschaft beruht letzten Endes auf der empirisch feststehenden Tatsache, dass sich in der Beurteilung der Zulässigkeit und Richtigkeit mathematischer Überlegungen Übereinstimmung bei allen denen einstellt, die diese Überlegungen auf Grund angemessener Einsicht verfolgen. Wäre dem nicht so, so gäbe es keine Mathematik.

Nun steht fest, dass in bezug auf die Antinomien keine solche Einmütigkeit herrscht. Dann verbergen sich aber jedenfalls hinter ihnen nicht « Fehler » im gewöhnlichen mathematischen Sinne.Die Problematik der Antinomien lässt sich jedenfalls also nicht einfach abschütteln.

*   *   *

Nach der Auffassung des Platonismus bestehen « an sich » die mathematischen Gegenständlichkeiten, und uns ist in unzweideutiger Weise, dank einer Art himmlischer Erleuchtung, bekannt, wie wir vorgehen dürfen, um die Eigenschaften jener Gegenständlichkeiten zu erforschen. (Es wird nicht immer genug beachtet, dass der Platonismus auch eine Meinung über gewisse Fähigkeiten und Kenntnisse unseres Geistes umfasst.) — Eine Feststellung, die sehr bald zum Gegenstand des mathematischen

Interesses wird, ist dabei die der « Existenz » oder « Nicht-Existenz »
eines mathematischen Dinges. (Zum Beispiel stellt man fest, dass
keine rationale Zahl — also kein Bruch — existiert, deren Quadrat
gleich 2 wäre.)

Der Kern der Schwierigkeiten, die die Antinomien der platonischen Auffassung bereiten, liegt nun darin, dass sie uns in einen
Zwiespalt bezüglich der Existenz gewisser Entitäten aus der
mathematischen Mengenlehre stürzen : einerseits sehen wir uns
genötigt, diese Entitäten (zum Beispiel die Menge aller transfiniten
Ordinalzahlen) zu « bilden », also deren Existenz zu *bejahen*.
Andererseits sind diese Entitäten in Widersprüche verwickelt,
sodass deren « Existenz » zu *verneinen* ist. Es entsteht so ein
Dilemma.

Will man die platonistische Auffassung beibehalten, so muss
für jede strittige Menge eine *Entscheidung* bezüglich ihrer Existenz
gefällt werden können. Diese Entscheidung darf nicht *willkürlich*
sein ; sonst entsteht ein Standpunkt, der dogmatisch statt wissen-
schaftlich ist.

Da man die einfachen logischen Überlegungen, auf Grund derer
gewisse Mengen zu Widersprüchen führen, nicht verbieten kann
(will man nicht völlig willkürliche Einschränkungen der Logik in
Kauf nehmen), so muss man, für eine befriedigende « platonistische »
Aufklärung der Antinomien, auf die Nichtexistenz der problema-
tischen Mengen schliessen können. Man ist natürlich versucht,
zu diesem Zwecke von den Antinomien selber auszugehen, das
heisst (ähnlich wie in den üblichen mathematischen Überlegungen)
aus der Tatsache, dass eine Menge auf einen Widerspruch führt,
auf die Nichtexistenz dieser Menge zu schliessen. Geht man so vor,
so verschliesst man aber vor dem Wesentlichen die Augen ; das
Antinomische liegt ja gerade darin, dass dem Widerspruch (der
die Nichtexistenz der Menge zu zeigen scheint) andere Überlegungen gegenüberstehen, die zur Bejahung dieser selben Existenz
führen müssen. (Zudem haben viele Grundlagenforscher darauf
hingewiesen, dass gar nicht eindeutig erklärt ist, was es heissen
soll, dass eine hypothetische Menge zu einem Widerspruch führt.)

Es entsteht unter anderem eine wesentlich erkenntnistheore-
tische Problematik, wenn man die Existenz gewisser Mengen

leugnen will : Man muss dann erklären — wie es auch Herr Finsler tut — dass gewisse Mengen ihrerseits keine Menge bilden : « die Annahme, dass es zu vielen Mengen immer eine Menge geben müsse, die gerade sie als Elemente enthält, ist, wie Beispiele zeigen, objektiv falsch ». Damit wird stillschweigend angenommen, dass es eine *besondere Eigenschaft* von Mengensystemen ist, wiederum eine Menge zu bilden (eine Annahme, die heute besonders in der axiomatischen Mengenlehre gang und gäbe ist.) Das « eine Menge-bilden » wird damit zu einer gewöhnlichen mathematischen Eigenschaft, etwa vergleichbar der Eigenschaft eines Systems von Strecken in der Ebene, einen geschlossenen Streckenzug zu bilden.

Dies trägt aber der Rolle des Mengenbegriffes in unserem mathematischen Denken keine Rechnung. Dieser Begriff drängte sich auf, nicht weil eine besondere Eigenschaft von Gesamtheiten mathematischer Dinge entdeckt worden wäre, sondern weil, in gewissen Zusammenhängen, vorliegende Dinge *hinsichtlich ihrer Gesamtheit betrachtet* werden müssen — ohne dass dies eine besondere Eigenschaft dieser Dinge bedeutete. Will man dies, mit Herrn Finsler und anderen, in gewissen Fällen verbieten, so stellt sich die Frage, ob man es verbieten *kann*. Und dies ist tatsächlich nicht der Fall, wie aus den eigenen Ausführungen von Herrn Finsler ganz deutlich hervorgeht.

Um dies einzusehen, können wir an die instruktiven Beispiele anknüpfen, die Herr Specker in seiner Antrittsvorlesung *(Dialectica 31)* anführt. Er weist dort auf den Unterschied zwischen einer Feststellung wie « die Schafherde grast » — die in verkappter Form eine Feststellung über jedes einzelne Schaf der Herde ist — und einer solchen wie « die Schafherde ist zahlreich », die *nur* eine Eigenschaft der Gesamtheit ist, hin. Betrachten wir, im Anschluss hieran, die Eigenschaft von Mengen, « keine Menge zu bilden ». *Wovon* ist dies eine Eigenschaft ? — Offenbar ist es nicht eine Eigenschaft der einzelnen Mengen, aus denen ja die verschiedensten Mengen gebildet werden können. Es ist vielmehr eine Eigenschaft der *Gesamtheit* derselben. Über diese spricht also Herr Finsler in seiner Diskussion ; auch er sieht sich hier also genötigt, « viele Dinge unbedenklich als ein Ding » zu betrachten. Sein Verzicht ist nur scheinbar.

Es ist die Redensart vom « Bilden » einer Menge, die hier stark irreführend wirkt ; denn sie suggeriert uns, dass wir ein neues Ding *schaffen* oder konstruieren, ihm gleichsam Leben einhauchen, wenn wir vorher betrachtete Dinge neuerdings auch hinsichtlich ihrer Gesamtheit betrachten. In Wirklichkeit handelt es sich aber nur um einen Wechsel der Betrachtungsweise. — Denken wir, um dies zu verdeutlichen, an das Beispiel der natürlichen Zahlen! Haben wir die Zahlen von 1 bis 1000 betrachtet, so *bilden* wir nicht neu die Zahl 10^{100}, wenn wir diese in den Kreis unserer Betrachtungen einbeziehen. Sie ist vielmehr durch diese Betrachtungen — das heisst durch den Begriff der natürlichen Zahl — bereits gewissermassen *vorbestimmt*, und es steht uns nicht mehr frei, sie abzulehnen oder zu akzeptieren. Entdeckten wir nachträglich, dass sie zu einem Widerspruch führt, so könnten wir uns nicht einfach aus der Affäre ziehen, indem wir sie als nicht-existent dekretierten. — Ähnlich steht es mit dem Begriff der Menge. Lassen wir uns überhaupt auf diesen Begriff und die zugehörigen Denkweisen ein, so können wir sie nicht einfach dort von uns weisen, wo sie uns nicht mehr passen.

* * *

Prinzipiell kommt hier der Umstand zur Geltung, dass der Mengenbegriff in unserem Denken eine ganz andere Rolle spielt als solche Begriffe wie « Gerade », « reelle Zahl » oder dergleichen. Reelle Zahlen und Geraden sind lediglich *Gegenstände* unserer mathematischen Untersuchungen. Mengen sind aber nicht nur *Gegenstand* der Untersuchung ; zugleich gehört der Mengen*begriff*, beziehungsweise die mit ihm verknüpfte Denkweise des « als eine Gesamtheit Betrachten », zu jenem primären geistigen Instrumentarium, das wir für unser mathematisches Denken nicht zu entbehren vermögen. Was wir überhaupt betrachten, müssen wir auch hinsichtlich seiner Gesamtheit betrachten können. Dies ist letzten Endes der Umstand, der es uns unmöglich macht, im Rahmen eines inhaltlichen Denkens eine Trennung zwischen « legitimen » und « nicht-legitimen » Mengenbildungen durchzuführen, und der uns immer wieder zum Narren hält, wenn wir es doch versuchen.

Tatsächlich verbirgt sich hinter den Antinomien und den mit ihnen verknüpften Schwierigkeiten weit mehr als ein bloss mathematisches Problem. Hinter ihnen steht eine echte Problematik unseres begrifflichen Denkens. Dies verleiht ihnen ihre eigentliche Bedeutung; zugleich erklärt es, wieso die unter den Mathematikern, im Anschluss an die Entdeckung der Antinomien, ausbrechende Diskussion so leidenschaftlich und affektbetont sein konnte; es fand damals ja geradezu ein Einbruch des Irrationalen in das nüchtern-rationale Reich der Mathematiker statt. Indirekt ist dies vielleicht die beste Bestätigung dafür, dass hier grundlegende Ansprüche, die wir an unser Denken zu stellen gewohnt sind, auf dem Spiel stehen. Diese Ansprüche unter Umständen ganz oder teilweise preisgeben, wird niemand leichten Herzens tun. Erweist es sich aber als notwendig, so gebietet uns die wissenschaftliche Sorgfaltspflicht, uns dieser Notwendigkeit zu beugen.

ZUR DISKUSSION DES THEMAS ‹DER PLATONISCHE STANDPUNKT IN DER MATHEMATIK ›

von P. BERNAYS, Zürich

Die Betrachtung von Herrn Finsler «Der platonische Standpunkt in der Mathematik» enthält die Anregung zur Diskussion und zur Stellungnahme. Seine Ausführungen gehen darauf aus, darzutun, dass eine revidierte Form der «platonischen» Auffassung gar nicht erst gesucht zu werden braucht, dass sie sich vielmehr in sehr einfacher Weise ergibt. «Die einzige Naivität, die man ablegen muss,» ist nach seiner Meinung die, «zu glauben, dass viele Mengen immer gleich einer Menge seien oder wenigstens immer eine Menge bilden müssten». Herr Finsler kommt ferner auf die faktische Sicherheit in der eigentlichen mathematischen Forschung zu sprechen, wo man «weiss, was richtig und was falsch ist, und zwar in objektiver Weise, ohne jedes besondere Kriterium und ohne Kodifikation». Dieses Wissen solle man doch auch auf die Grundlagen und im besonderen auf die Mengenlehre anwenden. Für die Korrektur des naiven Operierens mit Mengen, das zu Widersprüchen geführt hat, genügt es, so erklärt er, «die Mengen ohne willkürliche Einschränkung widerspruchsfrei zu definieren».

Er nimmt damit Bezug auf die von ihm gegebene Grundlegung der Mengenlehre [1], [2]. Gerade an dieser aber wird ersichtlich, dass die Sachlage und die Aufgabe für die Revision der ursprünglichen Mengenlehre keine so einfache und die erforderliche Abweichung von der zunächst sich bietenden einfachen Form des Platonismus keine so geringe ist, wie es nach den zitierten Äusserungen von

---

[1] *Über die Grundlegung der Mengenlehre I*, Math. Zeitschr. *25* (1926) S. 683-713.

[2] *Die Unendlichkeit der Zahlenreihe*, Elem. d. Math. *9* (1954), S. 29-35.

Herrn Finsler erscheinen könnte. Es mögen einige in dieser Hinsicht wesentlichen Momente angeführt werden.

1. Es macht sich geltend, dass wir in der allgemeinen Mengenlehre nicht jene erwähnte Sicherheit haben, über das, was richtig und was falsch ist, wie in der üblichen Mathematik. Dieser Mangel an Sicherheit wird auch in der Finsler'schen Grundlegung nicht behoben, was sich unter anderem in der von Herrn Finsler erwähnten Diskussion über die Existenz einer Menge aller Mengen äussert [1]. Wohl bietet diese Grundlegung hinlängliche begriffliche Mittel, um den mengentheoretischen Widersprüchen (wie etwa dem von der Menge aller Mengen, die nicht Element ihrer selbst sind) zu entgehen; aber die genauere Form der Lösung wird damit noch nicht in solcher Weise bestimmt, dass darüber keine Meinungsverschiedenheiten bestehen könnten. Die Diskussion über die Antinomien setzt sich vielmehr hier als eine immanente Diskussion fort.

2. Die Finsler'sche Grundlegung der Mengenlehre enthält in merklicher Weise Momente der Normierung, welche vom Standpunkt der systematischen Einfachheit und Einheitlichkeit gewiss als berechtigt und sachgemäss anzuerkennen sind, aber doch nicht einfach den Ausdruck von erkanntem Sachverhalt darstellen. Das Verfahren der Zurückführung aller Beziehungen der Zahlentheorie und Analysis auf die Mengen-Element-Beziehung trägt den Charakter einer Rahmenkonstruktion von der Art, wie sie schon bei der Zermelo'schen Axiomatik vorliegt. Diese Konstruktion erfolgt allerdings im Hinblick auf objektive mathematische Gegenständlichkeiten, aber sie ist nicht einfach die Wiedergabe von etwas uns direkt in der Erkenntnis als existierend Gegebenem. Wir haben also hier eine charakteristische methodische Abweichung von der Haltung des geläufigen Platonismus.

[1] Dass im Rahmen der Finsler'schen Grundlegung die Annahme einer Menge, die sich selbst und alle andern Mengen enthält, keinen Widerspruch ergeben kann, ist nicht so selbstverständlich, wie es Herr Finsler ansehen möchte. Das System aller Mengen ist ja durch den Mengenbegriff, wie Herr Finsler selbst hervorhebt, eindeutig festgelegt, so dass es eine reine Sachverhaltsfrage ist, ob in diesem System eine Allmenge vorkommt. Diese Frage ist noch nicht dadurch entschieden, dass in dem Wortlaut der Definition der Allmenge kein direkter Widerspruch ersichtlich ist.

3. Die Gewinnung der Mathematik von dem allgemeinen Ansatz aus ergibt sich bei Herrn Finsler nicht ohne weiteres, sondern erfordert noch einen wesentlichen Schritt: die mathematisch relevanten Mengen werden unter den Mengen überhaupt durch eine Bedingung der Zirkelfreiheit ausgesondert. Diese Aussonderung der «zirkelfreien» Mengen ist insofern nicht unproblematisch, als der Begriff «zirkelfrei» seinerseits bewusstermassen zirkelhaft gefasst ist, worin Herr Finsler ein wesentliches, methodisches Erfordernis erblickt.

Eine Art des Zirkelhaften liegt übrigens nicht erst bei diesem Aussonderungsverfahren vor, sondern bereits in dem anfänglichen Ansatz, bei welchem mit dem Begriff der Widerspruchsfreiheit (Möglichkeit) in einer stark imprädikativen Weise operiert wird. Diese Feststellung bedeutet an sich keinen Einwand, sofern nur deutlich zwischen eigentlichen Definitionen und impliziten Definitionen, welche axiomatischen Annahmen gleichkommen, unterschieden wird. Was insbesondere die erwähnte Aussonderung der zirkelfreien Mengen betrifft, so findet sich ein analoges Vorgehen— durch Formalisierung verdeutlicht — in einer neuerlichen Axiomatisierung der Mengenlehre von W. Ackermann[1]. Jedenfalls aber bedeutet diese Art der Methodik wiederum ein merkliches Abgehen von der in der Mathematik geläufigen Form des Platonismus, bei welcher keine so komplizierte Verflechtung der Begrifflichkeit und der Gegenständlichkeit stattfindet.

Im Ganzen zeigt sich hiernach, dass das methodische Vorgehen von Herrn Finsler kaum als bloss eine Durchführung des üblichen platonistischen Standpunktes (mit nur geringer Abweichung von dem naiven Platonismus) gelten kann.

Unabhängig von dieser *argumentatio ad hominem* sei hier noch daran erinnert, dass die Sicherheit, die wir in der eigentlichen Mathematik besitzen, ja keineswegs immer bestand, sondern vielmehr für die Infinitesimalrechnung erst durch ihre Grundlegung im 19. Jahrhundert gewonnen wurde. Die Sicherheit in Gebieten des theoretischen Denkens kennen wir jeweils nur als eine er-

---

[1] *Zur Axiomatik der Mengenlehre, Math. Annalen*, Bd. 131 (1956), S. 336-345.

worbene, und die Erweiterungen des theoretischen Rahmens haben jeweils den Charakter des geistigen Experimentierens, wie dieses ja besonders in der heutigen mathematischen Grundlagenforschung hervortritt.

Man mag gegenüber diesen Erwägungen einwenden, dass es sich dabei nur um psychologische Feststellungen handle, die das Objektive der Mathematik nicht betreffen. Dann aber erscheint es als höchst fraglich, ob dieses Objektive in unserer Erkenntnis voll repräsentiert ist. Wir können uns — vielleicht sogar müssen wir es — eine Art von Tatsächlichkeit denken, durch welche sich die Auswirkungen unserer theoretischen Ansätze, ihr Erfolg oder Misserfolg, bestimmen. Diese Tatsächlichkeit ist aber dann eventuell etwas ganz Transzendentes, das nicht nach einem einfachen Schema der Gegenständlichkeit aufgefasst werden kann, so dass wir auch damit nicht bei dem Standpunkt des geläufigen Platonismus verbleiben.

UND DOCH PLATONISMUS

von Paul Finsler, Zürich

In Herrn *A. Wittenbergs* Antwort : Warum kein Platonismus ? ist es besonders erfreulich, dass deutlich gesagt wird, die Mathematiker wären fast alle Platonisten, wenn sie nur könnten. Dieser Wunsch kann aber tatsächlich erfüllt werden, denn die Einwände dagegen sind nicht stichhaltig.

So ist es kein sachlicher Grund, wenn angegeben wird, dass viele Mathematiker zur Zeit diesen Standpunkt nicht teilen. Selbst hundert Autoren gegen einen brauchen nicht recht zu haben. Ein verantwortungsbewusster Mathematiker wird einen Satz, für den er einstehen muss, nicht deshalb für richtig erklären, weil viele andere dies auch tun, sondern nur deshalb, weil er sich durch eigene Überlegung davon überzeugt hat, dass er richtig ist. Die Richtigkeit eines Satzes (oder auch einer Theorie) sollte zwar schliesslich zu einem « consensus » führen ; das Umgekehrte gilt aber nicht ! Wenn in bezug auf die Antinomien noch keine Einmütigkeit herrscht, so bedeutet dies nur, dass diese Dinge noch nicht von allen mit der angemessenen Einsicht verfolgt worden sind.

Dass es eine exakte Mathematik gibt, mit Einschluss des Unendlichen, und dass wir dies erkennen können, das mag man wohl als ein Wunder betrachten, wie es auch ein Wunder ist, dass es Elefanten gibt und dass wir diese erkennen und beschreiben können. Ein Unterschied zwischen den mathematischen Tatsachen und den naturwissenschaftlichen besteht aber darin, dass jene zwingender Natur sind, dass sie also gar nicht anders sein können, als sie sind, während diese mehr zufälliger Art sind, indem sie wohl auch anders sein könnten, als wir sie hier gerade antreffen. Die Naturwissenschaft ist also auf Beobachtungen angewiesen, während in der Mathematik prinzipiell nur die Widerspruchsfreiheit entscheidet. Man sagt wohl auch, die Mathematik sei « denknotwendig ». Dies darf aber nicht zu der Auffassung führen, dass die mathematischen Wahrheiten von unserem Denken und damit etwa von der Beschaffenheit unseres Gehirns abhängig wären. Dann würden sie im Grunde doch nur der Naturwissenschaft angehören. Die mathematischen Tatsachen sind jedoch von der Zeit unabhängig, also ewig, während das Naturgeschehen vergänglich ist.

Die « Existenz » eines mathematischen Dinges hat nach der hier vertretenen Auffassung einen eindeutigen Sinn ; er deckt sich mit der Widerspruchsfreiheit. Genau so, wie es keine rationale Zahl gibt, deren Quadrat gleich 2 wäre, so gibt es auch keine Menge, welche alle Ordinalzahlen und nur diese als Elemente besitzt.

Eine Antinomie würde sich nun ergeben, wenn wir uns, wie Herr Wittenberg meint, genötigt sehen würden, « diese Entitäten (zum Beispiel die Menge aller transfiniten Ordinalzahlen) zu « bilden », also deren Existenz zu *bejahen* ». Hier liegt aber offenbar eine Verwechslung vor zwischen der *Gesamtheit* der Ordinalzahlen und der anders definierten *Menge*. In einer exakten Mengenlehre entstehen die Mengen nicht durch Zusammenfassung, sondern es sind mathematische Objekte mit bestimmten Eigenschaften, genau so, wie die natürlichen Zahlen mathematische Objekte sind mit bestimmten Eigenschaften.

Auf den Unterschied zwischen Menge und Gesamtheit habe ich schon vor dreissig Jahren hingewiesen (Math. Zeitschr. 25, 1926, S. 688). Es wurde dies damals in einer Besprechung (Fortschritte der Math. 52, S. 192), der ich auch sonst in keiner Weise zustimmen kann, als « Wortspiel » bezeichnet. Heute ist die analoge Unterscheidung zwischen Menge und Klasse « gang und gäbe ». Dass man sich aber den wirklichen Unterschied vielfach immer noch 23 nicht klargemacht hat, das zeigen eben die Ausführungen von Herrn Wittenberg sehr deutlich.

Achtet man jedoch auf diesen Unterschied, so kann man beliebige Mengen ohne weiteres auch « hinsichtlich ihrer Gesamtheit » betrachten, und es wird dies in keinem Falle verboten. Eine Gesamtheit von vielen Mengen ist aber ebensowenig wieder eine Menge, wie eine Gesamtheit von vielen natürlichen Zahlen wieder eine natürliche Zahl ist, oder eine Herde von vielen Schafen wieder ein Schaf. Die so als mathematische Objekte definierten

Mengen reichen für die ganze Mathematik vollständig aus und führen zu keinerlei Antinomien.

Um nun aber die Antinomien trotzdem zu « retten », verlangt man, dass die Gesamtheiten selbst wieder « Entitäten » sein müssten, die durch beliebige Zusammenfassung immer wieder zu neuen Entitäten Anlass geben müssten. Dies ist nun allerdings nicht mehr unbedenklich, hat aber auch mit eigentlicher Mathematik nichts mehr zu tun. Da aber diese Schlussweise immer noch vorgebracht wird, muss darauf eingegangen werden.

Es ist richtig, dass auch solche Überlegungen nicht zu einem Widerspruch führen sollten. Dies kann aber nur gelten, wenn man dabei keine unvernünftigen Forderungen stellt.

Wenn bestimmte Dinge, wie etwa die natürlichen Zahlen oder die Mengen, gegeben sind, so kann man sie, oder auch eine beliebige Auswahl davon, wie schon bemerkt, ohne weiteres in ihrer Gesamtheit betrachten. Dies bedeutet aber nicht, dass man diesen Vorgang, indem man die Gesamtheiten selbst wieder als Einzeldinge betrachtet, beliebig iterieren dürfte. Wenn man ihn iterieren will (was an sich ja durchaus unnötig ist), so muss man sich fragen, wie weit es erlaubt ist, viele Dinge « als ein Ding zu betrachten », und muss zusehen, dass man sich dabei nicht selbst in Widersprüche oder in unerfüllbare Zirkel verstrickt.

Viele Dinge und ein Ding ist nicht dasselbe ; das wäre ja an sich schon ein offenbarer Widerspruch. Auch viele Dinge « als ein Ding betrachtet » ist etwas anderes als dieselben Dinge « als viele Dinge betrachtet ». Wie schon früher bemerkt, ist es ein wesentlicher Unterschied, ob eine Menge viele Dinge oder nur ein Ding als Elemente besitzt. Wenn man solche Unterschiede nicht beachtet, ist es klar, dass man zu Antinomien kommt.

Will man aber viele Dinge zu einem Ding « zusammenfassen », so ist dies eine Operation, die in manchen Fällen infolge eines Zirkels nicht ausführbar ist. Genau alle die Zusammenfassungen zusammenzufassen, die sich nicht selbst mitzusammenfassen, ist unmöglich. Dies ist keine Antinomie, sondern eine Tatsache. Nun sagt man vielleicht, die Zusammenfassung müsse nicht erst gebildet werden, sie sei an sich schon da. Hier ist vor allem zu bemerken, dass etwas, was in einfachen Fällen richtig ist, nicht in jedem Falle zu gelten braucht. Die genannte Zusammenfassung ist nicht schon da, und zwar deshalb, weil sie nicht gebildet werden kann und die Annahme ihrer Existenz einen Widerspruch enthält. Wenn man meint, die Zusammenfassung werde eben dadurch gebildet, dass man von allen den erwähnten Zusammenfassungen spricht, so stimmt dies ebensowenig, wie wenn man meint, eine grösste natürliche Zahl werde schon dadurch gebildet, dass man von ihr spricht.

Wenn Herr Wittenberg zum Schluss bemerkt, « dass hier grundlegende Ansprüche, die wir an unser Denken zu stellen gewohnt sind, auf dem Spiel stehen », so kann dies doch wohl nicht bedeuten, dass nunmehr Widersprüche in der Mathematik zugelassen werden sollen, sondern nur, dass man keine unerfüllbaren Forderungen stellen darf, also insbesondere nicht verlangen darf, dass eine Operation ausführbar sein müsse, auch wenn dies infolge eines Zirkels unmöglich ist.

Zu den von Herrn *P. Bernays* angeführten Punkten möchte ich folgendes bemerken :

1. Um auch in der Mengenlehre zu wissen, was richtig und was falsch ist, muss man allerdings die durch die Antinomien verlorengegangene Sicherheit zurückgewonnen haben. Nach Aufklärung der Antinomien steht dem aber nichts im Wege. Es wird nicht behauptet, dass man jede Einzelfrage lösen könne ; dies ist auch sonst in der Mathematik nicht der Fall. Die Form der Lösung ist aber meines Erachtens eindeutig bestimmt, auch wenn darüber noch Meinungsverschiedenheiten bestehen.

Was die Menge aller Mengen betrifft, so ist es doch ein grosser Unterschied, ob in dem Wortlaut einer Definition kein direkter Widerspruch ersichtlich ist, oder ob, wie es hier der Fall ist, direkt ersichtlich ist, dass die Definition keinen Widerspruch enthält. Die widerspruchsfrei definierbaren Mengen kommen in dem System aller Mengen vor ; damit ist die Sachverhaltsfrage geklärt.

2. Unter « Platonismus » kann man natürlich Verschiedenes verstehen. Im vorliegenden Fall ist damit nur gemeint, dass auch im Gebiete der Mengenlehre objektive Verhältnisse vorhanden sind, 24 und nicht, dass uns die Mengen noch anderweitig direkt in der Erkenntnis als existierend gegeben sein müssten.

3. So ist es auch eine andere Frage, wie wir die eben genannten objektiven Verhältnisse erkennen und damit die klassische Mathematik begründen können. Hier ergeben sich tatsächlich grössere Abweichungen von den üblichen Methoden.

Dass der für eine volle Begründung der Mathematik unentbehrliche Begriff der zirkelfreien Mengen nunmehr nach dreissig Jahren eine gewisse Beachtung gefunden hat, ist wohl auch erfreulich. Allerdings bedingt das « durch Formalisierung verdeutlichte » Vorgehen bei W. Ackermann, dass man wohl aus gewissen Formeln, welche bestimmten Eigenschaften der zirkelfreien Mengen entsprechen, eine Formel herleiten kann, welche dem Unendlichkeitsaxiom entspricht, dass aber damit über die tatsächliche Existenz von unendlich vielen Dingen gar nichts ausgesagt wird. Die Mathematik bleibt hier immer noch ein « Tun als ob », nämlich ein Tun, als ob es unendlich viele Dinge gäbe. Damit kann ich mich nicht abfinden.

Es folgt noch das Wesentliche aus einem Briefwechsel zwischen P. Lorenzen (Bonn) und P. Finsler (Zürich).

BRIEFWECHSEL ZWISCHEN
P. LORENZEN UND P. FINSLER

LORENZEN. Das Nichtzwingende Ihres Beweises sehe ich vor allem an den Stellen, an denen die Widerspruchsfreiheit (Wf.) einer Annahme behauptet wird.

Die Widerspruchsfreiheit der Annahme, dass die Gesamtheit $\langle m \rangle$ (für eine natürliche Zahl m) eine Menge ist, erscheint Ihnen zweifelhaft. Hier würde ich nicht zögern, diese für selbstverständlich zu halten, denn der bei den Ordinalzahlen auftretende W. scheint mir ausschliesslich an der Verwendung beliebiger « Reihen » zu liegen (« Reihe » wird dort andrerseits nicht definiert). In der Definition der Zahlen tritt ein solch undefinierter Begriff nicht auf — und daher sehe ich in der Tat keinen Grund, der einen hindern würde, zu jeder Zahl eine folgende anzunehmen.

Geht man trotzdem davon aus, dass hier etwas bewiesen werden müsse, so liesse sich in genauer Anlehnung an Ihren Beweis auf Seite 35 nun folgendermassen schliessen :

Gesetzt den Fall, die Annahme « $\langle m \rangle$ ist eine (natürliche) Zahl » sei nicht wf. Dann ist $\langle m \rangle$ eine « Unzahl » (das entspricht Ihrem « z-haft », während « Zahl » Ihrem « z-frei » entspricht), denn die Annahme « $\langle m \rangle$ ist eine Unzahl » ist wf. Dafür, dass diese Annahme jetzt wf. ist, argumentieren Sie : (1) $\langle m \rangle$ ist verschieden von allen Zahlen, (2) $\langle m \rangle$ ist keine Zahl, da ja die Annahme « $\langle m \rangle$ ist eine Zahl » nicht wf. sein sollte.

Hier ist eine nichtzwingende Stelle : warum könnte es trotz (1) und (2) nicht doch noch Wege zu einem W. geben? Gemäss Ihrem Beweis ist fortzufahren :

Nun ist $\langle m \rangle$ aber keine Unzahl, denn $\langle m \rangle$ enthält als einziges Element eine Zahl — also ist die Annahme « $\langle m \rangle$ sei eine Zahl » wf. Und also ist $\langle m \rangle$ eine Zahl.

Diese gesamte Argumentation liesse sich verkürzen :

Wäre « $\langle m \rangle$ ist eine Zahl » nicht wf., so wäre $\langle m \rangle$ keine Zahl im

Widerspruch zur Definition der Zahlen. Also ist « $\langle m \rangle$ ist eine Zahl » wf. Also ist $\langle m \rangle$ eine Zahl.

Abgesehen vom Gebrauch der doppelten Negation sehe ich nun keinen wesentlichen Unterschied zu der noch kürzeren Argumentation:

Man bilde die Gesamtheit $\langle m \rangle$. $\langle m \rangle$ ist nach der Definition der Zahlen möglicherweise eine Zahl, also ist $\langle m \rangle$ eine Zahl.

Von der Existenz der Gesamtheit $\langle m \rangle$ wird beidemal Gebrauch gemacht — auch das ist meines Erachtens nicht überzeugend, wenn man davon ausgeht, dass die Existenz der Menge $\langle m \rangle$ zweifelhaft sei.

25   FINSLER.   Zunächst, was verstehen Sie unter einer Gesamtheit $\langle m \rangle$? Hier liegt wohl eine Missverständnis vor. Ich verstehe unter einer Gesamtheit von Dingen diese Dinge selbst, also im allgemeinen (im Gegensatz zur Menge) viele Dinge. Ist nur eine Zahl m gegeben, so ist die zugehörige Gesamtheit die Zahl m selbst und nicht $\langle m \rangle$. Eine Gesamtheit kann aber eine Menge « bilden », dann nämlich, wenn eine Menge existiert, welche die Gesamtheit *als Elemente* besitzt.

Wenn Sie aber unter $\langle m \rangle$ zunächst eine Zusammenfassung im Cantorschen Sinn verstehen, dann steht diese zur Zahl m in einer bestimmten Beziehung. Es fragt sich, ob dies die Beziehung β sein soll. Wenn nein, dann folgt aus der Existenz der Zusammenfassung nicht die der entsprechenden Menge. (Auch die Ordnungszahlen kann man in dieser Weise zusammenfassen.) Wenn ja, dann ist in der Tat (wie Sie am Schluss bemerken) die Existenz von $\langle m \rangle$ ebenso zweifelhaft wie die der Menge $\langle m \rangle$; beides ist dann dasselbe. m selbst ist dann aber auch eine Zusammenfassung; eine Zusammenfassung von Zusammenfassungen ist etwas Zirkelhaftes und kann deshalb unerfüllbar sein. Die beiden abgekürzten Beweise könnte ich also nicht anerkennen. Der Grund, weshalb die Existenz der Menge $\langle m \rangle$ nicht selbstverständlich ist, liegt in der Zirkelhaftigkeit der Definition (von « Reihen » braucht man hier nicht zu reden). Wenn Sie es doch für selbstverständlich halten, dass $\langle m \rangle$ eine Menge ist, dann müssen Sie zeigen, dass der Zirkel hier keine Rolle spielt. Das ist es gerade, was ich in meinem Beweis getan habe.

Um nun doch von den Ordnungszahlen (also den « Reihen ») zu reden, so dienten sie ja nur zum Vergleich, also zur Veranschaulichung, und wurden deshalb auch nur anschaulich eingeführt. Es scheint mir aber, dass diese anschauliche Erklärung doch so deutlich ist, dass man eindeutig erkennen kann, was damit gemeint ist. Es kommt doch auf die Sache selbst an und nicht auf die Art der Darstellung. *Wo* sehen Sie hier eine Schwierigkeit? Die Definition der Ordnungszahlen ist ja auch aus der Mengenlehre bekannt. Nur komme ich eben zum Schluss, dass es eine grösste Ordnungszahl gibt und dass man dann nicht mehr in gleicher Weise « weiterzählen » kann. Der Grund liegt nicht in der Verwendung von « Reihen », sondern in dem hier unerfüllbaren Zirkel.

Um aber die Bedenken wegen der « Reihen » vollends zu zerstreuen, will ich noch eine einfache und, wie mir scheint, korrekte Definition der Ordnungszahlen angeben, welche diesen Begriff nicht enthält:

Die Ordnungszahlen sind Mengen, welche den folgenden Bedingungen genügen:

a) α ist Ordnungszahl, wenn α die Nullmenge oder eine Vereinigungsmenge von Ordnungszahlen ist, oder wenn α eine Ordnungszahl und alle ihre Elemente (und nur diese) als Elemente besitzt.

b) α ist Ordnungszahl nur, wenn notwendig.

Die Vereinigungsmenge aller Ordnungszahlen ist dann die grösste Ordnungszahl. Es muss aber noch geprüft werden, ob diese Zahlen mit den üblichen Ordnungszahlen identisch sind. Auf jeden Fall ist hier weder von Reihen die Rede, noch von endlich oder unendlich, noch von abzählbar oder nichtabzählbar. Das hat alles mit der ganzen Frage nichts zu tun.

Was nun die Widerspruchsfreiheit zum Beispiel der Menge U (auf S. 35) betrifft, so haben Sie insofern recht: es wird nicht explizit gesagt, dass nicht noch andere Widersprüche denkbar wären. (« Wege » zu einem Widerspruch gibt es natürlich; man braucht nur einen Fehler zu machen.) Hier möchte ich aber auf das hinweisen, was ich in dem neuen Aufsatz erwähnt habe: Ein Widerspruch kann nur da herauskommen, wo man ihn hineingelegt hat. Nun kennt man aber die Definition von U und kennt die Definition von *z*-frei und sieht, dass alles in Ordnung ist, dass man

sich also nirgends widersprochen hat, wenn man U als z-hafte
Menge annimmt. Es sind nur wenige Aussagen, die zu prüfen sind,
und das ist hier geschehen. Dann kann aber U keinen Widerspruch
enthalten ; so wenig wie zum Beispiel die Menge aller Mengen.

Die Definition von « z-frei » ist natürlich sehr wesentlich, um
die Existenz von U, und ebenso auch, um die Existenz von ⟨m⟩
zu beweisen. Dies fehlt eben in Ihrem Versuch. So ist zum Beispiel
die Menge aller Ordnungszahlen keine « Unzahl », sondern sie
existiert nicht.

LORENZEN. Darf ich zunächst auf die Frage der « Gesamt-
heiten » eingehen? In Ihrer Arbeit über die Unendlichkeit der
Zahlenreihe schreiben Sie auf Seite 35 : « Ich will zeigen, dass die
Menge aller z-freien Mengen existiert. Sie werde mit U bezeichnet. »

Aus dem folgenden ergibt sich, dass mit U zunächst die Gesamtheit aller z-freien Mengen bezeichnet werden sollte. Von dieser
Gesamtheit wird dann bewiesen, dass sie eine z-hafte Menge *bildet*
(im Text steht, dass U eine z-hafte Menge *sei*). Dass nun nach
Ihrem Brief hierbei die Gesamtheit der z-freien Mengen kein neues
Ding sein soll, sondern viele Dinge, nämlich die z-freien Mengen
selbst, macht mir Schwierigkeiten. Denn die Aussage : « Die
Gesamtheit der z-freien Mengen bildet eine Menge » soll doch
sicher nicht : « Jede z-freie Menge bildet eine Menge » bedeuten.

Um die « Gesamtheiten » zu vermeiden, möchte ich vorschlagen
so zu formulieren : « Es gibt eine Menge, deren Elemente genau
die z-freien Mengen sind. » Es wird also die Existenz einer Menge U
behauptet, so dass « k ε U » äquivalent ist mit « k ist eine z-freie
Menge ». Und dies könnte man so ausdrücken, dass der *Begriff*
« z-freie Menge » eine *Menge* als seinen Umfang besitzt.

Ihr Axiom « M ist Menge, wenn möglich » wäre dann zu formulieren : « Ein Begriff hat eine Menge als Umfang, wenn möglich ».
Wären Sie mit diesen Formulierungen wohl einverstanden? Diese
haben leider den Nachteil, dass hier der Begriff « Begriff » auftritt,
ohne dass für ihn eine Definition (wie für die Mengen) gegeben ist.

FINSLER. Auf Seite 35 der von Ihnen erwähnten Abhandlung
hatte ich mit U nicht die Gesamtheit, sondern die zunächst aller-

dings noch hypothetische Menge aller z-freien Mengen bezeichnet. Wenn diese Menge, sofern sie existiert, keinen Widerspruch (in ihrer Definition) enthält, so kann man schliessen, dass sie existiert. Der Ausdruck « U müsste sich selbst enthalten » bedeutet nur, dass U Element von U sein müsste, er bezieht sich also auf die Menge U.

An Stelle von « Die Gesamtheit der z-freien Mengen bildet eine Menge » kann man wohl auch sagen « Die z-freien Mengen bilden eine Menge »; gemeint ist nicht jede Menge für sich, sondern alle miteinander. Will man die Gesamtheit als eine Einheit auffassen, so kann man auch sagen « Diese Mengen bilden eine Gesamtheit », im selben Sinn wie « Diese Schafe bilden eine Herde »; auch hier ist nicht jedes Schaf für sich gemeint. Eine Herde von vielen Schafen ist nicht ein Schaf, und ebenso ist eine Gesamtheit von vielen Mengen nicht eine Menge. Wenn Sie aber, um die « Gesamtheiten » zu vermeiden, formulieren wollen : « Es gibt eine Menge, deren Elemente genau die z-freien Mengen sind », so bin ich damit durchaus einverstanden.

Die Mengen sind nach meiner Auffassung eine Verallgemeinerung der natürlichen Zahlen und wie diese als Einzeldinge zu verstehen, die *nur* durch die angegebenen Forderungen bestimmt werden. Man kann also die Mengen nicht als Umfänge von Begriffen einführen, wobei man in der Tat noch gar nicht weiss, was das sein soll. Bei der Definition der z-freien Mengen ist allerdings von einem « Begriff » die Rede ; dies ist aber hier nichts Undefiniertes, sondern einfach eine Einteilung aller Mengen in zwei Klassen. Damit dies einen Sinn hat, muss man die Mengen schon haben.

LORENZEN. Anschliessend an Ihre letzten Bemerkungen möchte ich für Ihr Axiom « M ist Menge immer, wenn möglich », das mir, wie sicherlich jedem, der an der modernen Logik geschult ist, ein Stein des Anstosses ist, folgende Formulierung vorschlagen : « Ist die Aussage wf., dass eine Menge existiert, die als Elemente genau die Mengen enthält, die bei einer Einteilung aller Mengen in zwei Klassen in die eine Klasse fallen, so existiert eine solche Menge ».

Kürzer : « Ist die Aussage wf., dass eine Menge existiert, die als

Elemente genau die Mengen einer Klasse enthält, so existiert eine solche Menge. »

Mit welchen Mitteln hierbei « Einteilungen » oder « Klassen » definiert werden dürfen — und wie man die Wf. einer Aussage über die Existenz einer Menge zu definieren hat, das bleibt allerdings dann noch offen.

FINSLER. Die letzte Bemerkung meines Briefes besagte, dass man, damit die Einteilung aller Mengen in zwei Klassen einen Sinn hat, die Mengen schon haben muss. Diese Einteilung darf also nicht schon in der Definition der Mengen vorkommen, wie Sie es nun doch vorschlagen möchten. Wie wollen Sie bei Ihrer Definition entscheiden, ob die Menge $I = \{I\}$ existiert oder nicht existiert? Je nachdem, was man unter « allen Mengen » verstehen will, ist das eine oder das andere möglich. Das geht also nicht. Auch bei der kürzeren Fassung sehe ich nicht, welche Vorteile sie besitzen soll.

Die Formulierung « M ist Menge immer, wenn möglich » habe ich im Text erläutert: « Immer, wenn die Annahme, M sei eine Menge, keinen Widerspruch enthält, dann soll M eine Menge sein. » M kann also beliebig definiert sein (keineswegs nur formal!); wenn dann M den andern an eine Menge gestellten Forderungen genügt und die Definition keinen Widerspruch enthält, dann ist M eine Menge.

Es ist klar, dass ich dabei nicht die « moderne Logik » im Auge habe, mit der sich eben die tatsächliche Existenz von unendlich vielen Dingen nicht beweisen und folglich die wirkliche Mathematik nicht begründen lässt und bei der man sich zudem noch fragen muss, ob sie überhaupt widerspruchsfrei ist, sondern das logische Denken. Es ist sehr schade, wenn über dem « logischen Rechnen » das logische Denken ganz verloren geht. Wenn Sie also meine Definition beanstanden, dann bitte ich, sie nicht durch eine andere zu ersetzen, sondern sie so zu nehmen, wie sie ist, und dann zu sagen, was daran nicht in Ordnung ist. Was ein Widerspruch ist, braucht man nicht erst zu erklären; das ist ein logischer Grundbegriff. Wenn die Mengen gegeben sind, dann ist es auch klar, was eine Einteilung der Mengen in zwei Klassen bedeutet; es dürfen dabei nicht nur eingeschränkte Mittel verwendet werden. Ich möchte Sie also bitten, die Begriffe im absoluten Sinn zu nehmen und dann erst zu entscheiden.

LORENZEN. Ich darf Ihnen versichern, dass wir völlig über-einstimmen in der Skepsis gegenüber aller « Formalistik ». Mir ist auch klar, dass die formale Logik die Existenz unendlicher Mengen nicht beweisen kann — es ist aber für mich eben durchaus nicht überzeugend, wenn Sie auf Grund dieser Situation von logischen Grundbegriffen im absoluten Sinne, wie Widerspruch, Einteilung in zwei Klassen, beliebig definiertes Gedankending, zu reden beginnen.

Ich bin in der glücklichen Lage nicht beweisen zu müssen, dass es solche Grundbegriffe nicht gäbe — ich behaupte nur, dass die Verwendung solcher Wörter nichts Zwingendes habe. Es ist mir klar, dass ich noch nicht einmal dies letztere beweisen kann. Sie könnten ja vermuten, dass mir eben das — für die Mathematik nun doch erforderliche — Vermögen des logischen Denkens fehle.

Demgegenüber könnte ich aber darauf hinweisen, dass zur Begründung der Mathematik die Verwendung logischer Begriffe im absoluten Sinne nicht erforderlich ist. Jedenfalls genügt nach meiner Meinung, die ich in meinem Buch über die operative Logik und Mathematik dargestellt habe, das Vermögen über beliebige Operationsschemata nachdenken zu können.

FINSLER. Als Ergebnis der Diskussion und insbesondere nach Ihrem letzten Brief darf ich wohl feststellen, dass Sie gegen meinen Beweis vom platonistischen Standpunkt aus und auch gegen den platonistischen Standpunkt selbst keine tatsächlichen Einwendungen haben, sondern nur eben diesen Standpunkt nicht selbst einnehmen wollen. Demgemäss verstehen Sie auch unter einer « Begründung der Mathematik » etwas ganz anderes als ich, und zwar jedenfalls auch nicht das, was man wenigstens früher in der klassischen Mathematik darunter verstanden hat.

26
Totalendliche Mengen

B. L. VAN DER WAERDEN in freundschaftlicher Verehrung zu seinem 60. Geburtstag gewidmet

1. Mengen endlicher Stufenzahl

Die Mengen, die im folgenden betrachtet werden, sind reine Mengen, d. h. auch ihre Elemente sind stets nur wieder reine Mengen.

Beispiele von solchen Mengen sind die Nullmenge, die kein Element besitzt, und die Einsmenge, welche nur die Nullmenge als Element besitzt.

Die Elemente einer Menge m, die Elemente dieser Elemente usf. sind die in m wesentlichen Mengen. Ist die Menge a in b wesentlich und b in c, so ist auch a in c wesentlich.

Wenn der Übergang von einer Menge m zu ihren Elementen, dann zu den Elementen dieser Elemente usf. nur endlich oft ausgeführt werden kann, dann heisst die Menge m von endlicher Stufenzahl. Die in einer Menge endlicher Stufenzahl wesentlichen Mengen sind ebenfalls von endlicher Stufenzahl.

Eine Menge endlicher Stufenzahl ist nie in sich selbst wesentlich, denn sonst könnte dieser Übergang unendlich oft fortgesetzt werden. Ist eine Menge b in einer Menge a von endlicher Stufenzahl wesentlich, so ist a nicht in b wesentlich, denn sonst wäre a in sich selbst wesentlich.

Wenn der Übergang von einer Menge m zu ihren Elementen, dann zu den Elementen dieser Elemente usf. genau s-mal ausgeführt werden kann, dann heisst s die Stufenzahl der Menge m. So hat die Nullmenge die Stufenzahl 0, die Einsmenge die Stufenzahl 1.

Eine Menge endlicher Stufenzahl hat zusammen mit den in ihr wesentlichen Mengen eine bestimmte Struktur. Wenn die Mengen a und b dieselbe Struktur haben, d. h. wenn diese Mengen mit den darin wesentlichen Mengen eineindeutig und elemententreu aufeinander abgebildet werden können, dann sind sie identisch, andernfalls aber verschieden. Die Einsmenge ist von der Nullmenge verschieden, weil sie ein Element besitzt, während die Nullmenge kein Element besitzt. Es gibt aber nur eine Nullmenge und nur eine Einsmenge.

Die Elemente einer Menge müssen stets voneinander verschieden sein.

Eine Menge heisst endlich, wenn sie nur endlich viele Elemente besitzt; die Anzahl dieser Elemente heisst die Elementenzahl der Menge.

Eine Menge heisst totalendlich, wenn sie selbst und alle in ihr wesentlichen Mengen endlich sind und wenn sie zudem von endlicher Stufenzahl ist.

Es soll gezeigt werden:

Jede Menge endlicher Stufenzahl ist totalendlich.

Die Elemente einer Menge m bilden die erste Stufe von m, die Elemente dieser Elemente die zweite Stufe usf. Eine bestimmte Menge, z. B. die Nullmenge, kann verschiedenen Stufen von m angehören und auch in derselben Stufe öfters auftreten; sie ist aber doch jeweils nur einfach zu zählen. Die letzte Stufe von m besteht notwendig nur aus der Nullmenge, also aus einer endlichen Menge.

Wenn die k-te Stufe von m nur aus endlich vielen endlichen Mengen besteht, so gilt dasselbe für die $(k-1)$-te Stufe, da sich aus endlich vielen Mengen als Elementen nur endlich viele und nur endliche Mengen bilden lassen. Daraus folgt durch Induktion die Behauptung des Satzes.

Die totalendlichen Mengen bilden zusammen einen vielfältigen Strauss, der aber sogleich auseinandergenommen und geordnet werden soll.

2. Die Mengen als Zahlen

Die Zahl 0 kann durch die Nullmenge repräsentiert werden, die Zahl 1 durch die Einsmenge.

Von den natürlichen Zahlen 1, 2, 3,... kann jede folgende durch die Menge dargestellt werden, welche die unmittelbar vorangehende als einziges Element besitzt, also $2 = \{1\}$, $3 = \{2\}$ usf. Es ist auch $1 = \{0\}$, aber 0 ist keine natürliche Zahl; man kann 0 als verschwindende Zahl bezeichnen.

Die natürlichen Zahlen sind dann also durch totalendliche Mengen dargestellt, von denen jede genau ein Element besitzt, deren Elementenzahl also gleich 1 ist. Die Stufenzahl einer natürlichen Zahl stimmt mit der Zahl selbst überein.

Die Ordnungszahlen 0, 1, 2, 3,... können so definiert werden, dass jede Ordnungszahl die Menge aller vorangehenden Ordnungszahlen darstellt, also $0 = \{\}$, $1 = \{0\}$ wie vorher, aber $2 = \{0, 1\}$, $3 = \{0, 1, 2\}$, usf.

Die Reihe der Ordnungszahlen kann ins Transfinite fortgesetzt werden. Die endlichen Ordnungszahlen sind aber wieder totalendliche Mengen; ihre Elementenzahl stimmt ebenso wie ihre Stufenzahl mit der betreffenden Zahl selbst überein.

Man kann nun alle totalendlichen Mengen als verallgemeinerte Zahlen oder, da im folgenden keine andern Zahlen vorkommen, kurz als Zahlen bezeichnen. Der Unterschied in der Definition gegenüber den natürlichen Zahlen ist also nur der, dass sie nicht nur eine Zahl als Element besitzen dürfen, sondern beliebig endlich viele; ihre Stufenzahl ist ebenfalls endlich. Es wird sich zeigen, dass sich die Operationen der Addition und der Multiplikation mit bestimmten Modifikationen auf die verallgemeinerten Zahlen übertragen lassen, und zwar so, dass sie für die zugehörigen Stufenzahlen in der ursprünglichen Form erhalten bleiben.

3. Die Anordnung der Zahlen

Die Elementenzahl einer beliebigen Zahl z werde mit z^*, ihre Stufenzahl mit $|z|$ bezeichnet. Für natürliche Zahlen n ist $n^* = 1$ und $|n| = n$.

Um die Zahlen, also die totalendlichen Mengen, in eine einfach geordnete Reihe zu bringen, könnte man so vorgehen, dass man sie zunächst nach ihrer Stufenzahl anordnet, bei gleicher Stufenzahl nach der Anzahl ihrer Elemente und bei gleicher Elementenzahl lexikographisch bezüglich der für die Elemente, die ja von kleinerer Stufenzahl sind, schon vorher gefundenen Anordnung.

Um jedoch eine bessere Übersicht insbesondere über die Anzahl der Zahlen von bestimmter Stufenzahl zu erhalten, empfiehlt es sich, zuerst alle Zahlen bis zu einer bestimmten Stufenzahl s in bestimmter Weise anzuordnen, diese Anordnungen dann für wachsendes s hintereinanderzusetzen und die an früherer Stelle schon vorgekommenen Zahlen kleinerer Stufenzahl zu streichen.

Die vorläufige Anordnung aller Zahlen z mit $|z| \leqq s$ werde so definiert: Die vorläufige Anordnung der Zahlen y mit $|y| < s$ sei bekannt. Die Zahlen z mit $|z| \leqq s$ sollen dann nach ihrer Elementenzahl und bei gleicher Elementenzahl lexikographisch bezüglich der für die Elemente y bekannten Anordnung geordnet werden.

Man erhält so der Reihe nach die folgenden vorläufigen Anordnungen: Für $s = 0$ die Zahl 0; für $s = 1$ die Reihe 0, 1; für $s = 2$ die Reihe 0, 1, 2, 2. Für $s = 3$ erhält man mit der Elementenzahl $z^* = 0$ die Zahl 0, dann folgen mit $z^* = 1$ die Zahlen 1, 2, 3, {2}, mit $z^* = 2$ die Zahlen 2, {0, 2}, {0, 2}, {1, 2}, {1, 2}, {2, 2}, mit $z^* = 3$ die Zahlen {0, 1, 2}, 3, {0, 2, 2}, {1, 2, 2}, und mit $z^* = 4$ die Zahl {0, 1, 2, 2}.

Die Anzahl der Zahlen z mit $|z| \leqq s$ beträgt also für $s = 0, 1, 2, 3$ je $2^0 = 1$, $2^1 = 2$, $2^2 = 4$, $2^4 = 16$.

Ist allgemein die Anzahl der Zahlen y mit $|y| < s$ gleich n, so erhält man für die Zahlen z mit $|z| \leqq s$ je $\binom{n}{m}$ Zahlen mit der Elementenzahl $z^* = m$, zusammen also 2^n Zahlen. Für $s = 4$ sind dies $2^{16} = 65536$, für $s = 5$ sind es 2^{65536} Zahlen usf.

Die Anzahl der Zahlen, deren Stufenzahl genau gleich s ist, beträgt daher für $s = 0, 1, 2, 3, 4, 5$ usf. je 1, 1, 2, 12, 65520, $2^{65536} - 65536$ usf.

Die endgültige Anordnung der Zahlen erhält man dadurch, dass man in der vorläufigen Anordnung der Zahlen z mit $|z| \leqq s$ alle Zahlen mit $|z| < s$ streicht und die so erhaltenen Reihen für wachsendes s hintereinandersetzt.

Die Zahlen mit $|z| = s$ bleiben auch hier nach ihrer Elementenzahl geordnet. Bei gleicher Elementenzahl können sich aber gewisse Umstellungen gegenüber der zuerst angeführten Anordnung ergeben.

Bei den Zahlen z mit $|z| \leqq 3$ unterscheidet sich die endgültige Anordnung von der vorläufigen nur dadurch, dass die Zahl 2 von der sechsten an die vierte Stelle rückt, also zwischen die Zahlen 2 und 3 zu stehen kommt, während die Zahlen 3 und {2} an die fünfte und sechste Stelle rücken. Diese Umstellung lässt erkennen, dass z. B. bei den Zahlen mit $|z| = 4$ und $z^* = 2$ auch in der endgültigen Anordnung nicht die zuerst angegebene Regel erfüllt ist: die Zahl {3, {2}} kommt vor der Zahl {3, 2}, während es nach der ersten Regel umgekehrt sein müsste.

4. Die Figur einer Zahl

Jeder Zahl kann man eine bestimmte Figur zuordnen, die aus Punkten und Pfeilen zusammengesetzt ist.

Der Zahl selbst und jeder in ihr wesentlichen Zahl entspricht je ein Punkt der

Figur, und von dem der Zahl *a* entsprechenden Punkt *a* geht genau dann ein Pfeil zum Punkt *b*, wenn die entsprechende Zahl *b* Element der Zahl *a* ist. Die Punkte einer solchen Figur kann man auch die Zahlen der Figur nennen.

Die Pfeile können durch Strecken ersetzt werden, wenn man festsetzt, dass diese stets «von oben nach unten» orientiert sein sollen. Dabei ist also eine Vertikalrichtung vorausgesetzt; die Strecken können auch schief zu dieser Richtung verlaufen, aber nicht senkrecht dazu.

Der «oberste» Punkt der Figur einer Zahl *z* ist der Zahl *z* selbst zugeordnet, der «unterste» Punkt bedeutet die Nullmenge, also die Zahl 0. Diese ist in jeder von 0 verschiedenen Zahl wesentlich.

Jede Figur einer Zahl ist zusammenhängend, d. h. vom obersten Punkt ausgehend kann man durch eine zusammenhängende Folge von Pfeilen zu jedem andern Punkt der Figur gelangen.

Für die Zahlen *z* mit $|z| \leq 3$ erhält man in der vorläufigen Anordnung die folgenden Figuren:

0   1 2 3 {2}   2 {0,2} {0,2} {1,2} {1,2} {2,2}   {0,1,2}   3   {0,2,2} {1,2,2} {0,1,2,2}

Um die verschiedenen Stufen einer Zahl *z* deutlich zu machen, kann es zweckmässig sein, eine andere Darstellung zu verwenden, bei der die Elemente von *z* als Punkte in einer horizontalen Reihe dargestellt werden, die Elemente dieser Elemente in einer zweiten Reihe usf., und wieder jede Zahl mit ihren Elementen durch Pfeile (oder Strecken) verbunden wird. Da dieselbe Zahl in mehreren Stufen vorkommen kann, ist hier nicht mehr jeder Zahl nur ein Punkt zugeordnet.

Die letzte Zahl mit $|z| = 3$, also die Zahl {0, 1, 2, 2}, erhält dann die folgende Gestalt:

Die zuerst angegebenen Figuren können als die Blumen, die zuletzt erwähnten Darstellungen als die zugehörigen Dolden des oben erwähnten Strausses betrachtet werden.

5. Die Addition

Die Figur der Summe *a+b* von zwei Zahlen *a* und *b* erhält man, indem man in der Figur von *a* den Punkt 0 durch den Punkt *b* der Figur von *b* ersetzt, indem man also die beiden Figuren «aneinanderhängt», so dass der «unterste» Punkt der Figur von *a* mit dem «obersten» Punkt der Figur von *b* zur Deckung kommt. Damit ist auch die Summe *a+b* selbst definiert.

Es ergeben sich die folgenden Regeln:

Die Addition ist assoziativ, d. h. es ist $a+(b+c)=(a+b)+c$.

Dies ist direkt ersichtlich.

Die Addition ist nicht immer kommutativ, denn es ist z. B. $1+2=\{2\}$, aber $2+1=\{1, 2\}$.

Es ist stets $0+a=a+0=a$.

Aus $a+b=a$ folgt $b=0$ und aus $a+b=b$ folgt $a=0$.

Die Stufenzahl einer Zahl z ist gleich der grössten Anzahl von Pfeilen, die man in ihrer Richtung zusammenhängend durchlaufen kann, um in der Figur der Zahl z vom Punkt z zum Punkt 0 zu gelangen. Daraus ergibt sich:

Bei der Addition von Zahlen werden auch ihre Stufenzahlen addiert, d. h. es ist $|a|+|b|=|a+b|$.

Für natürliche Zahlen stimmt also die Addition mit der gewöhnlichen Addition überein, und es gilt daher für natürliche Zahlen m und n auch $m+n=n+m$.

Die Elementenzahl einer Summe ist gleich der Elementenzahl des ersten nicht verschwindenden Summanden, d. h. es ist

$$(a+b)^* = a^* \text{ für } a \neq 0.$$

Eine Summe von mindestens zwei nicht verschwindenden Ordnungszahlen ist keine Ordnungszahl, da sich sonst die Elementenzahl des ersten Summanden vergrössern müsste.

Da in jeder nicht verschwindenden Zahl die Nullmenge wesentlich ist, gilt die Regel:

Ist $a \neq 0$, so erhält man die Summe $a+b$, indem man zu jedem Element von a die Zahl b addiert und die Menge dieser Zahlen bildet.

Zusammen mit der Regel $0+b=b$ erhält man damit eine induktive Definition der Addition, da die Elemente von a eine kleinere Stufenzahl besitzen wie a selbst.

Insbesondere ist $1+b=\{0\}+b=\{b\}$, und z. B. $2+1=\{0,1\}+1=\{1,2\}$.

6. Die Monozahlen

Eine Zahl, die sich als Summe von zwei nicht verschwindenden Zahlen darstellen lässt, heisse «additiv zerlegbar» oder kurz zerfällbar.

Die nicht zerfällbaren, also die additiv unzerlegbaren Zahlen ausser 0 heissen Monozahlen.

Die Zahl 0 gilt nicht als Monozahl, wie ja entsprechend auch die Zahl 1 nicht als Primzahl gilt.

Die Zahl 1 ist Monozahl; die übrigen natürlichen Zahlen sind zerfällbar.

Um alle Monozahlen zu bestimmen, ist es am einfachsten, ähnlich wie beim «Sieb des Eratosthenes» in der Reihe aller Zahlen die 0 und die zerfällbaren Zahlen zu streichen.

Von den Zahlen mit der Stufenzahl 2 ist die Zahl $2=1+1$ zerfällbar; die Zahl $2=\{0,1\}$ ist Monozahl.

Da sich bei der Addition auch die zugehörigen Stufenzahlen addieren, findet man leicht als zerfällbare Zahlen der Stufenzahl 3 die Zahlen $1+2=3$, $1+2=\{2\}$, $2+1=\{1,2\}$; es bleiben somit 9 Monozahlen der Stufenzahl 3.

Unter den 65520 Zahlen der Stufenzahl 4 findet man 12 von der Form $1+x$, dazu weitere 10 von der Form $x+1$, und schliesslich noch die Zahl $2+2=\{2,\{2\}\}$, also zusammen 23 zerfällbare Zahlen; es bleiben somit 65497 Monozahlen der Stufenzahl 4.

Unter den Zahlen der Stufenzahl 5 gibt es 131047 zerfällbare Zahlen, nämlich

65520 der Form $1+y$, dazu weitere 65508 der Form $y+1$, weitere 10 der Form $2+x$ und noch 9 der Form $x+2$, wobei jeweils y die Stufenzahl 4, x die Stufenzahl 3 besitzt. Es bleiben somit 2^{65536}—196583 Monozahlen der Stufenzahl 5.

7. Die Zerfällbarkeit der Zahlen in Monozahlen

Eine in der Zahl z wesentliche Zahl k heisse ein K n o t e n von z, wenn die Figur von z bei Wegnahme des Punktes k zerfällt, also nicht mehr zusammenhängend ist.

Die Figur von z zerfällt dann in zwei Teile. Der zweite Teil enthält die in k wesentlichen Zahlen, zu denen insbesondere die 0 gehört; mit k zusammen ergeben sie die Figur von k. Der erste Teil enthält die von z aus längs den Pfeilen noch erreichbaren Zahlen; in diesen ist die Zahl k wesentlich, da jede von ihnen ausgehende Folge von Pfeilen, die zur 0 führt, den Punkt k enthalten muss. Fügt man zu diesem Teil an Stelle von k den Punkt 0 hinzu, der dann den «untersten» Punkt der Figur darstellt, so erhält man die Figur einer Zahl a derart, dass $z=a+k$ wird. Die Zahl z ist dann also zerfällbar.

Da umgekehrt eine zerfällbare Zahl $z=a+b$ mit $a \neq 0$, $b \neq 0$ den Knoten b besitzt, so folgt:

Die nicht verschwindenden Zahlen ohne Knoten sind die Monozahlen.

Man findet leicht:

Ist k ein Knoten von a, so ist $k+b$ ein Knoten von $a+b$; ist l ein Knoten von b, so ist l auch Knoten von $a+b$. Die Zahl $z=a+b$ besitzt also für $a \neq 0$, $b \neq 0$ genau einen Knoten mehr als die Zahlen a und b zusammen.

Sind k und l verschiedene Knoten von z, so ist entweder k in l oder l in k wesentlich, je nachdem l dem ersten oder zweiten der bei der Zerfällung von z durch k entstehenden Teile angehört. Ist k in l und l in m wesentlich, dann ist auch k in m wesentlich. Die Reihe der Knoten von z ist also einfach geordnet.

Man kann nun alle Knoten einer Zahl z in beliebiger Reihenfolge «auflösen», d. h. durch Summen ersetzen; dies ergibt eine Darstellung von z als Summe von $n+1$ Monozahlen, wenn die Zahl z n Knoten besitzt. Diese Darstellung ist auch hinsichtlich der Reihenfolge der Summanden eindeutig bestimmt; die Figuren der Summanden sind die vor, zwischen und nach den Knoten von z liegenden und noch durch die Punkte der Knoten selbst ergänzten Teile der Figur von z in der durch die Figur selbst gegebenen Anordnung.

Wenn man noch sagt, dass die Zahl 0 als Summe von 0 Monozahlen und jede Monozahl als Summe von einer Monozahl darstellbar ist, so folgt:

Jede Zahl ist eindeutig als Summe von Monozahlen darstellbar.

Aus der eindeutigen Zerfällbarkeit der Zahlen in Monozahlen ergibt sich ein für später nützlicher H i l f s s a t z :

Ist $a+b=c+d$, so folgt aus $|a|=|c|$ und aus $|b|=|d|$, dass $a=c$ und $b=d$ ist.

Die Stufenzahlen der Monozahlen sind mindestens gleich 1 und addieren sich bei der Addition der Monozahlen. Die Summe der ersten Monozahlen bei der vollständigen Zerfällung der Zahl $z=a+b=c+d$ bis zur Gesamt-Stufenzahl $|a|=|c|$

ist also eindeutig bestimmt; dies bedeutet aber $a=c$ und folglich $b=d$. Dasselbe ergibt sich, wenn man die Summe der letzten Monozahlen mit der Gesamt-Stufenzahl $|b|=|d|$ betrachtet.

8. Die Multiplikation

27

Die Figur des Produkts* ab von zwei Zahlen a und b erhält man, indem man in der Figur von a jeden Pfeil durch die Figur von b ersetzt. Damit ist auch das Produkt ab selbst definiert.

Es ergeben sich die folgenden Regeln:

Die Multiplikation ist assoziativ, d. h. es ist $a(bc)=(ab)c$.

Dies ist direkt ersichtlich.

Die Multiplikation ist nicht immer kommutativ, denn es ist z. B. $2 \cdot 2 = 2+2 = \{2, \{2\}\}$, aber $2 \cdot 2 = \{1, 3\}$.

Es ist stets $0 \cdot a = a \cdot 0 = 0$ und $1 \cdot a = a \cdot 1 = a$.

Aus $ab=0$ folgt $a=0$ oder $b=0$; aus $ab=a$ folgt $b=1$ und aus $ab=b$ folgt $a=1$.

Dies ergibt sich direkt aus der Definition oder auch aus der folgenden Regel:

Bei der Multiplikation von Zahlen werden ihre Stufenzahlen und auch ihre Elementenzahlen multipliziert, d. h. es ist $|a| \, |b| = |ab|$ und $a^* b^* = (ab)^*$.

Die «längste» Verbindung von a zur 0 in der Figur von a enthält $|a|$ Pfeile, die längste Verbindung von b zur 0 in der Figur von b enthält $|b|$ Pfeile. Ersetzt man also in der Figur von a jeden Pfeil durch die Figur von b, so erhält man als längste Verbindung von ab zur 0 in der Figur von ab eine solche mit $|a| \, |b|$ Pfeilen.

In der Figur von a gehen a^* Pfeile vom Punkt a und in der Figur von b b^* Pfeile vom Punkt b aus, also gehen in der Figur von ab gerade $a^* b^*$ Pfeile vom Punkt ab aus.

Ist n eine natürliche Zahl, so ist $na = a + a + \cdots + a$ gleich einer Summe von n gleichen Summanden a.

Die Figur von n besteht aus n aufeinanderfolgenden Pfeilen, die dann, je durch die Figur von a ersetzt, zusammen die Figur der Summe $a + a + \cdots + a$ ergeben.

Insbesondere hat das Produkt mn von natürlichen Zahlen m und n die gewöhnliche Bedeutung, und es ist hier auch $mn = nm$.

Weiter gilt allgemein, wie direkt zu sehen ist, das distributive Gesetz in der Form $(a+b)c = ac+bc$.

Umgekehrt ist aber z. B. $2(1+1) = 2 \cdot 2 \ne 2 \cdot 1 + 2 \cdot 1 = 2 \cdot 2$.

Ein Produkt von Ordnungszahlen ist im allgemeinen keine Ordnungszahl. So ist z. B. $2 \cdot 2 = \{0, 1, 2, \{2\}\} \ne 4 = \{0, 1, 2, 3\}$.

9. Kommutative Summen

$a+b=b+a$ gilt für Monozahlen a und b nur, wenn $a=b$ ist. Dies folgt direkt aus der eindeutigen Zerfällbarkeit der Zahl $a+b$, da der erste Summand eindeutig bestimmt ist.

---

* Das Produkt von Zahlen ist hier nicht dasselbe wie das in der Mengenlehre gebräuchliche Produkt von Mengen.

Für beliebige Zahlen $a \neq 0$ und $b \neq 0$ gilt der Satz:
Ist $a+b=b+a$, so ist $a=mc$ und $b=nc$ mit natürlichen Zahlen m und n.

Zum Beweis seien die Zahlen a und b als Summen von Monozahlen dargestellt:
$a = d_1 + d_2 + \cdots + d_k$, $b = e_1 + e_2 + \cdots + e_l$.

Aus der Eindeutigkeit der Zerfällung der Zahl

$$z = a+b = b+a$$

in Monozahlen ergibt sich z. B. für $k > l$, dass $d_1 = e_1$, $d_2 = e_2, \ldots, d_l = e_l$ sein muss. Setzt man nun $d_{l+1} + \cdots + d_k = b_1$, so ist $a = b + b_1$ und $z = b + b_1 + b = b + b + b_1$, also $b_1 + b = b + b_1$.

Nun kann

$$z_1 = b_1 + b = b + b_1$$

ebenso behandelt werden. Während $z = a+b$ in $k+l$ Monosummanden zerfällt, enthält $z_1 = b + b_1$ nur k solche Summanden, also um l weniger als z.

Setzt man $k = l + l_1$, so kann man für $l > l_1$ $l = l_1 + l_2$ und $b = b_1 + b_2$ setzen, wobei $z_1 = b_1 + b_1 + b_2 = b_1 + b_2 + b_1$ wird, also $b_1 + b_2 = b_2 + b_1 = z_2$. Ist aber $l_1 > l$, so setzt man $l_1 = l + l_2$ und $b_1 = b + b_2$, wobei $z_1 = b + b_2 + b = b + b + b_2$ wird, also $b_2 + b = b + b_2 = z_2$. In beiden Fällen enthält z_2 weniger Summanden als z_1, und man kann so fortfahren, bis man, da die Anzahl der Summanden nicht unbegrenzt abnehmen kann, zu einem

$$z_r = b_q + b_r = b_r + b_q$$

kommt mit $l_r = l_q$; dann folgt aber $b_r = b_q = c$.

Dieses Verfahren entspricht dem Euklidischen Algorithmus, und es ist $l_r = l_q = t = (k, l)$ der grösste gemeinsame Teiler der Zahlen k und l.

Wie man nun, die Gleichungen in umgekehrter Reihenfolge durchlaufend, aus $l_r = l_q = t$ auf $k = mt$ und $l = nt$ schliessen kann, so folgt auch aus $b_r = b_q = c$, dass $a = mc$ und $b = nc$ sein muss mit denselben natürlichen Zahlen m und n als Faktoren. Ist z. B. $l_1 > l$ und sind $b_2 = (m-2n)c$ und $b = nc$ schon gefunden, so folgt $b_1 = b + b_2 = (m-n)c$ und $a = b + b_1 = mc$.

10. Die Primzahlen

Eine Zahl, die sich als Produkt von zwei von 0 und 1 verschiedenen Zahlen darstellen lässt, heisse «multiplikativ zerlegbar» oder kurz zerlegbar.

Die multiplikativ unzerlegbaren Zahlen ausser 0 und 1 heissen Primzahlen.

Wenn ein Faktor eines nicht verschwindenden Produkts keine natürliche Zahl ist, dann enthält die Figur dieses Faktors wenigstens einen Punkt, von dem mindestens zwei Pfeile ausgehen; dies gilt dann auch für die Figur des Produkts. Es folgt:

Ein Produkt von Zahlen ist nur dann eine natürliche Zahl, wenn alle Faktoren natürliche Zahlen sind. Die Primzahlen unter den natürlichen Zahlen sind also die gewöhnlichen Primzahlen.

Da sich bei der Multiplikation von Zahlen auch die zugehörigen Stufenzahlen multiplizieren, gilt der Satz:

Alle Zahlen, deren Stufenzahl eine Primzahl ist, sind selbst Primzahlen.

Man findet die Primzahlen am einfachsten, indem man in der Reihe aller Zahlen die Zahlen 0 und 1 und die zerlegbaren Zahlen streicht.

Alle Zahlen mit den Stufenzahlen 2, 3, 5 sind Primzahlen. Unter den Zahlen mit der Stufenzahl 4 sind die einzigen zerlegbaren die Zahlen $2 \cdot 2 = 4$, $2 \cdot 2 = \{2, \{2\}\}$, $2 \cdot 2 = \{1, 3\}$ und $2 \cdot 2 = \{0, 1, 2, \{2\}\}$.

Unter den Zahlen z mit $|z| \leqq 5$ gibt es also nur 4 zerlegbare, jedoch $2^{65536} - 6$ Primzahlen.

11. Die Zerlegbarkeit der Zahlen in Primfaktoren

Wenn eine Zahl z zerlegbar ist, dann lässt sie sich als Produkt von zwei Zahlen darstellen, welche kleinere Stufenzahlen besitzen wie z. Diese Faktoren lassen sich, soweit sie nicht Primzahlen sind, wiederum in Faktoren mit kleinerer Stufenzahl zerlegen usf. Da die Stufenzahlen nicht unbegrenzt abnehmen können, erhält man schliesslich eine Darstellung der Zahl z als Produkt von lauter Primfaktoren.

Wenn man noch sagt, dass die Zahl 1 als Produkt von 0 Primzahlen und jede Primzahl als Produkt von einer Primzahl darstellbar ist, so folgt:

Jede von 0 verschiedene Zahl ist als Produkt von Primzahlen darstellbar.

Bei einer solchen Zerlegung ist die Reihenfolge der Faktoren wesentlich. Um eine eindeutige Zerlegung zu erhalten, wird man auf jeden Fall die Primfaktoren der natürlichen Zahlen, die als Faktoren der gegebenen Zahl auftreten können, der Grösse nach anordnen. Ob dies aber genügt, um die Zerlegung eindeutig zu machen, ist eine noch offene Frage.

Es fragt sich zunächst, in welchen Fällen ein Produkt kommutativ ist, wann also $ab = ba$ ist.

Wenn man ein Produkt von n gleichen Faktoren a als n-te Potenz von a bezeichnet, so gilt für natürliche Zahlen m und n die Regel $a^m a^n = a^n a^m = a^{m+n}$. Ferner gilt $mn = nm$ für natürliche Zahlen m und n.

Ob aber auch in andern Fällen, wenn z. B. a und b Primzahlen, aber keine natürlichen Zahlen sind, $ab = ba$ mit $a \neq b$ möglich ist, bleibt noch dahingestellt. Auf jeden Fall ist $ab \neq ba$, wenn a zerfällbar und b eine von 1 verschiedene Monozahl ist, da die Anzahl der Knoten von a beim Produkt ab erhalten bleibt, beim Produkt ba aber verschwindet.

Es ergeben sich bezüglich der Faktorenzerlegung noch einige besondere Sätze:

Ist m eine natürliche Zahl, so folgt aus $ma = mb$ die Gleichung $a = b$; man kann also eine natürliche Zahl als Faktor in einer Gleichung «links wegheben».

Es folgt nämlich zunächst $|a| = |b|$; wenn man aber die Produkte ma und mb als Summen von m gleichen Summanden darstellt, so ergibt sich $a = b$ nach dem in Nr. 7 erwähnten Hilfssatz.

Ist $z = pa = qb$, wobei p und q verschiedene natürliche Primzahlen sind, so ist $z = pqc$ mit passendem c.

Da die Stufenzahl $|z|$ ebenfalls durch die verschiedenen Primzahlen p und q und folglich durch pq teilbar ist, kann $|z| = pqs$ gesetzt werden. Es folgt $|a| = qs$ und $|b| = ps$.

Es sei $p < q$. Wie bekannt, lässt sich mq für $m = 0, 1, 2, \ldots, p-1$ in der Form $np + i$ darstellen, wobei i ebenfalls alle Werte $0, 1, 2, \ldots, p-1$ annimmt. Andernfalls müssten zwei gleiche Reste i auftreten, d. h. es wäre $np + i = mq$, $kp + i = lq$. Daraus folgt aber $(k-n)p = (l-m)q$; es wäre also $l-m$ durch p teilbar, und wenn auch l nur die Werte $0, 1, 2, \ldots, p-1$ annehmen darf, so folgt $l = m$ und $k = n$.

Die Figur von b muss nun bei jeder Stufe is mit $i = 1, 2, \ldots, p-1$ einen Knoten besitzen, da $n|b| + is = nps + is = mqs$ gesetzt werden kann und die Figur von z bei der Stufe $mqs = m|a|$ einen Knoten hat. Es ist also $b = c_1 + c_2 + \cdots + c_p$ mit $|c_i| = s$ ($i = 1, 2, \ldots, p$), und $ma = nb + c_1 + c_2 + \cdots + c_i$.

Der letzte Summand a in der Summe $a + \cdots + a = ma$ hat somit die Form $a = \cdots + c_1 + c_2 + \cdots + c_i$, und da dies für $i = 1, 2, \ldots, p$ gilt und $|c_i| = s$ ist, so folgt nach dem Hilfssatz von Nr. 7, dass $c_1 = c_2 = \cdots = c_p$ sein muss. Wird diese Zahl gleich c gesetzt, so wird $b = pc$, folglich $z = qb = pqc$ und $a = qc$. Damit ist der Satz bewiesen.

Allgemeiner folgt:

Ist $z = ma = nb$ und k das kleinste gemeinsame Vielfache der natürlichen Zahlen m und n, so ist $z = kc$ mit passendem c.

Zunächst kann man in z den grössten gemeinsamen Teiler von m und n als linken Faktor herausheben oder «links abspalten». Sind aber m und n teilerfremd und ist p ein Primfaktor von m und q ein Primfaktor von n, so lässt sich nach dem letzten Satz der Faktor pq in ma und nb links abspalten. Ist aber etwa $m = 1$, also $a = nb$, so lässt sich der Faktor n links abspalten, wenn man a durch nb ersetzt.

Führt man diese Operationen für $z = ma = nb$ soweit möglich der Reihe nach durch, so kommt man schliesslich zur Abspaltung des ganzen Faktors k; es wird also z in der Form $z = kc$ dargestellt.

Damit ist jedoch noch nicht gezeigt, dass bei jeder Primfaktorenzerlegung von z das Produkt der links stehenden natürlichen Primzahlen immer durch k teilbar ist. Auf jeden Fall gibt es aber eine grösste natürliche Zahl k, die sich von z bei passender Darstellung links abspalten lässt.

Analoge Resultate ergeben sich, wenn natürliche Zahlen als Faktoren auf der rechten Seite auftreten; die Herleitung ist aber anders.

Wenn eine Zahl z rechts mit einer natürlichen Zahl n multipliziert wird, so wird in der Figur von z jede in z wesentliche Zahl mit n multipliziert, da jeder Pfeil durch die Figur von n ersetzt wird.

Eine in z wesentliche Zahl heisse Verzweigungszahl der Ordnung v, wenn sie v Elemente besitzt und $v > 1$ ist. Wird z rechts mit der natürlichen Zahl n multipliziert, so bleiben die Verzweigungszahlen mit ihrer Ordnung als solche erhalten; sie werden nur ebenfalls mit n multipliziert.

Eine Reihe aufeinanderfolgender Pfeile, die vom Punkt z oder von einer Verzweigungszahl von z zu einer andern Verzweigungszahl oder zum Punkt 0 führt, ohne sonst noch eine Verzweigungszahl zu treffen, heisse ein Weg; die Anzahl der Pfeile eines Weges heisse seine Länge. Wird das Produkt zn gebildet, so geht jeder Weg in einen Weg von n-facher Länge über.

Ist nun der grösste gemeinsame Teiler der Längen aller Wege, die in der Figur von z vorkommen, gleich m, so lässt sich z in der Form $z = cm$ darstellen; die Figur von c erhält man aus der Figur von z durch «Verkürzung» aller Wege auf den m-ten Teil. Die Zahl m ist die grösste natürliche Zahl, die sich als Faktor von z rechts abspalten lässt; sie ist als solche eindeutig bestimmt.

Es ist aber damit noch nicht gezeigt, dass bei jeder Primfaktorenzerlegung von z das Produkt der rechts stehenden natürlichen Primzahlen immer gleich m ist.

Aus $am = bm$ folgt jedoch $a = b$, wenn m eine natürliche Zahl ist; man kann also einen solchen Faktor in einer Gleichung auch «rechts wegheben».

Wenn $z = anb \neq 0$ ist, wobei a und b im Gegensatz zu n keine natürlichen Zahlen sind, so kann man in a eine grösste natürliche Zahl rechts und in b eine solche links abspalten und mit dem Faktor n vereinigen. Dies liefert eine grösste natürliche Zahl, die bei der Faktorenzerlegung von z an dieser Stelle als Faktor auftreten kann.

Es fragt sich, ob sich vielleicht auch andere als natürliche Zahlen in ähnlicher Weise von z abspalten lassen.

12. Vereinigung und Durchschnitt von Zahlen

Da die Zahlen Mengen sind, kann man auch die üblichen mengentheoretischen Operationen darauf anwenden, insbesondere die Bildung der Vereinigung und des Durchschnitts.

Die Vereinigung $a \cup b$ von zwei Zahlen a und b ist eine Zahl, welche jedes Element von a und jedes Element von b und nur diese als Elemente besitzt.

Der Durchschnitt $a \cap b$ von zwei Zahlen a und b ist eine Zahl, welche genau diejenigen Elemente besitzt, die in a und in b zugleich als Elemente vorkommen.

So ist z. B. $1 \cup 2 = 2$, $1 \cap 2 = 0$, $1 \cup 2 = 2$, $2 \cap 2 = 2$, und allgemein $0 \cup a = a \cup 0 = a$, $0 \cap a = a \cap 0 = 0$, $a \cup a = a \cap a = a$.

Die Operationen der Vereinigung und des Durchschnitts sind kommutativ und assoziativ, d. h. es ist

$$a \cup b = b \cup a, \quad a \cap b = b \cap a,$$
$$a \cup (b \cup c) = (a \cup b) \cup c = a \cup b \cup c,$$
$$a \cap (b \cap c) = (a \cap b) \cap c = a \cap b \cap c.$$

Es gelten weiter die Distributivgesetze:

$$a \cup (b \cap c) = (a \cup b) \cap (a \cup c),$$
$$a \cap (b \cup c) = (a \cap b) \cup (a \cap c).$$

Zusammen mit der Addition gelten die Regeln:

Für $a \neq 0$, $b \neq 0$ ist $(a \cup b) + c = (a + c) \cup (b + c)$,

und für $a \cap b \neq 0$ ist $(a \cap b) + c = (a + c) \cap (b + c)$.

Bei der Addition von c wird hier überall die in den Figuren von a, b, $a \cup b$, $a \cap b$ vorkommende und in diesen Zahlen wesentliche 0 durch die Figur von c ersetzt, was auf beiden Seiten der Gleichungen dasselbe ergibt. Da aber 0 nicht in sich selbst wesentlich ist, sind die Ausnahmen zu beachten; es wird z. B.

$$(0 \cup 1) + 1 = 2 \neq (0+1) \cup (1+1) = 2$$

und
$$(1 \cap 2) + 1 = 1 \neq (1+1) \cap (2+1) = 0.$$

Im allgemeinen ist ferner

$$a + (b \cup c) \neq (a+b) \cup (a+c)$$

und
$$a + (b \cap c) \neq (a+b) \cap (a+c).$$

Dies erkennt man schon an den Beispielen

$$1 + (1 \cup 2) = \{2\} \neq (1+1) \cup (1+2) = \{1,2\}$$

und
$$1 + (1 \cap 2) = 2 \neq (1+1) \cap (1+2) = 0.$$

Zusammen mit der Multiplikation gilt ohne Einschränkung:

$$(a \cup b)c = ac \cup bc \quad \text{und} \quad (a \cap b)c = ac \cap bc.$$

Bei der Multiplikation mit c werden in den Figuren von a, b, $a \cup b$, $a \cap b$ alle Pfeile durch die Figur von c ersetzt; die Vereinigungen und Durchschnitte als solche bleiben erhalten.

Im allgemeinen ist aber

$$a(b \cup c) \neq ab \cup ac \quad \text{und} \quad a(b \cap c) \neq ab \cap ac.$$

Dies erkennt man an den Beispielen

$$2(1 \cup 2) = \{2, \{2\}\} \neq 2 \cdot 1 \cup 2 \cdot 2 = \{1,3\}$$

und
$$2(1 \cap 2) = 2 \neq 2 \cdot 1 \cap 2.2 = 0.$$

Vereinigung und Durchschnitt kann man für beliebig endlich viele Zahlen bilden. Sind z_j $(j = 1, 2, \ldots, k)$ endlich viele Zahlen, so bedeutet $\bigcup z_j$ ihre Vereinigung, also eine Zahl, welche genau die sämtlichen Elemente der Zahlen z_j als Elemente besitzt, und $\bigcap z_j$ ihren Durchschnitt, also eine Zahl, welche genau die allen Zahlen z_j gemeinsamen Elemente als Elemente besitzt.

Eine Anwendung bildet der Satz:

Sind e_j die Elemente einer Zahl $a \neq 0$ und ist b eine beliebige Zahl, so ist das Produkt $ab = \bigcup(b + e_j b)$.

Zur Bildung der Figur von ab hat man in der Figur von a alle Pfeile durch die Figur von b zu ersetzen, insbesondere also die vom Punkt a zu den Elementen e_j führenden Pfeile. Die Elemente e_j selbst werden dann ebenfalls mit b multipliziert, also durch $e_j b$ ersetzt. Das Produkt ab ist dann die Vereinigung aller Zahlen $b + e_j b$.

Zusammen mit der Beziehung $0.b = 0$ ergibt sich daraus eine induktive Definition der Multiplikation:

Wenn das Produkt ab bis zu einer bestimmten Stufenzahl von a erklärt ist, liefert der Satz die Definition von ab für die nächsthöhere Stufenzahl von a.

Über die Grundlegung der Mengenlehre

Zweiter Teil. Verteidigung

Vorbemerkungen

1. Der erste Teil dieser Grundlegung mit dem Untertitel «Die Mengen und ihre Axiome» ist im Jahr 1926 in der Mathematischen Zeitschrift erschienen ([5][1]). Der zweite Teil sollte die Zahlen behandeln. Nun ist aber der erste Teil auf derartiges Unverständnis gestoßen, daß vorgezogen wurde, die Untersuchungen über die natürlichen Zahlen und das Kontinuum und einiges über transfinite Ordnungszahlen in gesonderten Abhandlungen erscheinen zu lassen ([8], [9], [11]).

Eine hinreichende Verteidigung des ersten Teils wurde besonders durch äußere Umstände lange verhindert. Ich hatte allerdings auch gehofft, daß sich die Sache schließlich selbst durchsetzen würde, zum mindesten bei solchen, die sich wirklich ernsthaft um die Grundlagen der Mathematik bemühen.

Nun wurden aber selbst in neuester Zeit noch alte, unrichtige Einwendungen vorgebracht, um die «Grundlegung» abzulehnen. Ich sehe mich daher genötigt, auf diese Einwände genauer einzugehen, um sie zurückzuweisen. Dabei beschränke ich mich hier in der Hauptsache auf die zuerst erfolgten Angriffe und behalte mir vor, auf die weitere Entwicklung bei späterer Gelegenheit zurückzukommen.

2. Eine Schwierigkeit besteht darin, daß es, wie es sich zeigte, nicht genügt, einfach zu sagen, was richtig ist, sondern auch noch viele falsche Ansichten und Irrtümer aufgedeckt und zurückgewiesen werden müssen. Dies ist schon aus persönlichen Gründen nicht immer angenehm, muß aber um der Sache willen doch geschehen.

Insbesondere muß vorausgesetzt werden, daß *in objektiver Weise* zwischen wahr und falsch unterschieden wird. Dies bedeutet, daß auch in der Mengenlehre untersucht wird, was wahr *ist*, und nicht nur, was (etwa in Axiomen) als wahr *angenommen wird*.

Ein *formaler* «Wahrheitsbegriff» kann hier nicht genügen; er ist viel zu eng und kann weder die Paradoxien lösen noch das Unendliche sicherstellen noch die höheren Mächtigkeiten beherrschen. Ein Formalismus, der nur endliche

---

[1] Im folgenden als «Grundlegung» zitiert. Siehe Literaturverzeichnis Seite 218

Formeln zuläßt, hat nur abzählbar viele Darstellungsmöglichkeiten und kann deshalb nicht alle Möglichkeiten eines überabzählbaren Systems erschöpfen.

Nach Überwindung der Antinomien liegt aber auch *gar kein Grund* vor, in der reinen Mathematik eine *absolute Wahrheit* abzulehnen.

Tatsächlich geht es hier um die *Verteidigung und Rettung der klassischen Mathematik*, wie sie bis um die letzte Jahrhundertwende, also bis zum Aufkommen der mengentheoretischen Antinomien, ziemlich unangefochten Geltung hatte, und damit auch um die *Überwindung* der sogenannten «Krise» in der Mathematik.

Kapitel 1

Ausgangspunkt und Ziel der Grundlegung

3. Den bei der Grundlegung eingenommenen Standpunkt glaubte ich in der Einleitung des ersten Teils hinreichend klargelegt zu haben: es ist der Standpunkt der *klassischen Mathematik*, der nur im Hinblick auf die Mengenlehre noch gefestigt werden muß. Da aber auch dies vielfach mißverstanden wurde, sind noch weitere Ausführungen notwendig.

In der klassischen Mathematik sind die Zahlen, insbesondere die natürlichen, aber auch die reellen und die komplexen Zahlen, nicht willkürlich von Menschen erschaffene Wesenheiten (wie hätten denn die Menschen auch nur die Möglichkeit, unendlich viele Wesenheiten zu erschaffen!), sondern sie existieren insgesamt unabhängig von uns selbst; wir können sie nur untersuchen und erforschen. So heißt es auch bei FREGE ([14] § 96): «Auch der Mathematiker kann nicht beliebig etwas schaffen, so wenig wie der Geograph; auch er kann nur entdecken, was da ist, und es benennen.»

4. Eine wichtige Aufgabe, die oft übersehen wird, ist es nun, zu entscheiden, ob es unendlich viele Zahlen gibt oder nicht. Es ist dies eine Frage objektiver Natur, die nicht durch eine bloße Annahme gelöst werden kann.

Die natürliche Zahlenreihe erscheint uns zunächst, soweit wir sie überblicken können, als etwas sehr Einfaches: auf jede natürliche Zahl folgt eine weitere. Gilt dies aber *immer*, für die *ganze* Zahlenreihe?

Es ist nicht leicht zu sehen, daß es auch anders sein könnte, daß es nämlich eine letzte natürliche Zahl geben könnte, über die man nicht hinauskommen kann. Das muß aber untersucht werden. Wirklich überblicken können wir nur einen verschwindend winzigen Teil der Zahlenreihe.

Auch die euklidische Geometrie erscheint zunächst, soweit man sie überblicken kann, als etwas Einfaches, und man hat deshalb lange Zeit geglaubt, es sei die einzig mögliche Geometrie. Es war auch hier nicht leicht zu sehen, daß es vielleicht anders sein könnte, daß nämlich etwa die Geraden nur eine endliche Länge besitzen könnten. Und doch ist es so. Auch das mußte untersucht werden.

Wenn es, wie manche glauben, nichts Unendliches gibt, dann ist auch die Zahlenreihe nur endlich. Sie braucht deshalb nicht (wie eine Gerade der elliptischen Geometrie) in sich zurückzulaufen; es ist zunächst durchaus denkbar, daß es eben eine letzte und größte natürliche Zahl gibt.

Wer dies bestreitet, der übersieht, daß es bei den Ordnungszahlen tatsächlich so ist.

Jede Ordnungszahl kann in bekannter Weise gleich der Menge aller kleineren Ordnungszahlen gesetzt werden. Die kleinste Ordnungszahl ist die Null, die mit der Nullmenge identisch ist. Dann folgt 1 als Menge, welche 0 als einziges Element enthält; dann die Ordnungszahl 2 als Menge, welche 0 und 1 enthält usf.

So weiterschreitend ergeben sich alle Ordnungszahlen, jede gleich der Menge aller vorangehenden. Eine Ordnungszahl ist genau dann größer als eine andere, wenn sie diese als Element enthält. Keine Ordnungszahl enthält sich selbst als Element.

Die Menge aller Ordnungszahlen kann nicht gebildet werden, da ihre Definition einen Widerspruch enthält: Wäre sie keine Ordnungszahl, so würde sie doch genau alle vorangehenden Ordnungszahlen enthalten und müßte deshalb selbst eine Ordnungszahl sein. Als solche müßte sie aber sich selbst als Element enthalten, was unmöglich ist.

Dagegen existiert eine Menge aller derjenigen Ordnungszahlen, zu denen es eine größere gibt. Dies ist die letzte und größte Ordnungszahl; zu dieser gibt es keine größere mehr. Eben deshalb kann auch auf Grund ihrer Definition nicht geschlossen werden, daß sie schon zu ihren Elementen gehören müßte. Es ist dies also eine gegenüber ihren Elementen *neue* Menge und ihrer Existenz steht somit nichts im Wege.

Die *Gesamtheit* aller Ordnungszahlen ist eindeutig bestimmt, nur entspricht ihr keine Menge. Dagegen existiert die *Vereinigungsmenge* dieser Gesamtheit; es ist dies wiederum die *größte Ordnungszahl*.

Das hat nichts mit dem Unendlichen zu tun, von dem hier gar nicht die Rede ist. Die größte Ordnungszahl könnte endlich sein und mit der größten natürlichen Zahl übereinstimmen. Dann wäre die Zahlenreihe nur endlich. Daß dies nicht der Fall ist, ist also keineswegs selbstverständlich.

Die Annahme, zu jeder natürlichen Zahl müsse es eine größere geben, könnte tatsächlich einen Widerspruch enthalten, weil nämlich die Definition einer *beliebigen* natürlichen Zahl ebenso wie die Definition einer *beliebigen* Ordnungszahl einen Zirkel enthält (vgl. [8] und [11]). Bei den Ordnungszahlen verhindert dieser Zirkel schließlich das weitere Fortschreiten; daß es bei den natürlichen Zahlen nicht ebenso ist, muß gezeigt werden.

In der Reihe der natürlichen Zahlen gibt es eine bestimmte erste Zahl, die Zahl 1. Warum sollte es darin nicht auch eine bestimmte letzte Zahl geben? Wenn dies aber nicht der Fall ist, warum sollte sich das nicht beweisen lassen? Muß das nur ein mystischer Glaube sein? Der Glaube an eine absolute Wahrheit in der Mathematik ist gut begründet, sobald man nur die Antinomien überwunden hat. Was aber in der Mathematik wahr ist und was nicht, das sollte man nicht nur glauben, sondern erforschen.

Daß der liebe Gott die natürlichen Zahlen gemacht hat, wird man gerne zugeben. Er hat es aber den Menschen überlassen, herauszubekommen, wieviele es sind. Auch die Atome in unserer Welt hat der liebe Gott gemacht; höchst wahrscheinlich aber sind es nur endlich viele.

5. Sehr bekannt ist die Frage, ob es unendlich viele Primzahlen gibt. Dies wird meistens bejaht, denn EUKLID hat es ja schon bewiesen. Wie steht es aber damit? Der Beweis von EUKLID gilt nur, wenn man schon weiß, daß es unendlich viele natürliche Zahlen gibt. Weiß man das aber? Nein, die meisten wissen es nicht. Es wird dies vielmehr nur angenommen. Dann weiß man aber auch nicht, ob es unendlich viele Primzahlen gibt. Der Beweis ist umsonst.

Man führt nun also ein Unendlichkeitsaxiom ein und sagt, auf Grund dieses Axioms ist der Satz richtig. Wenn aber das Axiom nicht stimmt, dann ist der Satz falsch. Man weiß also wiederum nichts.

Das Unendlichkeitsaxiom besagt, daß es unendlich viele Dinge gibt. In der realen Welt ist es sehr wahrscheinlich nicht erfüllt. Man braucht also eine ideale Welt. Gibt es in der idealen Welt unendlich viele Dinge? Wenn man das nicht zeigen kann, dann ist die ganze Unendlichkeitsmathematik hinfällig, man hat nur hypothetische Sätze und weiß nicht einmal, ob EUKLID mit seiner Behauptung recht hat.

Manche sagen, man brauche in der Mathematik nicht unendlich viele Dinge, sondern nur zu beliebig endlich vielen immer noch eines. Dies führt aber nicht weiter, denn das ist genau dasselbe, nur anders ausgedrückt.

6. Es ist wohl die wichtigste Aufgabe einer wirklichen Grundlegung der Mathematik, diesen Punkt abzuklären, also zu zeigen, daß es unendlich viele Zahlen gibt. Das ist nicht leicht, aber auch nicht unmöglich (vgl. [8] und [11]). Wenn behauptet wird, ein «absoluter Widerspruchsfreiheitsbeweis» für das PEANOsche Axiomensystem der natürlichen Zahlen sei «nicht möglich» oder «undenkbar», so ist daran zu erinnern, daß man auch das Fliegen als unmöglich erklärt und die Brüder, die es trotzdem taten, als Lügner bezeichnet hat!

7. Mit rein formalen Methoden geht es allerdings nicht. Ein System von Formeln, die man «aufschreiben kann», ist notgedrungen nur endlich, also mit

der Annahme einer endlichen Welt vereinbar. Wenn aber die Welt endlich ist, kann man nicht zeigen, daß sie unendlich viele Dinge oder etwa unendlich viele «Zeichen» enthält, da dies dann einfach nicht stimmt. Andere «Dinge» kommen aber in den Formalismen nicht vor.

Die Unendlichkeit der Zahlenreihe kann man niemals ausrechnen, wohl aber einsehen; dies aber auch nur dann, wenn man sich die nötige Mühe gibt!

Wenn man einfach behauptet, es gibt unendlich viele Zahlen, ohne zu wissen, ob das stimmt, dann ist das unwürdig und unehrlich. Wenn ein Kind fragt: ist es wahr, daß es zu jeder Zahl immer noch eine größere gibt, kann man ihm dann *mit gutem Gewissen* antworten: ja, das ist wahr?

Unwürdig ist es auch, in der Mathematik so zu tun, als ob es unendlich viele Zahlen gäbe, auch wenn man selbst gar nicht daran glaubt. Viele leugnen das Unendliche und wollen trotzdem Differential- und Integralrechnung unterrichten und mit konvergenten Reihen operieren, und meinen, hinter beliebig viele Zeichen immer noch eines setzen zu können. Aber auch sie können nicht hinter jeden Schritt einen weiteren setzen; einmal kommt der *letzte*, dann geht es nicht mehr.

Die Behauptung aber, es folge schon durch einfache Intuition, daß es zu jeder natürlichen Zahl eine folgende geben müsse, ist *unhaltbar*. Mit gleichem Recht könnte man dasselbe für die Ordnungszahlen behaupten, und das ist, wie schon oben gezeigt wurde, falsch.

Wenn man aber schließlich sagt, es genüge zu zeigen, daß man aus dem Unendlichkeitsaxiom mit formalen Methoden keinen Widerspruch herleiten kann, dann ist das in gleicher Weise unwürdig, wie wenn ein Verbrecher sagt, er dürfe sich alles erlauben, solange er nur die Gewißheit habe, nicht erwischt oder zum mindesten gerichtlich nicht verurteilt zu werden. Wer einen Mord begangen hat, der ist ein Mörder, auch wenn ihm nichts nachzuweisen ist.

8. Ein System von Formeln als etwas «Schärferes» zu betrachten als die abstrakten Zahlen und ihre Beziehungen, ist ein Irrtum.

Zunächst besteht eine Formel aus «Zeichen». Was ist ein Zeichen? Wenn es sich um materielle, also sichtbare Zeichen handelt, so können sie zu einer momentanen Mitteilung dienen. Aber zur Mitteilung wovon, wenn man nichts anderes hat? Wenn man sie zur Mitteilung von logischen Begriffen oder Beziehungen benutzt, dann bilden die logischen Begriffe oder Beziehungen die Grundlage, und nicht die Zeichen. Ein bloßes Spiel mit bedeutungslosen Zeichen bleibt bedeutungslos, wenn den Zeichen nicht schließlich doch ein Sinn beigelegt wird.

Die Zeichen sind zudem unscharf definiert und vergänglich. Sie können deshalb niemals als Grundlage für eine scharfe und unvergängliche Mathematik dienen.

Wenn EUKLID noch die Punkte und Geraden durch anschauliche Eigenschaften zu definieren versuchte, so wird das heute bei einer Grundlegung der Geometrie abgelehnt; es kommt nur auf die Beziehungen zwischen den Punkten und Geraden an und nicht darauf, wie sie «aussehen».

Wenn man nun die Zahlen durch Zeichen definieren will, so ist das ein Rückschritt; auch hier kommt es nur auf die Beziehungen zwischen den Zahlen an und nicht auf ihr «Aussehen».

Auch wenn man die «Zeichen» irgendwie scharf definiert, können die aus ihnen gebildeten Formeln das Denken nicht ersetzen. Die Formeln können für viele Zwecke nützlich sein; es gibt aber ebensowenig denkende Formeln wie denkende Maschinen. Die Formeln stellen nur gewisse äußerlich gegebene Beziehungen zwischen den Dingen dar; die eigentlichen, inneren Zusammenhänge werden von ihnen «übersehen», und dadurch können schlimme Fehler entstehen (vgl. [10] und unten Nr. 13). So kann auch ein formal widerspruchsfreies System inhaltlich völlig falsch sein ([4]).

Die Zahlen sind als ideelle Dinge nicht in gleicher Weise sichtbar wie aufgeschriebene Zeichen oder wie die Gegenstände des täglichen Lebens; sie sind aber für den, der sich ernsthaft mit ihnen beschäftigt, nicht weniger deutlich erkennbar. Das soll nicht heißen, daß jede einzelne Zahl für sich genommen immer scharf erkennbar wäre, wohl aber erkennt man, daß die Zahlen scharf definierte Systeme bilden, die zudem unveränderlich und unvergänglich sind. Auch die genaue Zahl π hat «noch niemand gesehen». Trotzdem ist sie vollständig exakt und eindeutig definiert. Dasselbe gilt auch für die reinen Mengen, die lediglich eine Verallgemeinerung der natürlichen Zahlen sind.

9. Die reine Mathematik, die wir zu untersuchen haben, ist als solche von unseren menschlichen Unvollkommenheiten unabhängig. Ob ein mathematischer Satz richtig oder falsch ist, hat nichts damit zu tun, ob wir ihn entscheiden können oder nicht. Der Satz vom ausgeschlossenen Dritten ist die Voraussetzung für das, was als exakte Mathematik zu gelten hat. Daß es eine solche Mathematik gibt, und zwar eine äußerst reichhaltige, das zeigt die Erfahrung und das logische Denken. Dies im einzelnen nachzuweisen ist die Aufgabe einer Grundlegung der Mathematik.

Die Mathematik soll nicht unnötig oder willkürlich eingeschränkt werden, indem man etwa nur solche Dinge zuläßt, die sich in bestimmter Weise konstruieren lassen. Schon das Gebiet der reellen Zahlen reicht viel weiter; man darf es einem nicht verbieten, sich damit zu beschäftigen. Zur reinen Mathematik ist alles zu rechnen, was dem Satz vom ausgeschlossenen Dritten genügt, also alles, was eindeutig und widerspruchsfrei ist.

10. In seinen «Grundlagen der Geometrie» zeigt HILBERT, daß die euklidische Geometrie widerspruchsfrei ist, wenn die Arithmetik der reellen Zahlen widerspruchsfrei ist. In «Grundlagen der Mathematik» müßte entsprechend gezeigt werden, daß ohne weitere Voraussetzung die ganze Mathematik widerspruchsfrei ist, also insbesondere auch die klassische Arithmetik der reellen Zahlen, auf welche sich die Geometrie stützt. Dies zu zeigen ist aber mit bloßen Formalismen unmöglich. Man sollte deshalb die Begründung von Formalismen besser nicht als Grundlagen der Mathematik bezeichnen. Die Mathematik ist nicht nur ein Formalismus.

Ebenso sollte man nicht von einem «Widerspruchsfreiheitsbeweis der Zahlentheorie» reden, wenn dabei die natürliche Zahlenreihe und damit also die Zahlentheorie selbst schon als gegeben *vorausgesetzt* wird. In den «Grundlagen der Geometrie» setzt man auch nicht die Geometrie schon als gegeben voraus und untersucht auf dieser Grundlage nur die dort verwendeten Schlüsse; man untersucht vielmehr, ob die angenommenen geometrischen Axiome ausreichen und miteinander verträglich sind.

Eine saubere Grundlegung sollte sich von irreführenden Bezeichnungen freihalten!

Bei der Untersuchung der in der Mathematik oder speziell in der Zahlentheorie verwendeten *Schlüsse* sollte es ferner nicht darauf ankommen, ob sie «weniger sicher» oder «sicherer» sind, sondern darauf, ob sie *richtig* oder *falsch* sind. Wenn man von «sichereren» Schlüssen redet, so gibt man damit zu, daß sie *nicht sicher* sind (was ja auch verständlich ist, wenn sie zum Teil falsch sind). Wozu dienen aber mathematische Beweise, wenn man *keine Sicherheit* hat? Sicherheit erlangt man nicht durch starre Vorschriften und Verbote, sondern durch Aufdeckung und Beseitigung der begangenen Fehler.

Es geht hier nicht um irgendeine Philosophie, sondern um reine Mathematik und Logik.

11. Die Logik, also das richtige Schließen, muß angewendet werden, wenn man die Mathematik begründen will. Man kann auch die Logik im einzelnen untersuchen; sie ist aber an sich als feststehend zu betrachten und sie ist auch von uns Menschen und von unserem Denken unabhängig. Das Denken hat sich vielmehr nach der Logik zu richten, um ein «richtiges Denken» zu sein. Die Logik ist ebenso unveränderlich und unvergänglich wie die Zahlen und die reine Mathematik; nur unser Wissen davon kann sich ändern.

Was beim logischen Denken oder beim logischen Schließen «richtig» ist, beruht also nicht auf Konventionen, sondern es ist in absoluter Weise festgelegt; es ist ein absolutes Unterscheiden zwischen Wahr und Falsch. In diesem Sinn kann es auch nur *eine* Logik geben. Es hat auch keinen Sinn, von dieser Logik etwa die Widerspruchsfreiheit beweisen zu wollen; sie ist an sich widerspruchsfrei, sonst wäre es keine Logik. Widersprüche entstehen erst durch Fehler, also durch Mißachtung der Logik.

Das logische Denken ist nicht identisch mit einem «logischen Rechnen», einer «formalen Logik» oder einer «Logistik». Eine solche kann höchstens einen Teil des logischen Denkens darstellen, wobei aber jeweils zu prüfen ist, ob sie auch wirklich den Anforderungen der Logik genügt, ob sie also selbst «richtig» ist, und zwar nicht nur in formalem Sinn, sondern der Bedeutung nach richtig. Was oben (unter Nr. 8) über die Formeln gesagt wurde, gilt auch hier.

Wenn man glaubt, die Mathematik oder die Logik durch einen Formalismus ersetzen zu können, dann übersieht man, daß der Hauptfehler, der zu den Antinomien führt, gerade darin besteht, daß man sich nur auf formale Beziehungen zwischen den betrachteten Objekten beschränkt und die tatsächlichen inneren Zusammenhänge nicht beachtet.

Das Denken kann durch Formeln unterstützt, aber nicht ersetzt werden. Ein grammatikalisch richtig gebauter Satz kann inhaltlich falsch sein, und auch eine nach scheinbar sicheren Regeln hergestellte Formel braucht nicht immer einem wahren Sachverhalt zu entsprechen.

Es gibt aber auch sehr viele Sachverhalte, die, für sich allein genommen, durch Formeln nicht darstellbar sind. Dies folgt ohne weiteres aus der Abzählbarkeit der Formeln und der Nichtabzählbarkeit der Sachverhalte zum Beispiel in der Analysis. Mit rein formalen Methoden erhält man also niemals die ganze Mathematik, sondern höchstens ein vom absoluten Standpunkt aus äußerst dürftiges Rudiment derselben.

12. Was ein Widerspruch ist, sollte eigentlich jeder, der logisch denken kann, wissen. Der «Satz vom Widerspruch» gehört ja zu den ersten Grundsätzen der Logik. Man könnte etwa sagen, ein Widerspruch entsteht, sobald etwas zugleich wahr und falsch sein müßte. «Falsch» bedeutet dabei dasselbe wie «nicht wahr». Wenn man also sich selbst oder, was in der reinen Mathematik auf dasselbe hinausläuft, einer bestehenden Tatsache widerspricht, dann hat man einen Widerspruch.

Eine widerspruchsvolle Behauptung oder Aussage ist nie wahr, und ein widerspruchsvolles Ding, das heißt ein Ding, welches sich widersprechende Eigenschaften besitzen müßte, nie existierend. Dagegen können widerspruchsfreie Dinge ideell stets als existierend betrachtet werden. Existenz bedeutet in der reinen Mathematik nichts anderes als Widerspruchsfreiheit.

Es ist klar, daß es in einer einwandfreien Mathematik keine unlösbaren Widersprüche, also keine Antinomien geben darf. Es gibt aber auch keine, wenn man nur darauf achtet, sich nie zu widersprechen. Wo man keinen Widerspruch hineinlegt, kommt auch keiner heraus. Die Antinomien der Mengenlehre lassen sich auf diese Weise aufklären und beseitigen. Wenn man aber die Antinomien beibehält oder nur umgehen will, dann bedeutet das, daß man zwischen Wahr und Falsch nicht unterscheiden kann. Dann kann man aber auch jeden Unsinn behaupten, denn aus einem Widerspruch folgen alle andern.

Ein Widerspruch ist es zum Beispiel, wenn behauptet wird, die existierenden, also die widerspruchsfreien Mengen könnten nicht alle zugleich existieren. Dies würde bedeuten, daß existierende Mengen nicht existieren, und das ist doch ein *offenkundiger Unsinn!*

Daß durch ungeklärte Antinomien auch hervorragende Mathematiker zu falschen Ansichten verleitet wurden, ist wohl verständlich. Man sollte aber solche Irrtümer nicht einfach beibehalten!

13. Wenn ich behaupte «ich lüge», oder ausführlicher «das, was ich eben jetzt behaupte, ist falsch», so widerspreche ich mir selbst und behaupte also etwas Falsches. Jede Behauptung behauptet nämlich implizit, eben dadurch, daß es eine Behauptung ist, daß das Behauptete wahr sei. Wenn sie aber zugleich explizit behauptet, dieses selbe sei falsch, so ist das ein Widerspruch, denn damit wird behauptet, etwas Wahres sei falsch oder etwas Falsches sei wahr, und die Behauptung als Ganzes ist also falsch. Man kann nicht sagen, daß die Behauptung in diesem Falle wahr wäre, denn dann würde von etwas Wahrem behauptet, es sei falsch, und das ist eine falsche Behauptung. (Vgl. hiezu [10] Nr. 2.)

Warum wird diese einfache Erklärung immer noch nicht anerkannt? Anscheinend deshalb, weil man sie mit den bekannten Formalismen nicht darstellen kann. Diese «übersehen» die implizite Behauptung und können deshalb lediglich einen Widerspruch konstatieren oder ihn allenfalls durch Verbote umgehen, aber nicht lösen.

Wenn man aber schon diese einfachste Paradoxie nicht richtig lösen kann, wie will man dann mit den schwierigeren Antinomien der Mengenlehre fertig werden?

Man sucht dann den Fehler an einer falschen Stelle und macht damit weitere Fehler.

Es ist merkwürdig, wie viele verschiedene Ansichten und Theorien über die Antinomien entwickelt wurden, anstatt daß man einfach fragt, was wahr und was falsch ist, und das Wahre anerkennt.

Die Behauptung des «Lügners» wird meistens als *sinnlos* erklärt. Das ist sehr bequem, aber *falsch*. Eine sinnlose Behauptung ist nicht falsch, und eine falsche Behauptung nicht sinnlos. Wenn nun die Behauptung «das, was ich eben jetzt behaupte, ist falsch» sinnlos wäre, dann wäre sie falsch, weil sie von etwas Sinnlosem behaupten würde, es sei falsch, also nicht sinnlos; weil sie also etwas behaupten würde, was nicht stimmt. Die angeführte Behauptung kann also nicht sinnlos sein, denn sonst wäre sie falsch und folglich nicht sinnlos. Dieser Einwand wird überall *mit Stillschweigen übergangen*.

14. Die *Antinomien* haben einen «*horror infiniti*» hervorgerufen oder wiedererweckt, obschon sie doch mit dem Unendlichen direkt *gar nichts zu tun* haben.

Dies zeigt schon die eben besprochene Paradoxie des «Lügners», in der das Unendliche gar nicht vorkommt, die aber doch scheinbar zu einem Widerspruch führt; dann aber auch die Tatsache, daß *in der ganzen klassischen Analysis*, die sich auf das sogar überabzählbar unendliche Kontinuum stützt, *keinerlei Antinomien* auftreten. Tatsächlich rühren die Antinomien *nur* von *fehlerhaften Zirkeln* her und von dem Glauben, daß man fehlerhaft definierte Dinge «konstruieren» könne.

Dies gilt auch für die «Paradoxie der endlichen Definierbarkeit», die nicht der klassischen Analysis angehört und zudem so umgeformt werden kann, daß auch hier das Unendliche keine Rolle spielt (vgl. [4]).

Man hat nun gemeint, daß alles *«Finite»*, also beliebig umfangreiche *endliche* Systeme, als etwas unmittelbar Klares und Einleuchtendes ohne weiteres zulässig und «unanfechtbar» sei, während man das *aktual Unendliche*, also insbesondere die Zahlenreihe als Ganzes, ablehnen müsse.

Beides ist falsch. Es bedeutet zudem ein vollständiges *Kapitulieren* gegenüber den durch die Antinomien aufgeworfenen Fragen, wenn man glaubt, sich auf ein so enges Gehäuse, wie es das Finite darstellt, zurückziehen zu müssen.

Die natürlichen Zahlen werden dabei meistens durch ein Hintereinandersetzen von endlich vielen Zeichen erklärt, das man beliebig weit fortsetzen könne. Nun versuche man doch einmal, eine Trillion Striche zu machen, *und dann noch einen!* Das ist doch Unsinn! Die Zahlentheorie betrachtet aber weit größere Zahlen. Diese Zahlen nur als «Symbole» gelten zu lassen, geht auch nicht an. Beim Schluß von n auf $n+1$ braucht man, damit er gültig ist, *alle* natürlichen Zahlen bis zu der betrachteten. Sind das alles nur Symbole? Was ist dann ein Symbol? Da man tatsächlich nicht beliebig viele Striche machen kann, so *muß* man die natürlichen Zahlen als *ideelle* Dinge betrachten, die sich nicht alle einzeln aufschreiben lassen, die aber ideell doch alle *existieren*.

Wenn man aber die natürlichen Zahlen als *ideelle Dinge* zuläßt, dann sind sie *unabhängig* von uns Menschen und unseren Fähigkeiten, und man muß dann auch von der *Gesamtheit* dieser Zahlen reden können. Die Existenz dieser Zahlen ist *zeitlos*, deshalb hat hier auch eine «werdende» Reihe keinen Sinn; es handelt sich um eine *feststehende* Gesamtheit. Es liegt tatsächlich auch *gar kein Grund* vor, die Reihe der natürlichen Zahlen *als Ganzes* abzulehnen; es wäre dies nur ein durchaus *willkürliches Verbot*.

Etwas *anderes* ist aber die Frage, ob die Reihe der natürlichen Zahlen *endlich oder unendlich* ist. Hier geht es darum, zu wissen, ob es zu *jeder* natürlichen Zahl eine folgende gibt oder nicht. Die Existenz einer *unendlichen* Zahlenreihe ist, wie schon früher bemerkt wurde, *nicht selbstverständlich*. Die *beliebige* natürliche Zahl ist *zirkelhaft* definiert, nämlich durch eine Bezugnahme auf den Begriff der natürlichen Zahl selbst, und daß ein solcher Zirkel das beliebige

Fortschreiten hemmen kann, zeigt das schon unter Nr. 4 behandelte Beispiel der Ordnungszahlen.

Da aber dieser Zirkel schon bei den natürlichen Zahlen auftritt, die ja alle nur endlich sind, so folgt, daß das «Finite» *nicht weniger anfechtbar* ist als das Unendliche, welches sich, wenn man schon weiß, daß es zu jeder Zahl eine folgende gibt, ganz von selbst einstellt. Es ist also tatsächlich unsinnig, die sogenannte «an sich»-Auffassung für beliebig große endliche Systeme zuzulassen und für unendliche abzulehnen.

Ebenso unbegründet ist es auch, zu behaupten, man könne bei einer Aufgabe über natürliche Zahlen beliebig endlich viele Fälle einzeln nachprüfen, aber nicht unendlich viele. In Wirklichkeit ist beides gleich möglich oder gleich unmöglich. Wir Menschen auf der Erde können ganz bestimmt auch mit den besten Maschinen nur sehr wenige Fälle (im Verhältnis zu allen möglichen) einzeln nachprüfen, also sicher nicht beliebig viele und auch nicht unendlich viele. Wenn man aber zuläßt, daß die Proben nur *in abstracto* durchgeführt werden, durch ein *ideelles* Verfahren, dann können sehr gut alle Proben *zugleich* ausgeführt werden, und dann ist es ganz gleichgültig, ob es endlich oder unendlich viele sind. Daß ein endliches Verfahren gegenüber einem unendlichen Vorteile haben kann, wird damit natürlich nicht bestritten.

Man sollte aber die reine Mathematik nicht mit unsern menschlichen Unzulänglichkeiten belasten, mit denen sie nichts zu tun hat!

Kapitel 2

Das Axiomensystem

15. Der erste Einwand, der gegen die «Grundlegung» erhoben und veröffentlicht wurde, stammt von REINHOLD BAER ([1]) und betrifft das Vollständigkeitsaxiom in der Mengenlehre. In einer anschließenden Erwiderung ([7]) habe ich diesen Einwand zurückgewiesen; er findet sich übrigens schon in der «Grundlegung» selbst ([5] S. 700) und wurde schon dort widerlegt. Auf kurze Bemerkungen des Herrn BAER ([2]) zu der Erwiderung glaubte ich nicht noch einmal antworten zu müssen, da doch jeder, der sich die Sache richtig überlegt, sehen mußte, wer von beiden recht hat.

Nun hat sich dies aber anscheinend niemand richtig überlegt, und man hat wohl einfach geschlossen, daß der recht hat, welcher «das letzte Wort behält». Auch meine weiteren Bemerkungen dazu in [8] wurden nicht verstanden und nicht beachtet. So wurde der Einwand ungeprüft und unbekümmert um die Folgen von andern übernommen und noch in neuester Zeit gegen die «Grundlegung» vorgebracht. Es ist daher notwendig, diese Dinge ausführlicher zu behandeln, wobei auch scheinbar Nebensächliches für das Verständnis wichtig sein kann, zumal wenn manche meinen, Herr BAER habe meine Darstellung «verbessert», was doch ganz bestimmt nicht der Fall ist.

16. Dem ersten Axiom («Axiom der Beziehung») gibt Herr BAER die folgende Fassung:

Für beliebige Mengen – das sind Elemente eines durch dieses Axiomensystem zu bestimmenden Systems Σ – M und N ist stets eindeutig entschieden, ob zwischen M und N die ε-Beziehung besteht oder nicht, das heißt ob M ε N oder M $\notin$ N wahr ist.

Als *Ausgangsbeziehung* für die Definition der Mengen habe ich *absichtlich* und *mit gutem Grund* an Stelle der üblichen ε-Beziehung die dazu inverse Beziehung β gewählt, so daß also $M \beta N$ bedeutet: M besitzt N als Element.

Dies ist für das Verständnis der Antinomien von Bedeutung, weil eine Menge stets ihre Elemente bestimmt, aber nicht umgekehrt von beliebigen Elementen auf eine zugehörige Menge geschlossen werden kann.

Es ist ferner für eine Menge wesentlich, welche Elemente sie besitzt, aber ganz unwesentlich, in welchen Mengen sie enthalten ist. So ist die Nullmenge dadurch charakterisiert, daß sie kein Element besitzt; es ist aber gleichgültig, in welchen andern Mengen sie als Element vorkommt, und man muß auch nicht von allen Mengen noch besonders sagen, daß sie nicht in der Nullmenge enthalten sind. Woher hat man übrigens alle Mengen, solange man die Nullmenge noch nicht hat?

Man beachte den Unterschied in den Formulierungen: «Diese Schachtel ist leer» und «Ein jedes Ding ist in dieser Schachtel nicht enthalten». Es scheint, daß die moderne Grundlagenforschung der zweiten Formulierung den Vorzug gibt.

Die Nullmenge ist als Ding, welches die β-Beziehung zu keinem Ding besitzt, sehr *einfach* zu definieren; die Existenz von andern Dingen wird dabei nicht vorausgesetzt. Verlangt man aber von jeder Menge, daß sie die ε-Beziehung zur Nullmenge nicht besitzen darf, so ist das *unendlich kompliziert*, sobald es unendlich viele Mengen gibt. Es ist also *gar nicht gleichgültig*, welche Beziehung als Ausgangsbeziehung gewählt wird. Wichtig für die Definition einer Menge ist die β- und nicht die ε-Beziehung.

Außerdem erinnert die ε-Beziehung an ein anschauliches «Enthaltensein», was (außer in ganz einfachen Fällen) bei einer sorgfältigen Begründung vermieden werden muß, weil es leicht zu Fehlschlüssen führen kann.

In einer sauberen Grundlegung sollte man solche Dinge berücksichtigen!

17. Das Axiom der Beziehung hatte ich so formuliert:

Für beliebige Mengen M und N ist stets eindeutig entschieden, ob M die Beziehung β zu N besitzt oder nicht.

Damit ist, im Gegensatz zur BAERschen Fassung, von vornherein deutlich gesagt, daß es sich um eine *einseitig gerichtete* Beziehung *von M zu N* handelt und *nicht* um eine *wechselseitige* Beziehung *zwischen M und N*, wie bei einer Identität oder Äquivalenz.

Bei der BAERschen Fassung des Axioms kann $M \varepsilon N$ bedeuten, daß M mit N identisch ist, und dies um so mehr, als Herr BAER später nicht die Identität, sondern nur noch eine *Gleichheit* von Mengen einführt.

Wenn man schon weiß, was $M \varepsilon N$ in der Mengenlehre bedeutet, dann weiß man allerdings, daß es sich dabei um eine *unsymmetrische* Beziehung handelt. *Woher* weiß man das aber? *Es geht nicht an*, am Anfang einer zu begründenden Theorie gleich den ersten Begriff, den man einzuführen und zu erklären hat, *schon als bekannt vorauszusetzen!*

Die unsymmetrische Form des Zeichens ε kann hier auch nicht ausschlaggebend sein, denn auch für Äquivalenzen verwendet man üblicherweise Zeichen ohne Rechts-Links-Symmetrie, wie $\sim$ oder $\approx$, während umgekehrt symmetrische Zeichen eine unsymmetrische Beziehung darstellen können, wie etwa $a \,|\, b$ für «a ist Teiler von b». *Allgemein sollte man aber neu einzuführende Begriffe nicht stillschweigend von der Gestalt ihrer Bezeichnung abhängig machen!*

Wenn also, dem Wortlaut gemäß, $M \varepsilon N$ als Identität von M mit N gedeutet und noch das nächste BAERsche Axiom über die Gleichheit von Mengen hinzugenommen wird, so kann man als *Modelle* für die BAERschen Mengenlehren Systeme von beliebig vielen nicht identischen Dingen nehmen, die alle einander gleich sein sollen und über die *sonst nichts ausgesagt wird*. Dies sind aber doch wohl zum mindesten *äußerst uninteressante* Mengenlehren!

Wenn man aber die BAERsche Fassung des ersten Axioms verbessert und die ε-Beziehung in $M \varepsilon N$ als Beziehung *von M zu N* einführt, so ergibt sich eine *neue Unstimmigkeit*, da Herr BAER später (S. 538) sagt, daß eine Menge A zu gewissen Mengen B «in der ε-Beziehung $B \varepsilon A$» stehe. Das ist *falsch;* A steht hier zu B nicht in der ε-, sondern in der dazu inversen β-Beziehung!

18. Die Elemente einer Menge M, die Elemente dieser Elemente usf. sind die «*in M wesentlichen Mengen*».

Herr BAER definiert diese so, daß stets auch noch die Menge M selbst dazugehört. Das ist im Hinblick auf die Untersuchung der paradoxen Mengen und der Antinomien *unzulässig*. Es ist ein *sehr wesentlicher* Unterschied, ob eine Menge «in sich selbst wesentlich» ist, wie etwa eine sich selbst als Element enthaltende Menge, oder ob das wie bei der Nullmenge nicht der Fall ist. Die ersteren Mengen sind auf jeden Fall von zirkelhafter Natur. Nach der BAERschen Definition wären alle Mengen in sich wesentlich und also nach der Erklärung von S. 702 der «Grundlegung» alle zirkelhaft; für zirkelfreie Mengen bliebe nichts mehr übrig.

19. Ein System von Mengen, welches mit jeder Menge auch alle Elemente dieser Menge enthält, wurde in der «Grundlegung» S. 693 ein «vollständiges System» genannt. Die in M wesentlichen Mengen sind dann diejenigen Mengen, welche jedem vollständigen System angehören, das alle Elemente von M enthält. Das System der in M wesentlichen Mengen wurde mit Σ_M bezeichnet.

Zwei vollständige Systeme Σ und Σ' von Mengen wird man allgemein dann als *isomorph* bezeichnen, wenn es zwischen den Mengen von Σ und den Mengen von Σ' eine umkehrbar eindeutige und beziehungstreue Abbildung gibt, also eine eineindeutige Abbildung, bei der, wenn A auf A' und a auf a' abgebildet wird, mit $A \beta a$ stets auch $A' \beta a'$ gilt und umgekehrt.

Herr BAER bezeichnet jedoch die vollständigen Systeme Σ_M und $\Sigma_{M'}$, die bei ihm auch die Mengen M bzw. M' enthalten, *nur dann* als isomorph, wenn bei der Abbildung speziell noch M auf M' abgebildet wird. Das *widerspricht* dem üblichen Sprachgebrauch und ist auch deshalb *unsinnig*, weil man den *Systemen* allein unter Umständen gar nicht ansehen kann, was M oder M' bedeuten sollen. *Auch hier sollte man den Begriff nicht von der verwendeten Bezeichnung abhängig machen!*

Man setze etwa $A = \{A, B\}$, $B = \{A\}$. Die Systeme Σ_A und Σ_B sind hier *identisch;* sie bestehen aus den Mengen A und B. Nach Herrn BAER sind sie trotzdem *nicht isomorph*, sofern man nämlich weiß, daß hier $M = A$ und $M' = B$ zu setzen ist.

Dieses Beispiel, das sich übrigens in der «Grundlegung» auf S. 694 findet, zeigt nun auch, daß die im üblichen Sinn genommene Isomorphie der *Systeme* Σ_M und $\Sigma_{M'}$ *nicht genügt*, um die *Mengen* M und M' identifizieren zu können. Man kann hier ja A auf A und B auf B abbilden; das aus den Mengen A und B bestehende System ist mit sich selbst isomorph. A kann aber nicht mit B identifiziert werden, weil A sich selbst enthält, B aber nicht.

Ich habe deshalb die *Mengen* M und M' isomorph genannt, wenn sich die Systeme Σ_M und $\Sigma_{M'}$ der in M bzw. M' wesentlichen Mengen umkehrbar eindeutig und beziehungstreu so aufeinander abbilden lassen, daß dabei die Elemente von M auf die Elemente von M' abgebildet werden. Damit konnte das zweite Axiom, das «Axiom der Identität», kurz so formuliert werden:

Isomorphe Mengen sind identisch.

20. Bei der *Erklärung der Isomorphie* von Mengen ist mir nun in der «Grundlegung» gegenüber der ursprünglich vorgesehenen Fassung selbst eine *unzulässige Vereinfachung* unterlaufen: Ich glaubte, es genüge, zu den Systemen Σ_M und $\Sigma_{M'}$ noch die Mengen M bzw. M' hinzuzufügen und zu verlangen, daß dann M auf M' abgebildet wird, weil dann ja auch die Elemente von M auf die Elemente von M' abgebildet werden. Daß das nicht stimmt, ist wohl ohne ein Gegenbeispiel nicht leicht zu sehen.

Es sei J eine Menge, welche sich selbst als einziges Element enthält und also der Beziehung $J = \{J\}$ genügt. Ferner sei L eine Menge, welche nicht sich selbst, sondern als einziges Element die von L verschiedene Menge J enthält, so daß $L = \{J\}$ mit $L \neq J$ gilt. Man beachte, daß hier $L = \{J\}$ nicht bedeutet, daß L *diejenige* Menge ist, welche J als einziges Element enthält, sondern nur, daß L *eine* solche Menge ist.

Die Systeme Σ_J und Σ_L bestehen beide nur aus der Menge J, und nach der zweckmäßigen Definition der Isomorphie sind die Mengen J und L isomorph, sie müßten also nach dem Axiom der Identität identisch sein. Dies bedeutet, daß es in einem System Σ, das den Axiomen genügt, keine solche Menge $L \neq J$ geben darf.

Nach der irrtümlich abgeänderten Definition wären aber J und L nicht isomorph, weil J sich selbst enthält, L aber nicht. Damit hätte man zwei verschiedene Mengen mit denselben Elementen, im Widerspruch zu Satz 5 der «Grundlegung» (S. 695), der besagt, daß zwei Mengen, welche dieselben Elemente besitzen, identisch sind.

Herr G. KÖTHE hat mich seinerzeit auf diese Unstimmigkeit aufmerksam gemacht. Meines Wissens handelt es sich dabei um den *einzigen Fehler*, der sich in der «Grundlegung» findet. Ich habe ihn *sofort korrigiert* (in [7] S. 540), indem ich zu der ursprünglichen Definition zurückgekehrt bin.

21. Die BAERsche Fassung des zweiten Axioms lautet so:

Dann und nur dann ist $M = M'$ – wo M und M' Mengen sind –, wenn Σ_M und $\Sigma_{M'}$ isomorph sind, das heißt wenn es eine eineindeutige Abbildung der Elemente von Σ_M auf die von $\Sigma_{M'}$ gibt, bei der

1. *M auf M' abgebildet wird,*
2. *wenn A_i das Bild A'_i ($i = 1, 2$) hat, aus $A_1 \varepsilon A_2$ auch $A'_1 \varepsilon A'_2$ folgt, und umgekehrt.*

Diese Fassung ist aus den in Nr. 19 und in Nr. 20 angegebenen Gründen *unkorrekt*. Außerdem wird aber darin an Stelle der Identität nur eine Beziehung $M = M'$ erklärt, wobei kurz nachher ein «*schwächeres Gleichheitsaxiom*» und eine «*Gleichheitsbeziehung in der Mengenlehre*» erwähnt wird. Dies erweckt zum mindesten den Anschein, daß im System Σ *mehrere unter sich gleiche Mengen* vorkommen dürften, wie es in der Geometrie viele unter sich gleiche Strecken geben darf.

In einer *eindeutigen* Mengenlehre ist das selbstverständlich *nicht zulässig*.

Wenn etwa eine Menge zwei gleiche Mengen als Elemente besitzt, wieviele Elemente besitzt sie dann? Man könnte, wie es sonst in der Mengenlehre üblich ist, fordern, daß das nicht vorkommen darf, da doch die Elemente einer Menge «wohlunterschieden» sein müssen. Dem steht aber die andere Forderung entgegen, daß aus $a \varepsilon M$ und $a = b$ stets auch $b \varepsilon M$ folgen müsse. Eine Menge muß also mit jedem Element auch alle ihm gleichen enthalten. *Wieviele sind das?*

Man wird sich wohl auch hier mit einer «Relativität der Mächtigkeiten» behelfen und sagen: «mengentheoretisch» ist es nur *ein* Element, auch wenn es in Wirklichkeit viele sind. So spricht man ja auch umgekehrt von «mengentheoretisch überabzählbaren» Mengen, auch wenn sie tatsächlich nur abzählbar viele Elemente enthalten.

In einer *sinnvollen* Mengenlehre sollten solche Unklarheiten und Vieldeutigkeiten nicht vorkommen. Das System $\varSigma$ der betrachteten Mengen darf von jeder Menge stets nur *ein* Exemplar enthalten, und dieses muß sich von allen andern Mengen in $\varSigma$ *wesentlich* unterscheiden, das heißt allein schon durch die β-Beziehung. Das ist der Sinn des zweiten Axioms.

22. Vielfach wird der Satz, daß Mengen, welche dieselben Elemente besitzen, identisch sind, zur *Definition* der Identität von Mengen verwendet. Bei beliebigen Mengen von Mengen ist dies aber *nicht zulässig*. Woher soll man wissen, ob die Elemente dieselben sind, wenn man nicht schon weiß, welche Mengen identisch sind? Wie soll man zum Beispiel entscheiden, ob $J = \{J\}$ mit $K = \{K\}$ identisch ist oder nicht? (Vgl. «Grundlegung» S. 695.) Das in der «Grundlegung» S. 711 erwähnte Beispiel zeigt, daß diese Unbestimmtheit nicht nur bei sich selbst enthaltenden oder in sich wesentlichen Mengen auftritt. Die erwähnte Definition der Identität von Mengen enthält einen *fehlerhaften Zirkel* und ist deshalb unbrauchbar.

Herrn BAER scheint dies entgangen zu sein, denn auch in den von ihm zitierten Arbeiten von FRAENKEL und VIELER wird dieser Zirkel *nicht beachtet*.

Ein ähnlicher Einwand könnte allerdings auch bei einer Definition der Identität mit Hilfe der Isomorphie gemacht werden: eine «eineindeutige» Abbildung hat erst dann einen genauen Sinn, wenn über die Identität der Mengen schon entschieden ist. Immerhin können dabei nicht beliebig viele «ununterscheidbare» Mengen auftreten, da sich hier die *verschiedenen* Mengen *wesentlich*, also schon durch die β-Beziehung unterscheiden müssen.

Bei dem in der «Grundlegung» angenommenen *axiomatischen* (nicht formalen!) Standpunkt werden aber die Dinge des Systems $\varSigma$ wie üblich als gegebene Individuen betrachtet, deren Identität oder Verschiedenheit also anderweitig schon feststeht, und das «Axiom der Identität» schließt lediglich solche Dinge aus $\varSigma$ aus, die ihm nicht genügen.

Von einem *höheren Standpunkt* aus kann man jedoch verlangen, daß die Mengen *allein durch die β-Beziehung definiert* und durch *keine andern Eigenschaften* gegeben sein sollen. Dann wäre der obige Einwand berechtigt.

Bei diesem Standpunkt wird man das System der Mengen nicht nur im Sinne eines «Modells», also nur bis auf Isomorphien, sondern (wie in [11]) *ganz eindeutig* festlegen müssen. Die Identität von Mengen wird dann so definiert, daß zwei durch die β-Beziehung gegebene Mengen *immer, wenn möglich*, als identisch zu betrachten sind. Hier sind also zwei Mengen stets identisch, wenn die *Annahme* ihrer Identität *keinen Widerspruch* zu den geforderten β-Beziehungen ergibt.

Wenn also zum Beispiel die Mengen A und B durch die Beziehungen $A \beta A$, $A \beta B$, $B \beta A$ gegeben werden, so folgt jetzt $A = B$, weil dies mit den Forderungen verträglich ist; es darf hier nicht zusätzlich noch $A \neq B$ verlangt werden. Diese Menge A ist mit der durch $J = \{J\}$ definierten J-Menge identisch, sie ist aber zum Beispiel von der Nullmenge verschieden, weil $A \beta A$ gilt, während die Nullmenge die Beziehung β zu keiner Menge besitzt. Hier würde die Annahme der Identität zu einem Widerspruch führen.

23. Herr BAER bemerkt nun, daß man immer dann von einer *Mengenlehre* sprechen könne, wenn man ein System Σ habe, in welchem die Axiome I und II, das heißt die Axiome der Beziehung und der Identität, erfüllt sind.

Daß diese Axiome, wie Herr BAER später erwähnt, *keine Existenzforderungen* enthalten, ist richtig und von *größter Bedeutung;* denn gerade die unerfüllbaren Existenzforderungen, also die Forderungen, daß gewisse Mengen existieren sollen, auch wenn ihre Definition einen Widerspruch enthält, führen zu den Antinomien.

In jedem System, welches den beiden ersten Axiomen genügt, sollen und dürfen aber *nur* Mengen vorkommen, die tatsächlich existieren, deren Definition also *keinen Widerspruch* enthält.

Das *Gesamtsystem* Σ enthält nun *alle* diese widerspruchsfreien Mengen, also alle, die es gibt, oder alle, die in einem der oben genannten Systeme vorkommen, wobei isomorphe Mengen stets als identisch zu betrachten sind. Dieses Gesamtsystem *existiert*, weil bei seiner Definition *nichts Unmögliches* verlangt wird; es werden ja nur die *existierenden* Mengen aufgenommen, und daß die existierenden Mengen zusammen nicht existieren sollten, wäre ein Widerspruch und somit ein Unsinn (vgl. Nr. 12).

Dieses Gesamtsystem Σ genügt nun auch dem Axiom III, dem « Vollständigkeitsaxiom »: es läßt sich *nicht erweitern*, weil es zu *allen* Mengen *nicht noch eine* geben kann.

24. Um das Vollständigkeitsaxiom anzugreifen, behauptet nun Herr BAER den folgenden, allerdings falschen Satz:

Sei Σ ein System von Mengen, das I. und II. genügt; dann ist entweder
$$\Sigma \text{ widerspruchsvoll,}$$
das heißt es gibt zwei Mengen A und B in Σ derart, daß $A \varepsilon B$ und $A \notin B$ gleichzeitig bestehen, oder aber
$$\Sigma \text{ ist einer Erweiterung fähig,}$$
das heißt es gibt ein System Σ^* von Mengen, das
1. ebenfalls I. und II. genügt;
2. wenn A und B gleichzeitig in Σ und Σ^* enthalten sind, so besteht $A \varepsilon B$ dann und nur dann in Σ^*, wenn es in Σ besteht;
3. es gibt eine Menge in Σ^*, die nicht in Σ enthalten ist.

Herr BAER läßt also die Möglichkeit zu, daß das System Σ widerspruchsvoll ist. Was ist aber ein widerspruchsvolles System von Mengen? Eine Aussage oder Behauptung kann widerspruchsvoll sein, dann ist sie falsch. Eine Definition kann widerspruchsvoll sein, dann ist sie nicht erfüllbar, das heißt es gibt nichts, was ihr genügt. Ein Axiomensystem kann widerspruchsvoll sein, dann ist es ebenfalls nicht erfüllbar. Wie kann aber ein System von Mengen widerspruchsvoll sein? Widerspruchsvolle Systeme von Mengen *gibt es nicht!*

Im zugehörigen «Beweis» des Herrn BAER heißt es: «Es sind also $N \varepsilon N$ und $N \notin N$ gleichzeitig wahr, das heißt Σ ist widerspruchsvoll.» Dabei soll N eine Menge in Σ sein. Das System Σ ist dann also ein System von Mengen, welches nach Voraussetzung dem Axiom I genügt, welches aber gleichzeitig diesem selben Axiom nicht genügt. Wie kann ein System einem Axiom zugleich genügen und doch nicht genügen? Wie kann etwas zugleich wahr und doch falsch sein? Wo bleibt da der Satz vom Widerspruch?

Ein System Σ kann dem Axiom I genügen oder es genügt ihm nicht. Beides zugleich aber ist *unmöglich.*

Man könnte vielleicht sagen, der Ausdruck «Σ ist widerspruchsvoll» bedeute, daß Σ *widerspruchsvoll definiert* sei. Dem steht aber entgegen, daß hier Σ eben doch als ein tatsächlich *bestehendes System* von Mengen angenommen wird.

Die Ausdrucksweise des Herrn BAER zeigt hier schon deutlich (was später noch mehr hervortritt), daß er mit den Antinomien nicht zurechtgekommen ist. Er läßt die Antinomien zu, läßt also Widersprüche in der Mathematik zu, und das ist doch das Schlimmste, was in der Mathematik geschehen kann. Trotzdem will er hier kritisieren und beachtet nicht, daß man mit einer Antinomie alles beweisen und alles widerlegen kann, daß aber solche «Beweise» durchaus wertlos sind!

25. Die erste «Möglichkeit» des Satzes erweist sich also als eine *Unmöglichkeit.* Aber auch die weitere Behauptung, daß dann Σ notwendig «einer Erweiterung fähig» sei, ist, wie schon oben gezeigt wurde, *falsch.* Wenn das System Σ noch nicht alle Mengen enthält, kann man es selbstverständlich erweitern, das ist trivial. Wenn aber Σ *alle* Mengen enthält, also alle, dies es gibt, dann ist das nicht mehr möglich, denn zu allen Mengen gibt es nicht noch eine.

Wieviele «Logiken» braucht es wohl noch, bis man einsieht, daß es zu *allen* Dingen irgendwelcher Art *nicht noch eines* geben kann? Daß man, wenn man schon *alles* hat, nicht noch mehr haben kann, das sollte doch jeder vernünftige Mensch verstehen, sofern er sich wenigstens durch die Antinomien und ihre Folgen nicht zu sehr hat verbilden lassen und das *logische Denken* nicht verlernt hat. Von *allen Mengen* zu reden, darf man einem aber *nicht verwehren!*

26. Um seinen Satz zu «beweisen», betrachtet Herr BAER das System N aller und nur der Mengen A aus Σ, die $A \notin A$ erfüllen. Das ist durchaus zulässig. Weiter heißt es dann:

Es bestehen jetzt zwei Möglichkeiten:
1. Entweder gibt es eine N entsprechende Menge N in Σ, so daß also aus $A \eta N$ auch $A \varepsilon N$ folgt und umgekehrt;
2. oder es gibt keine solche Menge N in Σ.

Im ersten Fall wird geschlossen, Σ sei widerspruchsvoll. Richtig müßte es heißen, daß dieser Fall nicht vorkommen kann.

Im zweiten Fall will nun Herr BAER «eine im obigen Sinne N entsprechende Menge N zu Σ hinzufügen». Wenn es aber im zweiten Fall nach Annahme keine solche Menge N in Σ gibt und wenn Σ alle Mengen enthält, so bedeutet das, daß es überhaupt keine solche Menge N gibt. *Wie kann man aber eine Menge, die es nicht gibt, zu Σ hinzufügen?*

Es fehlt nicht nur der Beweis für die Existenz der Menge N, ein solcher ist vielmehr unmöglich, weil die Menge N in diesem Fall widerspruchsvoll definiert ist und deshalb gar nicht existieren kann. Dann kann man aber auch das System Σ nicht damit erweitern.

Der Beweis des Herrn BAER ist also *falsch*, und der Satz selbst ist *ebenso falsch*.

27. Herr BAER lehnt es nicht ab, von «*allen möglichen widerspruchsfreien Mengenlehren*» zu sprechen, er behauptet aber, daß «*ihre Vereinigung nicht wieder zu einer widerspruchsfreien Mengenlehre führt*» und daß «gewissermaßen als ‚obere Grenze‘ aller Mengenlehren sich eine widerspruchsvolle findet».

Die Vereinigung selbst wird hier also korrekterweise noch zugelassen, nur das Resultat soll dann nach seiner Ausdrucksweise keine widerspruchsfreie Mengenlehre, sondern ein widerspruchsvolles System von Mengen sein. Das ist aber, wie schon in Nr. 24 gezeigt wurde, etwas *Sinnloses;* widerspruchsvolle Systeme von Mengen gibt es nicht!

Es geht hieraus deutlich hervor, daß es sich bei der früheren Angabe «Σ ist widerspruchsvoll» nicht nur um eine unrichtige Ausdrucksweise handelt, sondern wirklich um ein *fehlerhaftes Denken.*

28. Bei seinem unter Nr. 24 erwähnten Satz weist Herr BAER auf ein Theorem Nr. 10 von ZERMELO hin. Dies könnte leicht den Anschein erwecken, daß bei ZERMELO etwas Ähnliches zu finden wäre. Das ist aber durchaus *nicht der Fall.*

Das Theorem Nr. 10 von ZERMELO ([17] S. 264) besagt, daß jede Menge M mindestens eine Untermenge besitzt, welche nicht Element von M ist. Das stimmt für den von ZERMELO betrachteten Bereich $\mathfrak{B}$. Aus dem Theorem folgt

nach ZERMELO, daß nicht alle Dinge des Bereichs 𝔅 Elemente einer und derselben Menge sein können; das heißt *der Bereich 𝔅 ist selbst keine Menge.* Das
ist ebenfalls richtig.

ZERMELO schließt jedoch *keineswegs,* daß dann entweder 𝔅 widerspruchsvoll
oder aber 𝔅 einer Erweiterung fähig sein müsse. Das ist ein *großer Unterschied!*

Im Gesamtsystem Σ kommt nun tatsächlich eine *Menge aller Mengen* vor,
die also dem Gesamtbereich Σ selbst entspricht. Daraus ergibt sich aber nur,
daß in diesem Bereich nicht alle Axiome ZERMELOs erfüllt sind; insbesondere
ist hier das «Axiom der Aussonderung» nicht erfüllt.

Im System der *zirkelfreien Mengen* sind die Axiome ZERMELOs erfüllt. Dieses
System enthält auch, wie es nach ZERMELO sein muß, weder eine Menge aller
zirkelfreien Mengen noch eine Menge aller sich nicht selbst enthaltenden zirkelfreien Mengen. Trotzdem läßt sich dieses System als solches *nicht erweitern.*
Die beiden eben genannten Mengen existieren zwar und sind übrigens identisch,
weil alle zirkelfreien Mengen sich nicht selbst enthalten. Sie bilden aber eine
zirkelhafte Menge, die sich eben deshalb nicht ohne Widerspruch in das System
der zirkelfreien Mengen einfügen läßt.

29. Herr BAER erwähnt nun das III. Axiom, das «Axiom der Vollständigkeit».
Wie schon in Nr. 23 bemerkt, genügt das Gesamtsystem Σ auch diesem Axiom.
Die Axiome I bis III sind also, im *Gegensatz* zu dem, was Herr BAER nun
behauptet, *gleichzeitig ohne Widerspruch erfüllbar.* Daß dies mit seinem falschen
Satz in Widerspruch steht, ist nicht verwunderlich.

Weiter behauptet jetzt Herr BAER, die Vereinigung *aller* möglichen Mengenlehren sei ein Fehlschluß. Vorher wurde sie als solche noch zugelassen. *Weshalb*
sollte sie jetzt nicht möglich sein? Es werden einfach alle widerspruchsfrei existierenden (nach Herrn BAER in irgendeiner «Mengenlehre» vorkommenden)
Mengen zusammen betrachtet, wobei isomorphe Mengen als identisch gelten.
Dies gibt ein widerspruchsfreies System von Mengen, welches die gesuchte
Vereinigung darstellt. Dem widerspruchsfreien Gesamtsystem entspricht auch
eine *widerspruchsfreie Mengenlehre.*

Ein *Fehlschluß* ist es vielmehr, eine solche Vereinigung *abzulehnen,* denn
es besteht *kein Grund* für diese Ablehnung.

30. Der Einwand des Herrn BAER findet sich, wie in Nr. 15 erwähnt wurde,
schon in der «Grundlegung» (S. 700) und wurde schon dort widerlegt. Dabei
wurde auf die Abhandlung [3] «Gibt es Widersprüche in der Mathematik?» verwiesen. Herr BAER hat dies offenbar *nicht beachtet;* er hätte schon dort (insbesondere S. 154) eine völlige Widerlegung seiner Ansichten finden können.

Um die in der «Grundlegung» gegebene Widerlegung anzugreifen, behauptet
nun Herr BAER, daß das Ding N, das er zum System Σ hinzufügen will, tatsächlich ein «neues», das heißt nicht zum Gesamtsystem Σ gehörendes Ding

sei, daß es *keinem* den Axiomen I und II genügenden System *angehöre*, daß es aber andererseits mit Σ zusammen doch ein solches System *bilde*.

Das ist aber ein *glatter Widerspruch!*

Wenn ein Ding mit andern Dingen zusammen ein gewisses System bildet, dann gehört es auch mindestens einem solchen System an, dagegen ist nichts zu machen. Dann kann es aber nicht zugleich *keinem* solchen System angehören.

Wenn das Ding N jedoch einem den Axiomen I und II genügenden System angehört (hier ist die Ausdrucksweise des Herrn BAER nicht ganz klar), dann ist es *kein neues*, das heißt nicht zum Gesamtsystem Σ gehörendes Ding!

Der Widerspruch löst sich *nur* so, daß es eben ein Ding N mit diesen Eigenschaften *nicht gibt*.

Tatsächlich liegt also der Widerspruch in der Definition von N und *nicht*, wie Herr BAER behauptet, in den Axiomen. Wenn man zum Gesamtsystem Σ nur die Mengen rechnet, welche einem den Axiomen I und II genügenden System angehören, dann *kommt* hier das Axiom III *gar nicht vor!*

Dies zeigt nun auch deutlich, daß bei dieser Widerlegung im Prinzip *keineswegs* die *Widerspruchslosigkeit* des Axiomensystems *vorausgesetzt* wird, wie Herr BAER weiterhin behauptet. Diese Widerspruchslosigkeit wurde allerdings schon vorher bewiesen und steht somit an dieser Stelle *nicht mehr in Frage*, ebenso, wie auch die Algebra durch eine neue «Kreisquadratur» nicht in Frage gestellt wird.

31. Nun meint aber Herr BAER: «N wird ja nicht gefordert, sondern konstruiert!» Wie kann man aber ein Ding mit derart widerspruchsvollen Eigenschaften konstruieren, ein Ding also, das gar nicht existieren kann? Das ist genau der Weg zu den Antinomien, daß man meint, unmögliche Dinge konstruieren zu können!

Was heißt denn überhaupt «konstruieren»? Ein *Handwerker* kann manche Dinge konstruieren, aber bestimmt *nur beschränkt viele* und nicht zu beliebig vielen immer noch eines.

In der *Geometrie* hat das Wort «konstruierbar» eine bestimmte Bedeutung. Dabei wird jedoch die Geometrie oder zum mindesten die Zahlenreihe schon als gegeben *vorausgesetzt*. Selbst dann aber muß in jedem Fall noch geprüft werden, ob eine verlangte Konstruktion auch *ausführbar* ist. Schon ein Dreieck aus drei Seiten zu konstruieren, ist nicht immer möglich; es müssen bestimmte *Bedingungen* erfüllt sein.

Warum soll in der *Mengenlehre* eine «Konstruktion» stets ausführbar sein, auch wenn sich daraus ein Widerspruch ergeben müßte? *Zirkelfreies* Konstruieren ist zwar möglich; vor unerfüllbaren Zirkeln muß man sich aber hüten!

Daß es unerfüllbare Konstruktionsvorschriften gibt, zeigt schon das in der
«Erwiderung» [7] gegebene Beispiel: Man schreibe auf eine Tafel eine Zahl derart, daß sie um 1 größer ist als die größte auf der Tafel angeschriebene Zahl.
Natürlich ist hier nicht gemeint, daß die «neue» Zahl um 1 größer sein soll als
die größte auf der Tafel angeschrieben *gewesene* Zahl. Es gibt keine Zahl, die,
sobald sie auf der Tafel steht, der Forderung genügt. Auch hier darf man nicht
sagen, die «neue» Zahl werde ja nicht gefordert, sondern konstruiert!

Manche meinen vielleicht, das Beispiel zeige, daß das System der auf der
Tafel angeschriebenen Zahlen immer noch einer Erweiterung fähig sei. Auch
das stimmt nicht: sobald die Tafel voll ist, geht es nicht mehr.

32. Man darf es einem nun allerdings nicht verwehren, sich ein Ding N zu
denken, welches genau zu allen Mengen A, für welche $A \, \beta \, A$ nicht gilt, eine
bestimmte Beziehung besitzt. Dieses Ding N ist dann aber *keine Menge*, und
die «neue» Beziehung ist *nicht* die β-Beziehung, sondern eine andere Beziehung γ, welche nicht mit β identifiziert werden kann.

Geht man von der zu β inversen ε-Beziehung aus, so kann man als neue Beziehung eine zu γ inverse η-Beziehung einführen, wie sie auch Herr Baer bei
Systemen verwendet, so daß also $A \, \eta \, \Sigma$ bedeutet, daß die Menge A dem
System Σ angehört. Auch η kann nicht immer mit ε identifiziert werden, weil
eben nicht jedem System eine Menge entspricht.

Es bleibt einem jedoch unbenommen, die Systeme trotzdem als «Einzeldinge»
zu betrachten, die aber im allgemeinen von den Mengen unterschieden werden
müssen und nur in besonderen Fällen bestimmten Mengen gleichgesetzt werden
können. So ist insbesondere das oben betrachtete Ding N *keine Menge*, sondern
allenfalls ein *System*.

Daß man die ursprünglich gegebene Grundbeziehung β sorgfältig von andern,
aus ihr *abgeleiteten* Beziehungen unterscheiden muß, wurde in einem Zusatz
zur «Grundlegung» (S. 713) noch besonders hervorgehoben. So darf man auch
die β-Beziehung nicht mit der aus ihr herzuleitenden ε-Beziehung identifizieren
(oder umgekehrt), obschon beide Beziehungen in gleicher Weise dem Axiom
I genügen.

Dieselben Objekte können also in *verschiedenen* Beziehungen zueinander
stehen: wenn eine Beziehung aus einer andern hergeleitet wird, so braucht sie
mit dieser nicht identifizierbar zu sein und ist dann eine *andere* Beziehung.

So ist auch die Teilmengenbeziehung eine aus der Elementbeziehung *abgeleitete* Beziehung, die nicht mit ihr verwechselt werden darf. Daß man bei solchen
Verwechslungen zu falschen Resultaten kommt, ist nicht verwunderlich.

Im Axiomensystem für die Mengen ist ausdrücklich nur von *einer* Beziehung
β die Rede; diese darf also *nicht* durch *andere*, aus β *abgeleitete* Beziehungen
ersetzt werden.

33. Die von Herrn BAER angeführte Bemerkung HILBERTS, daß das Vollständigkeitsaxiom in der Geometrie ohne das vorangestellte Archimedische Axiom einen Widerspruch einschließen würde, war mir bei der Abfassung der «Grundlegung» natürlich gut bekannt; sie ist jedoch, wie ich schon in der «Erwiderung» angegeben habe, nicht wörtlich zu nehmen. Es handelt sich vielmehr um einen *scheinbaren* Widerspruch, wie er auch in der nicht eingeschränkten Mengenlehre leicht vorkommt.

Die Behauptung, daß sich ein System von Punkten, Geraden und Ebenen, welche die HILBERTschen Axiome I bis IV erfüllen, stets noch erweitern lasse, gilt für relativ einfache Systeme, wie man sie etwa aus der gewöhnlichen Geometrie durch bestimmte sukzessive Erweiterungen erhalten kann. Diese lassen sich dann immer noch mehr erweitern, solange man nämlich *nicht alle möglichen* Erweiterungen in Betracht zieht. Die Vereinigung *aller möglichen* Erweiterungen gibt aber ein System, welches sich nicht mehr erweitern läßt und deshalb dem Vollständigkeitsaxiom genügt.

In ganz ähnlicher Weise zeigt man ja auch in der elementaren Mengenlehre, daß die Menge aller Teilmengen einer Menge größere Mächtigkeit besitzt als die gegebene Menge, daß es also *in der elementaren Mengenlehre* keine größte Mächtigkeit geben kann. In der *vollständigen* Mengenlehre, welche *alle* reinen Mengen umfaßt, gilt dieser Satz nicht mehr, hier hat die Menge aller Mengen die größte Mächtigkeit. Das ist nur ein *scheinbarer* Widerspruch, und genau so verhält es sich in der Geometrie.

Das Vollständigkeitsaxiom ist also, *entgegen* der von Herrn BAER nun vorgebrachten Bemerkung, insbesondere *dann anwendbar* und für den vollständigen Abschluß einer Theorie in gewissem Sinne sogar *notwendig*, wenn für die Erweiterungen beziehungsweise für die Mengenbildung *keine Einschränkungen* vorgenommen werden.

Der eigentliche Sinn der HILBERTschen Bemerkung ist der, daß in der Geometrie die Hinzunahme des Archimedischen Axioms bewirkt, daß das Vollständigkeitsaxiom *schon in einem zirkelfreien Bereich* erfüllbar ist. Es ist wohl einleuchtend, daß HILBERT nur solche Bereiche gemeint hat, ohne sie allerdings besonders zu definieren; *für diese* gilt die Bemerkung.

Eine ähnliche Einschränkung, wie sie das Archimedische Axiom in der Geometrie liefert, ist aber in der Mengenlehre *nicht bekannt.* Außerdem soll hier doch gerade die *nicht eingeschränkte* Mengenlehre untersucht werden!

Es besteht also tatsächlich ein *prinzipieller Unterschied* zwischen der Anwendung des Vollständigkeitsaxioms in der euklidischen Geometrie und in der Mengenlehre. Für einen wirklichen Abschluß der vollen Mengenlehre ist dieses Axiom oder auch die wesentliche Verwendung des Begriffs «alle» prinzipiell *notwendig*, während in der Geometrie die Ersetzung des Vollständigkeitsaxioms

durch andere Forderungen, welche den Begriff «alle» nicht voraussetzen, wenigstens prinzipiell *denkbar*, praktisch aber wohl nicht durchführbar ist.

Wenn man etwa das Kontinuum als die Menge aller Teilmengen der natürlichen Zahlenreihe erklärt, so kommt hier zwar der Begriff «alle» vor, aber
doch nur so, daß das Resultat immer noch *zirkelfrei* bleibt, daß man also im
Prinzip diese Teilmengen auch sämtlich als einzeln vorgelegt betrachten kann.
Dies gilt auch schon für das System aller natürlichen Zahlen, jedoch nicht für
das System aller Mengen; dieses setzt den Begriff «alle» notwendig voraus, da
man es andernfalls doch noch erweitern könnte. Die Definition «alle geraden
Primzahlen» kann man durch die Definition «die Zahl zwei» ersetzen; hier ist
also der Begriff «alle» nicht notwendig. «Alle Mengen» kann man aber nicht
einfach aufzählen; ohne den Begriff «alle» bekommt man, wenn man in sich
wesentliche Mengen ausschließt, nur zirkelfreie Mengen, also bestimmt nicht
alle Mengen. Das ist aber kein Grund, die «Gesamtheit aller Mengen» abzulehnen, nur kann diese nicht in zirkelfreier Weise gewonnen werden.

Man vergleiche dazu die Bemerkungen in Nr. 60.

34. Wenn man nur die Axiome I und II beibehält und das Vollständigkeitsaxiom wegläßt, dann ist allerdings der *Umfang* des betrachteten Mengenbereichs
noch äußerst willkürlich. In jedem vollständigen System sind die Axiome I
und II erfüllt. Man kann also von einer ganz beliebigen Menge ausgehen, oder
auch von einem beliebigen System von Mengen, und die darin wesentlichen
Mengen betrachten; beides zusammen, oder auch diese für sich allein, bilden
jedesmal einen solchen Bereich.

Dies hat nun aber mit dem von Herrn BAER erwähnten, besonders von
TH. SKOLEM untersuchten «mengentheoretischen Relativismus» doch wohl
gar nichts zu tun. Die Mächtigkeiten in den betrachteten Bereichen behalten
stets ihre eigentliche, absolute Bedeutung, wie dies auch in der «Grundlegung»
S. 701 deutlich angegeben ist; sie werden also *nicht* durch besondere Konstruktionsvorschriften, von denen hier gar nicht die Rede ist, *relativiert*. *Das* meint
aber doch der erwähnte Relativismus.

Eine Menge ist *überabzählbar*, wenn es *keine* Abzählung ihrer Elemente *gibt*,
und *nicht* schon dann, wenn man *mit bestimmten Methoden* keine Abzählung
erhalten kann. Die Gesamtheit *aller* Teilmengen der natürlichen Zahlenreihe
ist *in absolutem Sinne* überabzählbar; sie läßt sich nicht in einem tatsächlich
abzählbaren Bereich realisieren.

Wenn man jedoch nur Teilmengen zuläßt, die noch gewissen zusätzlichen
Anforderungen genügen, dann kann es sein, daß man nur abzählbar viele erhält.
Diese Gesamtheit dann in einem übertragenen Sinn trotzdem überabzählbar
zu nennen, ist vom absoluten Standpunkt aus gesehen höchst *unnötig* und *irreführend*.

Was soll es nun aber heißen, wenn Herr BAER zum Schluß bemerkt, daß «dieser mengentheoretische Relativismus wenigstens nach ‚oben' gesichert» sei? Das ist doch wohl *sinnlos!*

35. Es fragt sich noch, ob es *zweckmäßig* ist, den Bereich der Mengen besonders *einzuschränken*, sei es durch bestimmte Bildungsvorschriften für die zugelassenen Mengen, oder einfach bezüglich des Gesamtumfanges des Mengenbereichs.

Für die *Untersuchung* und *Aufklärung* der mengentheoretischen *Antinomien* wird man das *Gesamtsystem aller* reinen Mengen zugrunde legen müssen, denn gerade hier machen sich diese Schwierigkeiten ja erst wirklich bemerkbar, und es handelt sich auch vor allem darum, zu wissen, daß dieses Gesamtsystem widerspruchsfrei *existiert*.

Weiter braucht man aber dieses System, um damit die *zirkelfreien* Mengen definieren zu können, also ein System von Mengen, welches *ohne unnötige oder willkürliche Einschränkungen* einen Bereich darstellt, in dem die üblichen Axiome der Mengenlehre erfüllt sind.

Die Betrachtung dieses letzteren Systems ist nun auch *notwendig*, um den *Nachweis* zu führen, daß es *unendlich viele Dinge* und auch *überabzählbare Mächtigkeiten gibt*. Die *unendliche Zahlenreihe* und das *Kontinuum* werden *erst hierdurch* gewährleistet.

Für alle *praktischen Anwendungen* der Mengenlehre ist das System der *zirkelfreien Mengen vollständig ausreichend*.

Weitere, an sich *willkürliche Einschränkungen* können für manche Zwecke in ähnlicher Weise *nützlich* sein, wie etwa beim Zahlenrechnen die Beschränkung auf eine bestimmte Stellenzahl (etwa auf höchstens siebenstellige Zahlen) nützlich sein kann.

Die *Zahlentheorie* als solche sollte sich aber mit der Gesamtheit *aller* natürlichen Zahlen befassen, und die *Mengentheorie* als solche ebenso mit der Gesamtheit *aller* Mengen.

Es sei hier noch besonders darauf hingewiesen, daß die Mengen nur eine *Verallgemeinerung* der natürlichen Zahlen sind: während diese die Beziehung β (zu ihren «Vorgängern») entweder zu genau *einer* andern natürlichen Zahl oder zur Null besitzen, haben die Mengen diese Beziehung β (zu ihren «Elementen») zu beliebig vielen Mengen.

36. Es sei weiter auf die «Erwiderung» [7] selbst verwiesen, die hier nicht ganz wiederholt werden kann, die aber vollständig gültig bleibt.

In seinen Bemerkungen [2] zu dieser Erwiderung wird von Herrn BAER fast alles Vorgebrachte *ignoriert*, und es werden nur zwei Punkte herausgegriffen, in denen er aber ebenfalls unrecht hat.

Die Annahme, daß die BAERsche Konstruktion der Menge N *in gewissen*

Fällen (dies *verschweigt* Herr BAER!) «zirkelhafter Natur» sei, beruht keineswegs auf einem Mißverständnis meinerseits.

Herr BAER hat das System von Mengen, welches den Axiomen I und II genügt, nicht weiter eingeschränkt. Wenn nun dieses System Σ *alle* Mengen enthält, was nicht verboten ist, dann *müßte* die angeblich *neue* Menge N eben dadurch, daß sie eine *Menge* sein soll, doch schon dem System Σ angehören, und das ist der Zirkel.

Die Ausführungen des Herrn BAER sind ein typisches Beispiel dafür, wie man mit einer unverstandenen Paradoxie falsche Behauptungen «beweisen» kann.

Wenn das «neue» Ding N (dann besser N zu nennen) *keine Menge* sein soll, sondern etwa ein *System*, dann verschwindet der Zirkel und der Widerspruch, dann hat man aber auch keine Erweiterung des Systems der Mengen. Wenn man aber fordert oder behauptet, daß N eine *Menge* sei, dann *müßte* diese Menge, sofern Σ *alle* Mengen enthält, selbst zu den im «vorgelegten Mengensystem Σ bereits vorhandenen Mengen» gehören, selbst wenn «ausdrücklich nachgewiesen wird», daß dies nicht möglich ist. In diesem Fall hat man also einen unerfüllbaren Zirkel und einen Widerspruch; eine solche Menge N *gibt es nicht!*

Auch bei der üblichen Paradoxie der «Menge aller sich nicht selbst enthaltenden Mengen», um die es sich hier tatsächlich handelt, wird «ausdrücklich nachgewiesen», daß sie sich nicht selbst enthält. Trotzdem *müßte* sie sich enthalten und sie *kann* deshalb *nicht existieren*.

37. Die zweite Bemerkung des Herrn BAER betrifft die von ihm in [1] zitierten HILBERTschen Ausführungen über das Vollständigkeitsaxiom (siehe oben Nr. 33). Um meine Erklärung des Sachverhaltes anzugreifen, behauptet Herr BAER, daß «*jeder* relle Körper durch Adjunktion eines transzendenten Elementes zu einem größeren reellen – wenn auch nicht immer archimedisch geordneten – Körper erweitert werden kann».

Das *stimmt aber nicht!* Ebenso, wie man durch Vereinigung aller transfiniten Ordnungszahlen eine größte transfinite Ordnungszahl erhält (vgl. Nr. 4), so erhält man auch durch Vereinigung aller transzendenten Erweiterungen eines reellen Körpers einen *größten* reellen Körper. Zu diesem kann kein transzendentes Element mehr adjungiert werden; dies würde wiederum einen unlösbaren Zirkel und damit einen Widerspruch ergeben.

Eine *Beschränkung* auf *zirkelfreie Bildungen* ist hier ja nicht vorgesehen.

Es ist wohl klar, daß *früher* bei solchen Sätzen *stillschweigend* nur zirkelfreie Konstruktionen zugelassen wurden, da man hier an die Möglichkeit von zirkelhaften Bildungen, bei denen der Begriff «alle» vorkommt, gar nicht gedacht hat. Um dies in Ordnung zu bringen, muß man aber ausdrücklich sagen, was gemeint ist, und dazu ist es auch notwendig, *allgemein* zu erklären, was zirkelfreie Konstruktionen sind. Sonst erhält man eben *falsche Sätze*.

38. Herr A. FRAENKEL referiert die Diskussion zwischen Herrn R. BAER und mir in folgender Weise ([13]):

[1] Eine Kritik des entscheidenden Punktes der FINSLERschen Grundlegung der Mengenlehre (M. Z. 25 (1926), 683–713; F. d. M. 52); es wird nämlich gezeigt, daß jedes widerspruchsfreie Modell einer Mengenlehre der FINSLERschen Art stets noch einer Erweiterung fähig ist – im Gegensatz zum dortigen «Vollständigkeitsaxiom».

[7] Versuch einer Widerlegung der vorstehend besprochenen Kritik.

[2] Antikritik zur vorstehend erwähnten Erwiderung.

Wie in Nr. 15 bis Nr. 35 im einzelnen dargelegt wurde, ist die Kritik [1] des Herrn BAER *gänzlich unhaltbar* und auch in der entscheidenden Behauptung *falsch.*

Die Erwiderung [7] wird durch die, wie in Nr. 36 und Nr. 37 gezeigt wurde, überdies selbst noch irrtümliche Antikritik [2] keineswegs aufgehoben und ist, wie auch aus dem Vorangehenden wohl deutlich genug hervorgeht, nicht nur der «Versuch» einer Widerlegung von [1].

Es scheint, daß Herr FRAENKEL sich insbesondere die Erwiderung [7] nicht genau überlegt hat. Daß er zum mindesten die «Grundlegung» nicht sorgfältig gelesen hat, geht schon daraus hervor, daß er in seinem Lehrbuch ([12] 2. Aufl. S. 200, 3. Aufl. S. 289) die Behauptung, im ZERMELOschen Auswahlaxiom (in der üblichen Formulierung!) sei die paarweise Elementenfremdheit der Elemente der gegebenen Menge «keineswegs erforderlich», beibehält und also das in der «Grundlegung» S. 710 angegebene einfache Gegenbeispiel der Menge $\{\{a\}, \{b\}, \{a, b\}\}$ nicht kennt.

39. Weiter kann ich Herrn FRAENKEL versichern, daß ich den Gedanken, die *reinen Mengen* zu untersuchen, deren Elemente selbst nur wieder reine Mengen sind, *nicht von ihm übernommen* habe. Bei meiner Kölner Antrittsvorlesung vom Jahr 1923, in der dieser Gedanke ausgesprochen und begründet wurde (vgl. [3] S. 153), waren mir seine Untersuchungen dazu auf jeden Fall *noch nicht bekannt.* Zudem hatte ich den Gedanken, das System dieser reinen Mengen als Grundlage der Mengenlehre anzunehmen, schon einige Jahre vorher zum Beispiel Herrn BERNAYS gesprächsweise mitgeteilt.

Solche «reine Mengen» wurden übrigens von ZERMELO für die Theorie der Ordnungszahlen schon früher benutzt; aber auch Herr FRAENKEL hat für sie *keinen besonderen Namen* eingeführt.

Die *Hauptsache* ist aber gar nicht die *Beschränkung* auf reine Mengen allein, sondern vielmehr die Einsicht, daß dies die *einzige* Einschränkung ist, die man braucht, um eine *widerspruchsfreie Mengenlehre* und zugleich ein *eindeutiges* System von Mengen zu erhalten, das *alle* reinen Mengen enthält und so dem *eindeutigen* System *aller* natürlichen Zahlen entspricht (vgl. [3] S. 153). Von dieser Einsicht ist aber Herr FRAENKEL allem nach auch heute noch unendlich weit entfernt.

Kapitel 3

Ein Referat

40. Herr TH. SKOLEM hat in [15] die «Grundlegung» [5] besprochen. Dieses Referat sei hier *vollständig wiedergegeben*, damit zu jedem Punkt Stellung genommen werden kann.

Es beginnt so:

P. FINSLER. Über die Grundlegung der Mengenlehre. I: Die Mengen und ihre Axiome. M. Z. 25, 683–713.

Diese Abhandlung enthält einen Versuch, die Mengenlehre so zu begründen, daß sie einerseits nicht zu Antinomien führt und andrerseits eine absolute und eindeutig bestimmte Theorie wird.

Das ist *richtig;* nur handelt es sich dabei nicht, wie Herr SKOLEM später meint, um einen verfehlten, sondern um einen *gelungenen Versuch!*

41. Weiter heißt es:

Die Einstellung des Verfassers tritt schon in der Einleitung scharf hervor, indem er dort sagt, daß es für die Wahrheit oder Falschheit mathematischer Sätze ganz gleichgültig ist, ob wir sie mit unseren menschlichen Mitteln beweisen oder widerlegen können.

So habe ich das *nicht* gesagt! Ein mathematischer Satz ist selbstverständlich wahr, wenn wir ihn mit unseren menschlichen Mitteln beweisen können, und er ist falsch, wenn wir ihn widerlegen können. Das ist also *gar nicht gleichgültig!*

Ein mathematischer Satz *wird* aber nicht erst dann wahr, wenn wir ihn beweisen, und er *wird* nicht erst dann falsch, wenn wir ihn widerlegen; er ist es schon vorher, auch wenn wir nicht wissen, ob er wahr oder ob er falsch ist.

Manche sagen vielleicht, der Satz sei «für uns» erst wahr, wenn wir ihn bewiesen haben. Das bedeutet aber etwas anderes, nämlich daß wir den Satz erst dann als wahr *erkennen*, wenn er bewiesen ist.

Die reine Mathematik als solche, die wir nur zu untersuchen haben (vgl. Nr. 3), ist sowohl vom Zeitablauf wie auch von unseren beschränkten Hilfsmitteln unabhängig.

42.

Viele werden es aber wohl unklar finden, was es eigentlich heißt, daß ein unentscheidbarer Satz «wahr» oder «falsch» ist.

Hier zeigt es sich, daß Herr SKOLEM den gerade an der betreffenden Stelle (S. 685) in der «Grundlegung» gegebenen *Hinweis* auf die Abhandlung [4]: «Formale Beweise und die Entscheidbarkeit» *nicht beachtet* hat. In dieser Abhandlung wird gezeigt, daß es Sätze gibt, die *formal unentscheidbar* sind, bei denen man aber trotzdem *einsehen* kann, daß sie tatsächlich *falsch* sind (ebenso natürlich bei andern, daß sie wahr sind). Daraus geht deutlich hervor, daß es auch bei formal unentscheidbaren Sätzen (und solche meint jedenfalls Herr SKOLEM) klar ist, was es heißt, daß sie wahr oder falsch sind (nämlich in einem

absoluten Sinn; nicht «wahr» oder «falsch» in bloß formaler Bedeutung!).
Die Frage, ob es auch *absolut unentscheidbare* Sätze gibt, habe ich später in [10]
untersucht.

Die genannte Abhandlung [4] geht der «Grundlegung» *unmittelbar voraus.*
Wie kann man eine Sache richtig beurteilen, wenn einem die nötigsten Voraussetzungen fehlen?

Wir wissen heute nicht, ob die EULERsche Konstante rational oder irrational
ist, und es ist denkbar, daß wir dies nie werden entscheiden können. Trotzdem
können wir sagen, sie ist rational, wenn sie gleich dem Quotienten von zwei
natürlichen Zahlen ist; andernfalls ist sie irrational. Es gilt hier der Satz vom
ausgeschlossenen Dritten. Dieser Satz wurde in der «Grundlegung» für die exakte Mathematik *vorausgesetzt;* dies bedeutet, daß nur solche Dinge untersucht
werden, für die er gilt, für die es also *an sich nichts Unklares* gibt. Ob *wir persön-
lich* immer die Entscheidung treffen können oder nicht, spielt dabei keine Rolle.

Es wurde in der «Grundlegung» (S. 683) auch deutlich gesagt, daß andere
Untersuchungen, bei denen der Satz vom ausgeschlossenen Dritten verworfen
wird, hier außer Betracht bleiben. Wenn Herr SKOLEM die Arbeit beurteilen
will, dann muß er sich ebenfalls auf diesen Standpunkt stellen, also *dieselben
Voraussetzungen* machen, und nicht von andern Dingen reden, mit denen die
Arbeit gar nichts zu tun hat.

Die Bedeutung von wahr und falsch in der reinen Mathematik wird doch im
allgemeinen als bekannt vorausgesetzt.

43.

In Kap. 1, § 1, bespricht er zuerst die falsche, zur RUSSELLschen Antinomie führende, Annahme, daß man mit einem Bereich von Dingen so räsonnieren kann, daß irgendwelche der Dinge
zu Mengen zusammengefaßt werden können, die wieder Dinge des Bereiches sind.

Dies bedeutet aber nicht, daß man nicht vom Bereich aller Mengen reden
dürfte. Man darf nur nicht zu jedem System **N** von Mengen eine **N** entsprechende Menge N annehmen. Es gibt eben Systeme, denen keine Menge entspricht.

In § 2 spricht er von zirkelhaften Definitionen. Die späteren Betrachtungen des Verfassers,
daß eine Menge gewisser Dinge nicht mit deren Inbegriff oder Gesamtheit identisch ist, sondern
nur ein diesen Dingen zugeordnetes Ding, scheinen dem Referenten nur Wortspiel zu sein; denn
jede Zusammenfassung von Dingen, ganz gleichgültig, ob sie Menge, Inbegriff oder Gesamtheit
genannt wird, kann als ein solches zugeordnetes Ding angesehen werden.

Unter dem «Inbegriff» oder der «Gesamtheit» von irgendwelchen Dingen
versteht man üblicherweise *die Dinge selbst*, also im allgemeinen *viele* Dinge.
Eine *Menge* von Dingen muß aber in einer sauberen Mengenlehre ein *einzelnes*
Ding sein; das ist also etwas *ganz anderes*. Diesen Unterschied habe ich in der
«Grundlegung» doch wohl *sehr deutlich* auseinandergesetzt; wie man hier von
einem «Wortspiel» reden kann, ist mir unbegreiflich.

Wenn *eine* Menge *zwei* Elemente besitzt, so ist doch nicht ein Ding identisch mit zwei Dingen und folglich eins gleich zwei. Wenn man solche Dinge verwechselt, kommt man natürlich zu Widersprüchen und Antinomien, aber sicher nicht zu einer brauchbaren Mengenlehre.

Daß man *rein sprachlich* eine Einzahl verwendet, wenn man von *der* Gesamtheit der Elemente einer Menge spricht, tut nichts zur Sache. Es kommt darauf an, was damit *gemeint* ist. *Gemeint* ist hier aber *nicht* die *Zusammenfassung* als solche, sondern *gemeint* sind die *Elemente*, und zwar alle ohne Ausnahme. Wenn die Gesamtheit der Schüler einer Klasse ein Examen bestanden hat, dann hat nicht ein abstrakter Begriff das Examen bestanden, sondern jeder einzelne Schüler hat es bestanden.

§ 3 der «Grundlegung» hat die Überschrift «Menge und Gesamtheit». In § 4 werden *Systeme von Mengen* eingeführt, wobei die *Mengen* nur *Dinge* sind, die *Systeme* jedoch *Zusammenfassungen* von Mengen.

Die analoge Unterscheidung zwischen «set» und «class» ist heute in der Mengenlehre ganz geläufig. Nach H. WEYL ([16] S. 11) ist allerdings «the introduction of classes ... due to FRAENKEL, V. NEUMANN, BERNAYS, and others».

44. Es sei hier eine Zwischenbemerkung angefügt: Nach G. CANTOR ist eine Menge, kurz gesagt, die Zusammenfassung wohlbestimmter Objekte zu einem Ganzen. In [3] S. 151 bemerkte ich dazu: «Also die Zusammenfassung selbst.»

In [12], 3. Aufl., S. 13 meint Herr FRAENKEL zur CANTORschen Definition, «daß natürlich nicht der *Akt* des Zusammenfassens, sondern das *Ergebnis* dieses Aktes gemeint ist». Ist das wirklich so natürlich? Gesagt hat es CANTOR auf jeden Fall nicht. In einer *sehr naiven* Mengenlehre wird man allerdings zunächst an das *Resultat* der Zusammenfassung denken. Was erhält man aber als Resultat, wenn man zum Beispiel die Zahl 1 zusammenfaßt? Doch wohl die Zahl 1 selbst. Trotzdem sagt man in der Mengenlehre, daß eine Menge, die nur *ein* Element enthält, nicht mit diesem Element verwechselt werden darf. Und was erhält man, wenn man nichts zusammenfaßt? Doch wohl nichts. Wie kommt man dann zur Nullmenge?

Die Bemerkung des Herrn FRAENKEL kann nur dazu dienen, die Einsicht in die Grundlagen der Mengenlehre und vor allem in das Wesen der Paradoxien zu *erschweren*. Weshalb soll man bei der Entwicklung der Mengenlehre unter einer Menge nicht die *Operation* des Zusammenfassens ihrer Elemente verstehen? Dann ist alles klar. Das Resultat einer Operation kann man ja nicht erhalten, ohne die Operation auszuführen; diese ist also doch notwendig. Wenn man aber wegen eines unerfüllbaren Zirkels die Operation nicht ausführen kann, dann gibt es auch kein Resultat der Operation. Wenn man nun das Resultat trotzdem *postuliert*, dann hat man eine *Antinomie!*

45.

In Kap. 2 stellt der Verfasser seine Axiome auf. Nach Axiom I soll es immer «entschieden sein», ob $M \beta N$ (das heißt N ist Element von M) stattfindet oder nicht.

Das «entschieden sein» bedeutet hier natürlich wieder eine Anwendung des Satzes vom ausgeschlossenen Dritten; es wird nicht verlangt, daß wir selbst immer die Entscheidung treffen können.

Warum als *Grundbeziehung* die Beziehung β, also die Beziehung des Enthaltens und nicht die des Enthaltenseins gewählt wurde, ist oben in Nr. 16 noch näher begründet worden.

Nach Axiom II sollen M und N identisch sein, wenn alle in M wesentlichen Mengen (das heißt Elemente von M, Elemente der Elemente von M usw.) den in N wesentlichen Mengen eineindeutig und β-beziehungstreu zugeordnet werden können.

Daß dabei die Elemente von M den Elementen von N zugeordnet werden müssen, kann hier wohl als selbstverständlich betrachtet werden.

46.

Axiom III ist ein Vollständigkeitsaxiom; es sagt aus, daß der betrachtete Bereich von Mengen maximal sein soll. Es scheint doch klar zu sein, daß jeder Bereich, der den Axiomen I und II genügt, erweiterungsfähig sein muß, falls man nicht die Bildung neuer Dinge verbieten will, zum Beispiel verbieten, die aus den Dingen des Bereiches gebildeten Gesamtheiten als neue Dinge anzusehen, was sinnlos erscheint. (Vgl. R. BAER, Über ein Vollständigkeitsaxiom in der Mengenlehre, M.Z. 27(1928), 536–539; F.d.M. 54, 90.)

Was von der Note [1] des Herrn BAER und der Besprechung [13] des Herrn FRAENKEL zu halten ist, wurde oben schon gezeigt. Da aber das Vollständigkeitsaxiom anscheinend besondere Schwierigkeiten bereitet, sei hier nochmals darauf eingegangen.

Zu jeder natürlichen Zahl gibt es eine größere natürliche Zahl, so daß man also beim Zählen sozusagen «nie fertig wird», genauer gesagt, bei keiner natürlichen Zahl schon fertig ist. Trotzdem darf man es einem *nicht verbieten*, von *allen* natürlichen Zahlen zu sprechen, also von allen, die es gibt, von allen, die widerspruchsfrei existieren. Ein solches Verbot wäre tatsächlich *unbegründet* und deshalb «sinnlos». Für die Existenz einer natürlichen Zahl ist es doch *nicht notwendig*, daß *wir* bis zu dieser Zahl gezählt haben; das wäre ein *sehr unbilliges Verlangen!*

Ebenso ist es nun auch bei den Mengen. Von irgendeiner gewöhnlichen Menge, etwa der Nullmenge, ausgehend kann man immer weitere Mengen bilden, so daß man auch hier anscheinend «nie fertig wird». Trotzdem darf man es einem auch hier *nicht verbieten*, von *allen* reinen Mengen zu sprechen, also von allen, die es gibt, von allen, die widerspruchsfrei existieren. Ein solches Verbot wäre wiederum *unbegründet* und deshalb «sinnlos».

Die reinen Mengen sind ja (vgl. Nr. 35) nur eine *Verallgemeinerung* der natürlichen Zahlen: während diese immer nur *einen* Vorgänger haben, besitzt eine

Menge *beliebig viele* «Vorgänger», nämlich ihre Elemente. Das ist im Prinzip der ganze Unterschied.

Unter einer «Menge» sei auch im folgenden stets eine «reine Menge» verstanden, so daß also die Elemente einer Menge immer nur Mengen sind. Diese Mengen sind aber *genau wie die natürlichen Zahlen* nur *ideelle Einzeldinge*, die untereinander in einer bestimmten Beziehung stehen.

47. Der Bereich aller Mengen läßt sich nun *als solcher* ebensowenig erweitern wie der Bereich der natürlichen Zahlen; er *genügt* somit dem *Vollständigkeitsaxiom.*

Zu *allen* natürlichen Zahlen kann man nicht noch eine «neue natürliche Zahl» «bilden» oder «konstruieren»; das wäre ein widerspruchsvoller Begriff, und die Bildung von *unmöglichen*, also *widerspruchsvollen* «Dingen» ist *selbstverständlich verboten*, weil das einfach nicht geht!

Genau so kann man zu *allen* Mengen nicht noch eine «neue Menge» «bilden» oder «konstruieren»; auch das wäre ein widerspruchsvoller Begriff, und die Bildung von *unmöglichen*, also *widerspruchsvollen* «Dingen» ist auch hier *selbstverständlich verboten!*

Wenn man zu jeder natürlichen Zahl eine folgende «bilden» kann, warum nicht auch zu allen natürlichen Zahlen eine folgende? Nur deshalb nicht, weil dies ein Widerspruch ist! Man kann sich zwar ein «neues Ding» denken und festsetzen, daß es auf alle natürlichen Zahlen folgen soll; man kann es auch, wenn man will, als Ordnungszahl und mit ω bezeichnen; es ist dies aber auf jeden Fall *keine natürliche Zahl*. Eine auf alle natürlichen Zahlen folgende natürliche Zahl *gibt es nicht!*

Die «Bildung von neuen Dingen» wird also nicht an sich «verboten», sie ist aber nur möglich, wenn es noch neue Dinge gibt, wenn also bei der «Bildung» kein Widerspruch entsteht. *Nicht erlaubt* ist es aber, *neue* Dinge als *alte* Dinge zu betrachten, denn das ist ein Widerspruch!

Es ist also *nicht verboten*, «die aus den Dingen des Bereiches gebildeten Gesamtheiten als neue Dinge anzusehen», solange man eben diese «neuen Dinge» nicht als alte Dinge, das heißt als Mengen bezeichnet.

Wenn man das System aller sich nicht enthaltenden Mengen «als ein neues Ding ansehen» will, dann ist dieses «neue Ding» ein *System* und *keine Menge;* denn sonst wäre es ja kein «neues» Ding. Dieses System ist ebensowenig eine Menge, wie die Ordnungszahl ω eine natürliche Zahl ist. Der Bereich aller Mengen läßt sich *als solcher*, nämlich als Bereich von *Mengen, nicht erweitern;* er ist tatsächlich ein *maximaler* Bereich von Mengen.

48. Den Bereich *aller rationalen Zahlen* kann man zum Bereich *aller reellen Zahlen* erweitern, indem man gewisse Systeme rationaler Zahlen als reelle Zahlen bezeichnet. Jeder rationalen Zahl entspricht eindeutig eine bestimmte reelle Zahl; umgekehrt aber gibt es reelle Zahlen, denen keine rationale Zahl entspricht, die man deshalb auch nicht als rationale Zahlen bezeichnen darf, sonst kommt man zu Widersprüchen.

Ebenso läßt sich der Bereich *aller Mengen* zum Bereich *aller Systeme von Mengen* erweitern, indem man die Zusammenfassungen von Mengen als Systeme bezeichnet. Jeder Menge entspricht eindeutig ein bestimmtes System von Mengen, nämlich das System ihrer Elemente. Umgekehrt aber gibt es Systeme von Mengen, denen keine Menge entspricht, die man deshalb auch nicht als Mengen bezeichnen darf, sonst kommt man zu Widersprüchen. Ein Beispiel dafür ist das System aller sich nicht enthaltenden Mengen.

Die Irrationalzahlen unterscheiden sich wesentlich von den rationalen Zahlen: sie lassen sich nicht als Quotienten von ganzen rationalen Zahlen darstellen. Ebenso unterscheiden sich die Systeme, denen keine Menge entspricht, wesentlich von den Mengen: sie lassen sich nicht mit einer *einzigen* Beziehung β darstellen. Die Mengen werden allein durch die Beziehung β festgelegt. Um ein System von Mengen zu erhalten, braucht man zuerst die Mengen, also die Beziehung β, und dann weiter noch eine neue Beziehung γ, die angibt, welche Mengen das System enthalten soll. Die Beziehung γ hat ohne die Beziehung β keinen Sinn; sie kann nur in speziellen Fällen durch die Beziehung β ersetzt werden, wenn man nämlich das System durch eine Menge ersetzen kann. So kann man auch nur in speziellen Fällen eine reelle Zahl (als System von rationalen Zahlen) durch eine rationale Zahl ersetzen; bei den irrationalen Zahlen geht das nicht.

Daß man den Bereich aller Mengen zu einem größeren Bereich von Systemen «erweitern» kann, widerspricht keineswegs dem Vollständigkeitsaxiom; dieses bezieht sich lediglich auf die *Mengen*, also auf solche Dinge, die durch *eine* (ursprüngliche, nicht abgeleitete) Beziehung β definiert sind (vgl. Nr. 32). Einen *größeren Bereich* von *Mengen gibt es nicht!*

49.

Weiter ist klar, daß die Forderung, daß das betrachtete System das größte ist, das I und II genügt, nur dann eine absolute Bedeutung haben kann, wenn die Gesamtheit aller Systeme schon sonst eindeutig bestimmt ist; aber dann müßte es wohl ein erst zu lösendes Problem sein, ob darin ein größtes vorkommt.

Die Gesamtheit aller Systeme, die den Axiomen I und II genügen, ist durch diese Axiome tatsächlich schon eindeutig bestimmt; es sind alle, die es gibt, also alle, die widerspruchsfrei möglich sind.

Das Problem, ob unter diesen Systemen ein größtes vorkommt, wird dadurch gelöst, daß man zeigt, daß sich diese Systeme zu einem größten vereinigen lassen, indem man isomorphe Mengen der verschiedenen Systeme identifiziert. Dies wurde in § 9 und § 11 der «Grundlegung» durchgeführt.

50.

Bei der näheren Besprechung des Axioms III in § 10 sagt der Verfasser, daß eine Menge existiert,
wenn die Annahme ihrer Existenz nicht zu einem Widerspruch mit I und II führt. Es scheint
aber dem Referenten ganz unlogisch zu sein, eine solche Erklärung der Existenz von Dingen
aufzustellen innerhalb einer Theorie, worin die Dinge nicht isolierte logische Gebilde sind, sondern
in den mannigfaltigsten Beziehungen zueinander stehen.

Daß eine irgendwie definierte Menge M «existiert», bedeutet in diesem
Zusammenhang, wie eben dort in § 10 angegeben ist, daß es im System Σ aller
Mengen eine der Definition genügende Menge gibt. Daß die Annahme der
Existenz von M den beiden ersten Axiomen nicht widerspricht, bedeutet, wie
dort ebenfalls angegeben ist, daß es ein den beiden ersten Axiomen genügendes
System gibt, das eine der Definition genügende Menge M enthält.

Wenn es kein solches System gäbe, dann würde eben die Annahme, daß es
eine solche Menge gibt, schon mit den beiden ersten Axiomen in Widerspruch
stehen. Wenn es aber ein solches System gibt, dann muß die Menge M auch dem
Gesamtsystem Σ angehören, da dieses als Vereinigung aller Systeme, die I
und II genügen, auch dieses spezielle System und damit auch die Menge M
enthalten muß. Das ist bestimmt nicht «unlogisch».

Die Mengen stehen ebenso «in den mannigfaltigsten Beziehungen zueinander», wie etwa die reellen Zahlen. Bei der Definition einer bestimmten reellen
Zahl braucht man aber auch nicht alle diese Beziehungen zu kennen; es genügt,
wenn die Definition an sich einwandfrei ist, wenn sie also eindeutig eine bestimmte reelle Zahl festlegt. Genau so ist es bei den Mengen.

Die Mengen kann man ebensogut als «isolierte logische Gebilde» betrachten,
wie die reellen Zahlen, und sogar genau so gut, wie die natürlichen Zahlen.

Eine reelle Zahl kann durch ein bestimmtes System rationaler Zahlen definiert sein; ebenso eine Menge durch das System ihrer Elemente mit den darin
wesentlichen Mengen. Nicht jedes System von rationalen Zahlen definiert eine
reelle Zahl, und nicht jedes System von Mengen definiert eine Menge. Es
müssen noch bestimmte Bedingungen erfüllt sein; im letzteren Fall allerdings
nur die eine, daß die Annahme einer solchen Menge den Axiomen I und II
nicht widerspricht.

51.

Falls die Annahme der Existenz von M und Nichtexistenz von N keinen Widerspruch gibt,
und auch nicht die Existenz von N mit Nichtexistenz von M, während die Annahme der Existenz
sowohl von M wie N einen Widerspruch gibt, was sollte dann eigentlich existieren? Wie stünde
es dann mit der Eindeutigkeit der Theorie?

Wie sollte denn so etwas möglich sein? Wie sollte die Existenz einer Menge
von der Nichtexistenz einer andern Menge abhängen können? Die *Existenz*
einer Menge ist eine *absolute* und *keine bedingte Eigenschaft*. Wenn eine Menge in
bestimmter Weise, etwa durch Angabe ihrer Elemente, definiert wird, so steht

die Annahme der Existenz dieser Menge entweder mit den Axiomen I und II in Widerspruch, oder das ist nicht der Fall. Etwas anderes gibt es nicht!

Wenn eine Menge existiert, dann müssen allerdings auch die in ihr wesentlichen Mengen existieren; welche Mengen sonst noch existieren, ist gleichgültig.

Es wird nicht behauptet, daß wir in jedem Fall *wissen* oder *entscheiden können*, ob eine bestimmt definierte Menge existiert oder nicht; wir wissen ja auch nicht von jeder bestimmt definierten reellen Zahl, ob sie rational oder irrational ist.

Es kann vorkommen, daß ein System, welches den Axiomen I und II genügt, die Menge M und nicht die Menge N enthält, während ein anderes die Menge N und nicht die Menge M enthält. Dann kann man aber die beiden Systeme vereinigen, indem man isomorphe Mengen identifiziert, und erhält so ein System, welches ebenfalls diesen Axiomen genügt und sowohl M wie N enthält. Aus dem Identifizieren isomorpher Mengen kann kein Widerspruch entstehen; es liegt ja kein Grund vor, sie nicht zu identifizieren.

Wenn also im absoluten Sinn eine Menge M und eine Menge N existiert, dann existieren sie *alle beide!*

Damit ist auch die Eindeutigkeit der Theorie gewährleistet.

52.

Und was heißt übrigens «Widerspruch» in der FINSLERschen Theorie? Nach der Erklärung in der Einleitung braucht «Widerspruch» nicht «nachweisbarer Widerspruch» zu sein; man vermißt dann aber eine genauere Erklärung.

Warum soll denn «Widerspruch» in meiner Theorie etwas Besonderes heißen? Das Wort «Widerspruch» bedeutet genau das, was es besagt und was es in der klassischen Mathematik schon immer bedeutet hat. Ein Widerspruch braucht ebensowenig ein nachweisbarer Widerspruch zu sein, wie ein Mord ein nachweisbarer Mord zu sein braucht.

Eine besondere Erklärung sollte hier eigentlich überflüssig sein; eine bloß *formale* Erklärung hat hier selbstverständlich keinen Sinn. Es sei aber auf das in Nr. 12 Gesagte verwiesen.

Eine reelle Zahl ist genau dann irrational, wenn die Annahme, sie sei rational, einen Widerspruch enthält. Ebenso bildet ein System von Mengen genau dann *keine* Menge, wenn die Annahme, es entspreche ihr eine Menge, einen Widerspruch enthält.

In beiden Fällen ist es nicht notwendig, daß *wir* den Widerspruch *nachweisen* können. Es gilt der Satz vom ausgeschlossenen Dritten: Die Annahme ist entweder widerspruchsvoll oder sie ist es nicht.

Wenn die Annahme, eine bestimmte positive reelle Zahl sei rational, *keinen* Widerspruch enthält, dann *gibt es* zwei natürliche Zahlen, deren Quotient gleich dieser Zahl ist, gleichgültig, ob wir sie finden können oder nicht. Wenn es solche Zahlen nicht geben würde, dann wäre die gemachte Annahme widerspruchsvoll, weil sie den Tatsachen widersprechen würde.

Wenn die Annahme, ein bestimmtes System von Mengen bilde eine Menge, *keinen* Widerspruch enthält, dann *gibt es* eine Menge, welche genau die Mengen dieses Systems als Elemente besitzt. Nur solche Mengen gehören dem Gesamtsystem Σ an; dieses ist also eindeutig und widerspruchsfrei bestimmt.

Die Widerspruchsfreiheit der Geometrie stützt sich auf die der Arithmetik, diese auf die der Mengenlehre, und diese stützt sich auf die Logik. Die Logik ist nach Voraussetzung an sich schon widerspruchsfrei, sonst wäre es keine Logik.

Es ist klar, daß es sich hier stets um eine *absolute Widerspruchsfreiheit* handelt und nicht nur um eine formale; ebenso aber auch um eine *absolute Logik* und nicht nur um eine formale.

53.

In § 9 meint der Verfasser, ganz unbeschränkt Vereinigungen und Durchschnitte von Systemen bilden zu können. Er hat keine Skrupel, was nicht-prädikative Definitionen hier betrifft, so daß er es nicht nötig findet, Stufenunterscheidungen zu machen.

Schon in § 4, S. 690, der «Grundlegung» wurde bemerkt: «Durch die axiomatische Auffassung, nach der die Mengen nur Dinge und nicht Zusammenfassungen bedeuten, wird insbesondere erreicht, daß man nunmehr diese Dinge in beliebiger Weise anschaulich zusammenfassen kann, ohne in die Gefahr eines Zirkels zu geraten.» Das bedeutet aber gerade, daß man ganz unbeschränkt Vereinigungen und Durchschnitte von Systemen bilden kann. Eine Menge gehört der Vereinigung gegebener Systeme an, wenn sie wenigstens einem dieser Systeme angehört; sie gehört ihrem Durchschnitt an, wenn sie allen diesen Systemen angehört. Das ist ganz eindeutig.

Die Unterscheidung zwischen Mengen und Systemen von Mengen kann man, wenn man will, als eine Stufenunterscheidung ansehen, die allerdings tatsächlicher und nicht nur nomineller Natur ist. Diese reicht hier vollständig aus.

Die Systeme müssen in jedem Fall eindeutig und widerspruchsfrei definiert sein; ob oder wie weit dies auch mit nichtprädikativen Definitionen erreicht werden kann, braucht hier nicht untersucht zu werden. Ob eine spezielle Definition brauchbar ist oder nicht, muß im einzelnen Fall geprüft werden. Ein System von Mengen ist gegeben, wenn von jeder Menge eindeutig feststeht, ob sie dem System angehört oder nicht.

Ein in der «Grundlegung» S. 705 gegebenes Beispiel einer nichtprädikativen Definition wird unten in Nr. 62 noch näher besprochen.

54.

In Kap. 3, das von der Bildung von Mengen handelt, führt er die Begriffe «zirkelfrei» und «zirkelhaft» ein. Eine Menge M soll zirkelfrei heißen, wenn sie und die darin wesentlichen Mengen vom Begriff zirkelfrei unabhängig sind, das heißt die Definition von M liefert immer dieselbe Menge, gleichgültig, welche Mengen als zirkelfrei bezeichnet werden.

Dabei wurden zuvor alle Mengen ausgeschaltet, in denen eine in sich selbst wesentliche Menge wesentlich ist, also alle Mengen, die schon «in grober Weise» zirkelhaft sind, insbesondere alle sich selbst enthaltenden Mengen.

Weiter müßte es korrekterweise heißen: «... unabhängig sind, das heißt so definiert werden *können*, daß ihre Definition immer dieselbe Menge liefert, gleichgültig, welche Mengen als zirkelfrei bezeichnet werden.» Eine zirkelfreie Menge kann auch zirkelhaft definiert werden; ferner muß eine Menge, in der eine zirkelhafte Menge wesentlich ist, als zirkelhaft gelten, auch wenn sie als Ganzes vom Begriff zirkelfrei unabhängig ist.

Sonderbar ist es hier, daß der Begriff zirkelfrei keinen Zusammenhang mit der Urbeziehung β hat.

Der Begriff zirkelfrei bezieht sich auf Mengen, und diese werden durch die Urbeziehung β festgelegt. Insofern besteht also doch ein Zusammenhang mit dieser Beziehung.

55. Der Begriff zirkelfrei ist, wie in Nr. 61 noch besonders gezeigt wird, von größter Wichtigkeit. Daß er von solchen nicht verstanden wird, die nicht einsehen, daß man ohne Widerspruch von allen Mengen reden kann, ist wohl begreiflich. Es seien jedoch noch einige Erläuterungen und Beispiele gegeben.

Die Mengen, in denen eine in sich selbst wesentliche Menge wesentlich ist, seien als «zirkuläre» Mengen bezeichnet. Wenn es, nach *Ausschluß* der zirkulären Mengen, für eine bestimmte Menge *und für jede in ihr wesentliche Menge* eine Definition gibt, in welcher der Begriff zirkelfrei gar nicht vorkommt, dann ist sie zirkelfrei. So ist die Nullmenge zirkelfrei, da man sie als «Menge ohne Elemente» definieren kann. Ebenso ist die Einsmenge zirkelfrei, welche als einziges Element die Nullmenge enthält. Man sieht, daß man so fortfahrend viele weitere zirkelfreie Mengen bilden kann. Man könnte diese als «unproblematische» Mengen bezeichnen.

Es geht nun aber nicht an, einfach alle nicht zirkulären Mengen als zirkelfrei zu betrachten; damit würden die Paradoxien, die wesentlich auf verborgenen Zirkeln beruhen, nicht beseitigt.

Eine «Menge aller nicht zirkulären Mengen» kann es nicht geben: wäre sie nicht zirkulär, so müßte sie sich selbst enthalten und deshalb zirkulär sein; wäre sie aber zirkulär, so müßte in ihr eine in sich selbst wesentliche Menge wesentlich sein, was ebenfalls unmöglich ist.

Wirklich zirkelfreie Mengen, in deren Definition auch kein versteckter Zirkel enthalten ist, sollte man aber doch stets zu einer «neuen» Menge zusammenfassen können. Was sollte einen daran hindern? Ein Hinderungsgrund könnte nur ein Zirkel sein, also eine «Beziehung auf sich selbst», so daß etwa die «neue» Menge auch sich selbst enthalten, also doch eine «alte» Menge sein müßte.

Ein solcher Zirkel müßte notwendig in der Definition der gesuchten Menge enthalten sein, da ja ihre Elemente alle zirkelfrei sind. Dann kann aber die neue Menge, wenn sie existiert, nicht als zirkelfrei betrachtet werden, sie wäre notwendig zirkelhaft. Als *zirkelhafte* Menge ist sie aber tatsächlich eine *neue* Menge; es kann nicht folgen, daß sie als solche zu den alten, den zirkelfreien Mengen gehören müßte. Wenn also eine eindeutig bestimmte Menge von zirkelfreien Mengen nur in zirkelhafter Weise definiert werden kann, so ist sie zirkelhaft; ihrer Existenz als zirkelhafte Menge steht aber nichts im Wege, der Zirkel ist in diesem Falle erfüllbar. Wenn aber eine Menge von zirkelfreien Mengen zirkelfrei definiert werden kann, dann ist sie zirkelfrei.

Insbesondere ist die «Menge aller zirkelfreien Mengen» eine zirkelhafte Menge, da sie sonst sich selbst enthalten müßte. Es ist dies ein einfaches Beispiel einer zirkelhaften Menge, die nicht schon «in grober Weise» zirkelhaft ist. In ihrer Definition kommt auch tatsächlich der Begriff zirkelfrei vor.

Man könnte vielleicht meinen, daß sich diese Menge als «Menge aller der Mengen, in deren Definition auch kein irgendwie versteckter Zirkel enthalten ist» doch auch explizit, also in zirkelfreier Weise definieren ließe. Tatsächlich enthält aber auch diese Definition einen versteckten Zirkel, da sie auf einen solchen hinweist. In ähnlicher Weise kann man sich bekanntlich nicht vornehmen, an keinen weißen Elefanten zu denken, ohne doch an einen solchen zu denken.

56. Eine Menge von zirkelfreien Mengen ist also zirkelhaft, wenn ihre Definition notwendig den nur zirkelhaft zu erklärenden Begriff zirkelfrei enthält, wobei eine Umschreibung dieses Begriffs durch diesen selbst zu ersetzen ist. Wenn die Menge zirkelfrei ist, so muß sie sich ohne Bezugnahme auf diesen Begriff, also von ihm unabhängig definieren lassen. Diese Bedingung ist, wie sich zeigt, auch hinreichend dafür, daß die Menge als zirkelfrei betrachtet werden kann.

Dies ist allerdings nicht so zu verstehen, daß *wir* eine solche Menge stets ohne Verwendung eines Zirkels definieren könnten. Das ist schon bei der Menge aller natürlichen Zahlen und ebenso bei jeder unendlichen Menge nicht der Fall, da *wir* in diesem Falle nicht alle Elemente einzeln aufzählen können. Die zirkelfreien Mengen können aber trotzdem durch ein bloßes Aufweisen der Elemente gegeben *gedacht* werden, ohne daß dadurch ein logischer Widerspruch entsteht. Bei den zirkelhaften Mengen, deren Elemente zirkelfrei sind, ist dies nicht möglich, weil hier eben in der Definition notwendig der Begriff zirkelfrei vorkommen muß.

Daß es Systeme von Mengen gibt, die nicht durch bloßes Aufweisen dieser Mengen gegeben werden können, zeigt auch das System aller Mengen. Hier muß die Definition notwendig den Begriff alle enthalten, da sonst kein Grund vorhanden wäre, das System doch noch zu erweitern. Man vergleiche dazu Nr. 60.

57. Es fragt sich noch, wie man erkennen kann, daß der Begriff zirkelfrei in der Definition einer Menge *notwendig* vorkommen muß; eine solche Menge ist dann, auch wenn sie nur zirkelfreie Elemente besitzt, als zirkelhaft zu betrachten. Der Begriff könnte aber auch nur *scheinbar* auftreten; so ist eine Menge, welche weder ein zirkelfreies noch ein zirkelhaftes Element besitzt, die Nullmenge, also zirkelfrei.

Um zu entscheiden, ob eine Funktion $f(x)$ die Größe x, die vielleicht aus der Beziehung $x = f(x)$ bestimmt werden soll, tatsächlich oder nur scheinbar enthält, wird man x *variieren* und zusehen, ob dabei $f(x)$ immer denselben Wert ergibt oder nicht. Im letzteren Fall ist die tatsächliche Abhängigkeit der Funktion $f(x)$ von der Größe x gesichert.

In gleicher Weise kann man entscheiden, ob die Definition einer Menge tatsächlich oder nur scheinbar den Begriff zirkelfrei enthält: man läßt diesen Begriff *variieren* und sieht zu, ob man dann auf Grund der Definition immer dieselbe Menge erhält oder nicht. Im letzteren Fall ist die tatsächliche Abhängigkeit gesichert.

Das *Variieren* des Begriffs geschieht so, daß man beliebige Mengen als zirkelfrei, die andern als zirkelhaft *bezeichnet*, auch wenn dies mit der endgültigen Festsetzung nicht übereinstimmt.

Wenn *keine* Menge als zirkelfrei bezeichnet wird, dann ist die «Menge aller zirkelfreien Mengen» die Nullmenge; wenn lediglich die Nullmenge als zirkelfrei bezeichnet wird, ist es die Einsmenge, also etwas anderes. Dies zeigt, daß die gegebene Definition tatsächlich vom Begriff zirkelfrei abhängig ist.

Man kann also diese Probe ausführen, auch wenn man über die endgültige Festsetzung des Begriffs noch gar nichts weiß.

Wenn die Definition einer Menge vom Begriff zirkelfrei abhängig ist, so ist die definierte Menge noch nicht notwendig zirkelhaft; es könnte ja für dieselbe Menge noch eine andere Definition geben, die diesen Begriff nicht enthält. So ist die «Menge aller zirkelfreien leeren Mengen» die Einsmenge und also zirkelfrei, obschon die gegebene Definition nicht vom Begriff zirkelfrei unabhängig ist; werden alle Mengen als zirkelhaft bezeichnet, so erhält man die Nullmenge, also etwas anderes.

Es soll also eine Menge, wie es in der «Grundlegung» S. 702 angegeben ist, dann «vom Begriff zirkelfrei unabhängig» heißen, wenn sie *so definiert werden kann*, daß die Definition immer dieselbe Menge liefert, gleichgültig, welche Mengen als zirkelfrei bezeichnet werden.

Eine gegebene nicht zirkuläre Menge *ist* dann *zirkelfrei*, wenn nicht nur sie selbst, sondern auch jede in ihr wesentliche Menge vom Begriff zirkelfrei unabhängig ist.

Daß diese Definition trotz ihrer Zirkelhaftigkeit einwandfrei ist, wurde in § 14 der «Grundlegung» gezeigt. Die vorliegenden Ausführungen dienen nur zur Erläuterung.

58. Herr SKOLEM fährt nun fort:

Außerdem ist die doppelte Anwendung des Begriffes zirkelfrei, einmal beliebig variierend, um die Wirkung auf Definitionen zu untersuchen, und einmal konstant oder endgültig, natürlich geeignet, zur Verwirrung zu führen. Um die Sache klar zu machen, müßte man ausdrücklich das eine Mal «variierend zirkelfrei» und das andere Mal «endgültig zirkelfrei» sagen. Tut man das aber, so scheint es, daß man zu andern Ergebnissen kommt als der Verfasser.

Es ist ein Unterschied, ob man eine Menge *endgültig* als *zirkelfrei* bezeichnet, oder ob man sie als «endgültig zirkelfrei» bezeichnet. Wenn man solche Dinge verwechselt, entsteht natürlich Verwirrung.

Die *endgültig* als zirkelfrei bezeichneten Mengen *heißen* und *sind* zirkelfrei, während die *vorläufige* bloße *Bezeichnung* variiert werden kann.

Um eine Größe x aus einer Beziehung $x = f(x)$ herzuleiten, kann man x zunächst *variieren*, bis man einen Wert findet, welcher der Beziehung genügt; dies ist dann ein *endgültiger* Wert von x.

Wenn man aber, um den Zirkel zu vermeiden oder «um die Sache klar zu machen», das «x auf der rechten Seite» mit z und das «x auf der linken Seite» mit y bezeichnet, so erhält man eine Beziehung $y = f(z)$, aus der man im allgemeinen weder y noch z bestimmen kann. Ebenso darf man auch nicht das gesuchte zirkelfrei das eine Mal durch «variierend zirkelfrei» und das andere Mal durch «endgültig zirkelfrei» ersetzen, sonst erhält man eben ein anderes oder gar kein Ergebnis.

59.

Satz 11 sagt aus, daß die Gesamtheit der zirkelfreien Mengen eine zirkelhafte Menge ist.

Genauer besagt Satz 11, daß die Menge aller zirkelfreien Mengen existiert und zirkelhaft ist, das heißt daß die entsprechende Gesamtheit eine zirkelhafte Menge *bildet*.

Es ist aber klar, daß die Gesamtheit der endgültig zirkelfreien Mengen wieder eine endgültig zirkelfreie Menge sein muß, sofern sie überhaupt eine Menge ist; denn die beliebig variierte vorläufige Verteilung der Etiketten «zirkelfrei» und «zirkelhaft» kann ja eben keinen Einfluß haben auf die Existenz der endgültig zirkelfreien Mengen.

Es ist selbstverständlich, daß die vorläufige Verteilung der Etiketten *keinen Einfluß* auf die *Existenz* irgendeiner Menge haben kann; sie kann nur dazu dienen, zu *prüfen*, ob eine bestimmt definierte Menge zirkelfrei oder zirkelhaft ist.

Es ist nun schwer zu sagen, was Herr SKOLEM mit seiner Ausdrucksweise wirklich *gemeint* hat.

Es könnte vielleicht folgendes gemeint sein: Die endgültig zirkelfreien Mengen sind vom Begriff zirkelfrei unabhängig; die beliebig variierte vorläufige Verteilung der Etiketten spielt also bei ihrer Definition gar keine Rolle, sie sind ohnedies eindeutig bestimmt. Das stimmt nun zwar für *jede einzelne* zirkelfreie Menge, und auch ihre *Gesamtheit* ist als Ganzes *eindeutig bestimmt*. Aus der eindeutigen Bestimmtheit folgt aber nicht die Zirkelfreiheit. Die Gesamtheit der zirkelfreien Mengen als Ganzes kann nicht ohne Bezugnahme auf den Begriff zirkelfrei definiert werden; die Definition ist von diesem Begriff abhängig und deshalb *zirkelhaft*. Werden *zur Prüfung* die Etiketten «zirkelfrei» und «zirkelhaft» anders verteilt, so ergibt die Definition «Gesamtheit aller zirkelfreien Mengen» auf die Etiketten bezogen *andere* Gesamtheiten, auch wenn die *endgültige* Gesamtheit eindeutig festliegt.

Ebenso ist die Definition der *Menge* aller zirkelfreien Mengen vom Begriff zirkelfrei abhängig und diese Menge ist also *zirkelhaft;* bei der *Prüfung* erhält man *verschiedene* Mengen, *endgültig* nur eine *einzige*.

Es hilft nun gar nichts, anstatt von der Gesamtheit der zirkelfreien Mengen von der «Gesamtheit der endgültig zirkelfreien Mengen» zu sprechen. Die «endgültig zirkelfreien Mengen» sind die zirkelfreien Mengen und nichts anderes; man hat genau dasselbe wie vorher.

Wenn man aber den Ausdruck «endgültig zirkelfrei» *beibehalten* und *damit* prüfen will, ob die endgültig zirkelfreien Mengen zusammen wieder eine endgültig zirkelfreie Menge bilden, dann muß man nun eben *diesen* Begriff variieren, also Mengen als «endgültig zirkelfrei» *bezeichnen*, die es in Wirklichkeit nicht sind und umgekehrt, wie man vorher Mengen vorläufig als zirkelfrei *bezeichnet* hat, die es in Wirklichkeit nicht sind und umgekehrt. Das Resultat ist wiederum dasselbe. Es kommt hier ja nicht darauf an, wie der Begriff benannt, sondern wie er definiert wird. Dies schließt allerdings nicht aus, daß es auch *schlechte Benennungen* gibt.

Wenn jedoch der Ausdruck «endgültig zirkelfrei» bedeuten soll, daß dieser Begriff *nicht variiert* werden darf und auch nicht gleich dem durch das Variieren vorher schon eindeutig bestimmten Begriff zirkelfrei gesetzt werden soll, so fragt es sich, wie er dann überhaupt zu definieren ist. Andere Definitionen können natürlich andere Resultate ergeben. Wenn Herr SKOLEM den Begriff so definiert, daß die Gesamtheit der endgültig zirkelfreien Mengen, wenn sie eine Menge bildet, wieder eine endgültig zirkelfreie Menge sein muß, dann müßte diese sich selbst enthalten und könnte also als nicht zirkuläre Menge gar nicht existieren. Dies zeigt aber nur, daß eine solche Definition *äußerst unzweckmäßig* ist.

60. Es mag auffallen, daß es Mengen oder Gesamtheiten von Mengen gibt, die nur mit Bezugnahme auf einen bestimmten logischen Begriff definiert werden können. Das ist nun aber eine Tatsache, und den Tatsachen muß man sich fügen.

Die genannte Tatsache ist wohl ungewohnt; sie findet sich aber nicht nur beim Begriff zirkelfrei, sondern schon beim Begriff alle (vgl. Nr. 56).

Wenn der Begriff Menge eindeutig definiert ist, dann ist die Gesamtheit aller Mengen eindeutig bestimmt; sie als solche abzulehnen, hat keine Berechtigung.

Man kann aber die Gesamtheit aller Mengen nicht ohne Bezugnahme auf den Begriff alle definieren, also nicht so, daß man sich etwa die Mengen, ohne daß dieser Begriff verwendet wird, einzeln vorgewiesen denkt. Andernfalls könnte man nämlich ohne Widerspruch immer noch neue Mengen finden; es wären dies also niemals alle Mengen. Wenn man aber von der Gesamtheit aller Mengen spricht und somit den Begriff alle verwendet, dann gibt es keine neue Menge mehr, denn dies wäre ein direkter Widerspruch.

Es kommt natürlich auch hier nur auf den Begriff an und nicht auf seine Benennung. Die Gesamtheit der sich nicht enthaltenden Mengen ist die Gesamtheit *aller* solcher Mengen; der Begriff alle steckt hier schon im Wort Gesamtheit. Bei der axiomatischen Darstellung liegt der Begriff alle im Vollständigkeitsaxiom.

61. Der Begriff *alle* ist ein altbekannter logischer Begriff, der für die Mathematik von größter Bedeutung ist. Wenn man nicht von *allen* natürlichen Zahlen, von *allen* reellen Zahlen, von *allen* Mengen reden darf, wird man nie zu einer saubereren Mathematik gelangen.

Der Begriff *unendlich* ist auch ein altbekannter Begriff, der von größter Wichtigkeit ist und speziell in der Mathematik seine eigentliche, streng logische Bedeutung erhält. Eine Beschränkung auf das Endliche, insbesondere auf endliche Mengen, würde den größten Teil der Mathematik ausschließen.

Der Begriff *zirkelfrei* ist nun ebenfalls ein logischer Begriff, der sich speziell auf die Mengen und damit auch auf die ganze Mathematik bezieht und vor allem für die *Begründung* der Mathematik und besonders des *Unendlichen* in der Mathematik von größter Bedeutung ist. Ohne diesen Begriff wird es nicht gelingen, die Existenz des Unendlichen und der höheren Mächtigkeiten sicherzustellen.

Es ist dies nun allerdings ein *neuer* logischer Begriff. Darf es aber in der Logik, abgesehen von den *formalen* Methoden, die ja in reichstem Maße ausgebaut worden sind, nichts wirklich *Neues* geben? Die Logik selbst ändert sich zwar nicht; unser *Wissen* von der Logik kann sich jedoch ändern. Es ist doch klar, daß man etwas Neues haben *muß*, wenn man sieht, daß die bisherigen Methoden nicht genügen, um zum Unendlichen zu gelangen, und zwar braucht man nicht nur irgend etwas willkürlich oder künstlich neu Konstruiertes, sondern etwas, das sich aus der Natur der Sache ergibt und ihr angemessen ist.

Ein wirklicher Zugang zum Unendlichen, bedeutet das nichts? Weshalb sperrt man sich dagegen?

Die Korrektheit und Brauchbarkeit eines logischen Begriffs ist unabhängig davon, daß es Menschen gibt, die ihn nicht verstehen oder nicht verstehen wollen. Ein *haltbarer Einwand* gegen den Begriff zirkelfrei ist meines Wissens *nie* erhoben worden.

Wenn man sich klar macht, was der eigentliche *Unterschied* ist zwischen den gewöhnlichen Mengen, wie sie in der Analysis und in der Geometrie dauernd gebraucht werden, und den paradoxen Mengen oder Gesamtheiten von Mengen, besonders den Gesamtheiten, denen keine Menge entspricht, dann wird man notwendig auf den Begriff zirkelfrei geführt. Weshalb läßt sich die Menge aller natürlichen Zahlen bilden, aber nicht die Menge aller Ordnungszahlen? Der Grund ist der, daß die natürlichen Zahlen sämtlich zirkelfrei sind, die Ordnungszahlen jedoch nicht. Die *endlichen* Ordnungszahlen sind zirkelfrei; die Menge der *endlichen* Ordnungszahlen läßt sich bilden und ist ebenfalls zirkelfrei, aber *nicht endlich*. Die Menge der *abzählbaren* Ordnungszahlen läßt sich bilden und ist zirkelfrei, aber *nicht abzählbar*. Es gibt noch viele weitere zirkelfreie Ordnungszahlen. Die Menge aller *zirkelfreien* Ordnungszahlen existiert ebenfalls, sie ist aber *nicht zirkelfrei*. Es folgen auf diese noch weitere nicht zirkelfreie Ordnungszahlen. Die Menge aller *existierenden* Ordnungszahlen müßte *nicht existierend* sein; diese läßt sich also nicht bilden. Daß sich die Menge aller zirkelfreien *oder zirkelhaften* Ordnungszahlen nicht bilden läßt, ist, eben wegen der Zirkelhaftigkeit dieser letzteren, nicht verwunderlich.

Wer glaubt, diesen Unterschied zwischen «gewöhnlichen» und «paradoxen» Mengen wesentlich anders erklären oder festlegen zu können, ohne jedoch brauchbare Mengen auszuschließen, der möge es versuchen. *Es geht aber nicht an*, diesen Unterschied einfach undefiniert auf sich beruhen zu lassen. Bekannte Behauptungen, wie etwa die der Nichtexistenz einer größten Mächtigkeit, gelten für zirkelfreie, aber nicht für beliebige Mengen und müssen deshalb auch entsprechend formuliert werden. Es geht aber auch nicht an, nur einige Beispiele von Mengen als nichtparadox und deshalb zulässig zu *erklären*, selbst wenn man gar nicht weiß, ob sie es wirklich *sind*.

Solange man nicht zeigen kann, daß es unendlich viele Dinge gibt, muß *jede unendliche Menge* als *paradox* erscheinen. Wenn man diese aber sämtlich ausschließt, bleibt sehr wenig übrig.

In der «Grundlegung» (S. 712) wird gezeigt, daß die Menge aller zirkelfreien Mengen eine *unendliche* Menge ist, daß es also unendliche Mengen und daher auch *unendlich viele Dinge gibt*.

62.

In der Definition der «festen» Gesamtheit S. 705 spielt der Ausdruck «innerer Widerspruch» eine wesentliche Rolle. Was heißt eigentlich das?

Die erwähnte Definition lautet so: «Unter einer *festen* Gesamtheit ist eine solche zu verstehen, die *vollständig und eindeutig und ohne inneren Widerspruch* definiert ist.»

Diese Erklärung wird dort durch *zwei Beispiele* vorbereitet, die hier wiederholt seien: «Man wird zum Beispiel die Gesamtheit aller sich nicht selbst enthaltenden Mengen als feste Gesamtheit zu bezeichnen haben, obwohl sie keine Menge bildet. Dagegen ist offenbar die Gesamtheit aller derjenigen Elemente der Einsmenge, welche mit der Menge, welche diese Gesamtheit als Elemente enthält, identisch sind, keine feste Gesamtheit, obwohl nur das eine zirkelfreie Element der Einsmenge in Frage steht.»

Das *erste Beispiel* zeigt, daß auch «paradoxe» Gesamtheiten als *feste* Gesamtheiten zu gelten haben, sofern sie nur eindeutig und widerspruchsfrei definiert sind.

Aus Axiom I folgt, daß für jede Menge M eindeutig entschieden ist, ob sie sich selbst enthält oder nicht, ob also $M \beta M$ gilt oder nicht. Im System aller Mengen ist daher die Gesamtheit der sich nicht selbst enthaltenden Mengen eindeutig und widerspruchsfrei festgelegt; es sind dies genau die Mengen M, für die $M \beta M$ nicht gilt. Diese ergeben demnach eine *feste* Gesamtheit.

Einen *Widerspruch* erhält man erst, wenn man verlangt, daß diese Gesamtheit eine *Menge* bilden müsse. Das wird hier aber nicht verlangt. Es folgt vielmehr, daß *nicht jede feste Gesamtheit* von Mengen eine *Menge* bildet.

Das *zweite Beispiel* war anscheinend für den Referenten zu schwierig; er hätte sonst bemerken müssen, daß die Definition hier einen *inneren Widerspruch* enthält.

Rein äußerlich, nach der bloßen Form der Definition, ist der Widerspruch noch nicht ersichtlich. Es wird gesagt, welche Mengen der Gesamtheit angehören sollen und welche nicht; dadurch scheint die Gesamtheit, die ja auch leer sein darf, bestimmt zu sein.

Nun enthält aber die Definition dieser Gesamtheit eine Bezugnahme auf diese Gesamtheit selbst, die zu einem in diesem Falle unerfüllbaren Zirkel und somit zu einem «inneren Widerspruch» führt. Es gibt keine Gesamtheit, welche der gegebenen Definition genügt.

Der Widerspruch ergibt sich in folgender Weise: Die Einsmenge enthält als Element lediglich die Nullmenge. Eine Gesamtheit von Elementen der Einsmenge kann also nur entweder leer oder mit der Nullmenge identisch sein; die Menge, welche diese Gesamtheit als Elemente enthält, ist dann entweder die Nullmenge oder die Einsmenge. Wäre nun die gesuchte Gesamtheit leer, so müßte sie nach der gegebenen Definition die Nullmenge enthalten, da diese ein Element der Einsmenge ist. Wäre sie aber gleich der Nullmenge, so müßte sie leer sein, weil die Einsmenge kein Element der Einsmenge ist. Beides ist also unmöglich; die Definition enthält tatsächlich einen Widerspruch.

Die gesuchte Gesamtheit ist in diesem Fall *keine feste* Gesamtheit, da sie, wenn sie leer wäre, die Nullmenge sein müßte, und wenn sie die Nullmenge wäre, leer sein müßte. Die Nullmenge wird zwar auch als «leere Menge» bezeichnet, sie ist aber keine «leere Gesamtheit».

Dieses Beispiel zeigt nun auch deutlich, daß solche Widersprüche keineswegs an den Begriff des Unendlichen oder gar des Überabzählbaren gebunden sind, sondern schon bei sehr einfachen endlichen Mengen und Gesamtheiten auftreten können, sobald man es eben mit zirkelhaften, also «nicht-prädikativen» Definitionen zu tun hat. Um die Paradoxien auszuschließen, genügt es also *nicht*, sich auf *endliche Mengen* zu beschränken; man muß vielmehr die *widerspruchsvollen Definitionen* ausschalten.

Der Ausdruck «innerer Widerspruch» findet sich übrigens schon in der Abhandlung [4] (S. 677), die der «Grundlegung» unmittelbar vorangeht, die aber Herr SKOLEM, wie schon bemerkt, offenbar nicht beachtet hat. Es wird in [4] gezeigt, daß es formal widerspruchsfreie Axiomensysteme gibt, also solche, die keinen formal feststellbaren Widerspruch enthalten, die aber trotzdem, sogar in erkennbarer Weise, widerspruchsvoll, also eben mit einem «inneren Widerspruch» behaftet sind. Darauf wurde auch in der «Grundlegung» S. 685 deutlich hingewiesen.

Daß in der Definition einer festen Gesamtheit kein äußerer, also direkt sichtbarer Widerspruch enthalten sein darf, ist selbstverständlich; die Gesamtheit wäre sonst nicht vollständig und eindeutig definiert. Auf das bei impliziten oder «nicht-prädikativen» Definitionen mögliche Vorkommen von inneren Widersprüchen mußte aber besonders hingewiesen werden, weil hier der *Anschein* erweckt werden kann, die gesuchte Gesamtheit sei eindeutig bestimmt.

Im übrigen ist hier aber die Unterscheidung von inneren und äußeren Widersprüchen nicht von besonderer Wichtigkeit. Dies ergibt sich auch aus der zusätzlichen Bemerkung: «An die Stelle des ZERMELOschen Begriffs ‚definit‘ tritt also hier der Begriff *fest* oder *widerspruchsfrei*.» Weiter heißt es: «Eine feste Gesamtheit von Mengen ist identisch mit der Gesamtheit der Mengen eines Systems (§ 7).» In § 7 heißt es von den Teilsystemen von Σ: «Ein solches ist stets vollständig bestimmt, wenn von jeder Menge eindeutig entschieden ist, ob sie ihm angehört oder nicht.»

Damit dürfte genügend klargelegt sein, was unter einer «festen Gesamtheit» zu verstehen ist.

63. E. ZERMELO nennt in [17], S. 263, eine Aussage *definit*, wenn «über deren Gültigkeit oder Ungültigkeit die Grundbeziehungen des Bereiches vermöge der Axiome und der allgemeingültigen logischen Gesetze ohne Willkür entscheiden». Diese Erklärung wird gelegentlich als «zu unscharf» abgelehnt. Eine Ablehnung ist insofern gerechtfertigt, als die Erklärung keinen Sinn hat, solange man nicht weiß, ob sich aus den Axiomen nicht ein Widerspruch ergibt. Dies wird aber bei ZERMELO nicht gezeigt.

Meistens wird jedoch die Schwierigkeit bei den «allgemeingültigen logischen Gesetzen» gesucht. Solange man die Logik mit Antinomien belastet, ist das begreiflich. Anstatt aber nun die Antinomien aufzuklären und eine absolute Logik anzuerkennen, die eo ipso widerspruchsfrei ist, hat man spezielle «logische Gesetze» ausgesucht, von denen man *annimmt*, sie *seien* widerspruchsfrei, und hat dies wohl auch in besonderen Fällen zu beweisen versucht, wobei aber solche «Beweise» *ohne absolute Logik* doch wohl äußerst prekär sind.

Der Begriff «definit» wird dann durch einen derart engen Begriff ersetzt, daß von den Teilmengen einer unendlichen Menge nur noch die wenigsten übrigbleiben, nämlich tatsächlich höchstens nur abzählbar viele. Diese Gesamtheit wird dann aber trotzdem in einem übertragenen Sinn als «überabzählbar» *bezeichnet!*

So läßt sich dann die ganze «formale Mengenlehre» in einem nur abzählbaren Bereich «realisieren», der also von den tatsächlichen Mengen mit ihren höheren Mächtigkeiten so gut wie nichts enthält. Aber auch von diesem winzigen Bruchstück wird nicht gezeigt, daß es widerspruchsfrei ist.

Warum läßt man nicht *alle* Teilmengen einer Menge zu, soweit sie nicht widerspruchsvoll definiert sind? Schon die Teilmengen der natürlichen Zahlenreihe ergeben dann ein *tatsächlich* überzählbares System, das also *unendlich* viel mehr enthält als die ganze künstliche Pseudo-Mengenlehre!

Wenn man aber solche Beschränkungen vornimmt, wie steht es dann mit der *Erfüllbarkeit des* HILBERT*schen Vollständigkeitsaxioms in der Geometrie? Hat hier nun also* HILBERT *plötzlich unrecht?* Wie kann man dann noch von der ebenen oder der räumlichen euklidischen Geometrie reden, ohne, um Eindeutigkeit zu erhalten, jedesmal hinzuzufügen, welche willkürlich eingeschränkte man gerade meint?

64.

In § 17 wird das Auswahlprinzip «bewiesen» durch die Berufung auf Einführbarkeit ohne Widerspruch. Alles geht also sehr leicht.

In der Tat läßt sich ein Tresor sehr viel leichter öffnen, wenn man den richtigen Schlüssel benutzt, als wenn man es mit Stemmeisen versucht.

Gar so leicht habe ich es mir aber nicht gemacht, sonst wäre ich freilich nicht durchgekommen. Ich habe mir immerhin die Mühe genommen, *zuerst* die Antinomien *richtig* zu lösen und *dann* die *volle* Mengenlehre, das heißt die Lehre von den *reinen* Mengen, aufzubauen.

Wenn man genau weiß, wo der Feind steht, dann kann man ihn an dieser Stelle erledigen und braucht ihn an andern Stellen nicht zu fürchten.

In § 17 wird tatsächlich gezeigt, daß die Bildung einer Auswahlmenge *im Bereich der zirkelfreien Mengen* mit keinem Zirkel verknüpft und *deshalb* unter den gegebenen Voraussetzungen immer möglich ist. Das ZERMELOsche Auswahl*axiom*, welches die Existenz einer Auswahl*menge* postuliert, ist hier also *erfüllt*. Im Bereich *aller* Mengen ist es aber, wie man an einem Beispiel (vgl. [9] S. 173) sehen kann, *falsch*, da die «ausgewählten» Elemente nicht immer eine Menge zu bilden brauchen.

65.

FINSLERS Arbeit ist natürlich ein wohlgemeinter Versuch, die klassische Mengenlehre in ihrem vollen Umfange zu retten. Man muß aber wohl sagen, daß der Versuch verfehlt ist.

Dies letztere dürfte wohl nicht stimmen.

LITERATURVERZEICHNIS

[1] R. BAER: *Über ein Vollständigkeitsaxiom in der Mengenlehre.* Math. Zeitschrift 27 (1928) 536–539.

[2] R. BAER: *Bemerkungen zu der Erwiderung von Herrn P. Finsler.* Math. Zeitschrift 27 (1928) 543.

[3] P. FINSLER: *Gibt es Widersprüche in der Mathematik?* Jahresbericht der Deutschen Mathematiker-Vereinigung 34 (1926) 143–155.

[4] P. FINSLER: *Formale Beweise und die Entscheidbarkeit.* Math. Zeitschrift 25 (1926) 676–682.

[5] P. FINSLER: *Über die Grundlegung der Mengenlehre. Erster Teil. Die Mengen und ihre Axiome.* Math. Zeitschrift 25 (1926) 683–713 («Grundlegung»).

[6] P. FINSLER: *Über die Grundlegung der Mathematik.* Jahresbericht der Deutschen Mathematiker-Vereinigung 36 (1927) *18*.

[7] P. FINSLER: *Erwiderung auf die vorstehende Note des Herrn R. Baer.* Math. Zeitschrift 27 (1928) 540–542 («Erwiderung»).

[8] P. FINSLER: *Die Existenz der Zahlenreihe und des Kontinuums.* Comm. Math. Helv. 5 (1933) 88–94.

[9] P. FINSLER: *A propos de la discussion sur les fondements des mathématiques.* Les entretiens de Zurich sur les fondements et la méthode des sciences mathématiques, 6–9 décembre 1938, (1941) 162–180.

[10] P. FINSLER: *Gibt es unentscheidbare Sätze?* Comm. Math. Helv. 16 (1944) 310–320.

[11] P. FINSLER: *Die Unendlichkeit der Zahlenreihe.* Elemente der Mathematik 9 (1954) 29–35.

[12] A. FRAENKEL: *Einleitung in die Mengenlehre.* Berlin. 2. Aufl. (1923), 3. Aufl. (1928).

[13] A. FRAENKEL: *Referate* im Jahrbuch über die Fortschritte der Mathematik 54, Jahrgang 1928 (1932) 90.

[14] G. FREGE: *Die Grundlagen der Arithmetik.* Breslau (1884).

[15] TH. SKOLEM: *Referat* im Jahrbuch über die Fortschritte der Mathematik 52, Jahrgang 1926 (1935) 192–193.

[16] H. WEYL: *Mathematics and Logic.* The American Mathematical Monthly 53 (1946) 2–13.

[17] E. ZERMELO: *Untersuchungen über die Grundlagen der Mengenlehre I.* Math. Annalen 65 (1908) 261–281.

(Eingegangen den 21. Mai 1963)

Zur Goldbachschen Vermutung

Eine *natürliche Zahl n* besitzt stets nur *einen* Vorgänger, nämlich entweder die natürliche Zahl *n*-1 oder die Zahl 0. «Vorgänger» bedeutet für sich genommen «unmittelbarer Vorgänger» und ist ein *Grundbegriff*[1]) bei der Definition der Zahlen.

Verallgemeinerte Zahlen (oder kurz: *Zahlen*) seien nun solche, welche nicht notwendig einen, sondern beliebig *endlich viele* (oder keinen) Vorgänger besitzen, wobei die Vorgänger wiederum verallgemeinerte Zahlen sind. Das «Rückwärtszählen» soll dabei stets nach endlich vielen Schritten zur Zahl 0 führen, welche keinen Vorgänger besitzt. Zahlen mit denselben Vorgängern sind identisch.

Betrachtet man die verallgemeinerten Zahlen als *Punkte* und verbindet sie mit ihren Vorgängern durch gerichtete *Strecken*, so erhält man für jede Zahl eine bestimmte «Figur», die sie charakterisiert; sie enthält nicht nur die unmittelbaren, sondern auch alle «mittelbaren» Vorgänger der Zahl, das heisst die Vorgänger der Vorgänger usw., wobei die Zahl selbst als der «oberste», die Zahl 0 als der «unterste» Punkt der Figur erscheint, wenn die Strecken von oben nach unten gerichtet sind.

Wie schon früher gezeigt wurde[2]), kann man diese Zahlen in einfacher Weise «addieren» und «multiplizieren», indem man die zugehörigen Figuren passend zusammensetzt, und man erhält so eine *verallgemeinerte Zahlentheorie*.

Die Figur der *Summe a + b* von zwei Zahlen *a* und *b* erhält man, indem man die Figuren der Zahlen *a* und *b* so «aneinanderhängt», dass der unterste Punkt der Figur von *a* mit dem obersten Punkt der Figur von *b* zur Deckung kommt.

Die Figur des *Produkts a · b* von zwei Zahlen *a* und *b* erhält man, indem man jede Strecke der Figur von *a* durch die gleich gerichtete Figur von *b* ersetzt und sodann Punkte und Strecken, die zu identischen Zahlen gehören, identifiziert[3]).

Betrachtet man jede Zahl als die *Menge ihrer Vorgänger*, so sind die Zahlen identisch mit den «totalendlichen Mengen». Die Zahl 0 ist die Nullmenge, die kein Element besitzt, die Zahl 1 die Einsmenge, welche 0 als einziges Element, also als einzigen Vorgänger besitzt. Die *natürliche Zahl 2* ist die Menge, welche nur die Zahl 1 als

---

[1]) Wählt man den «Nachfolger» als Grundbegriff und fordert zu jeder Zahl eine folgende, so verlangt man eine *unendliche* Zahlenreihe, deren Existenz nicht leicht zu beweisen ist.

[2]) P. FINSLER, *Totalendliche Mengen*, Vierteljahrsschrift der Naturforschenden Gesellschaft in Zürich, *108*, 141–152 (1963).

[3]) In der unter [2]) angegebenen Arbeit ist diese Identifizierung nicht vermerkt; es sind deshalb dort noch gewisse Änderungen nötig. Es ist zum Beispiel $2 \cdot 2 = \{0; 1\} \cdot 2 = \{1; 3\} = \{0; 2\} + 1$.

Element besitzt, dagegen ist die *Ordnungszahl* **2** eine Menge mit *zwei* Elementen, nämlich 0 und 1, also $\mathbf{2} = \{0; 1\}$.

Primzahlen sind die von 1 verschiedenen Zahlen, die sich nicht als Produkt von zwei von 1 verschiedenen Zahlen darstellen lassen.

Man kann die Zahlen in einer Reihe anordnen[2]) und findet, dass die Primzahlen zunächst sehr stark überwiegen: unter den ersten 2^{65536} Zahlen sind nur sechs keine Primzahlen.

Es ist nun merkwürdig, dass trotzdem das Analogon zur *Goldbachschen Vermutung* für diese Zahlen *nicht erfüllt* ist:

Das Doppelte $2 \cdot a$ einer von 0 und 1 verschiedenen Zahl a ist hier nicht immer die Summe von zwei Primzahlen.

Einfache *Gegenbeispiele* sind je das Doppelte der Zahlen $2 \cdot \mathbf{2}$ und $\mathbf{2} \cdot 2$, wobei **2** wieder die Ordnungszahl zwei bedeutet. Wie man aus den zugehörigen Figuren sofort ersieht, sind hier die einzigen Darstellungen als Summe von zwei von 0 verschiedenen Zahlen die folgenden:

$$\mathbf{2} + 3 \cdot \mathbf{2} \quad \text{oder} \quad 2 \cdot \mathbf{2} + 2 \cdot \mathbf{2} \quad \text{oder} \quad 3 \cdot \mathbf{2} + \mathbf{2} \quad \text{und} \quad \mathbf{2} \cdot \mathbf{2} + \mathbf{2} \cdot \mathbf{2};$$

es ergibt sich also keine Summe von zwei Primzahlen.

Das Doppelte der Zahl $\mathbf{2} \cdot 2$ ist aber Summe von zwei Primzahlen; es ist nämlich

$$2 \cdot \mathbf{2} \cdot 2 = \{0; 2\} + \{\{1; 3\}\}.$$

Die beiden Summanden haben die «Stufenzahlen» 3 und 5 und sind deshalb Primzahlen.

Es folgt, dass sich die Goldbachsche Vermutung, sofern sie für die natürlichen Zahlen erfüllt ist, auf jeden Fall nicht allein aus den allgemeinen Prinzipien der Addition und Multiplikation herleiten lässt, soweit diese auch für die verallgemeinerten Zahlen gelten.

Das Zustandekommen der obigen Gegenbeispiele hängt mit der Tatsache zusammen, dass es unter den verallgemeinerten Zahlen von 1 verschiedene «Monozahlen» gibt:

Monozahlen sind die von 0 verschiedenen Zahlen, die sich nicht als Summe von zwei von 0 verschiedenen Zahlen darstellen lassen.

Die Ordnungszahl **2** ist Monozahl, ebenso auch jede Zahl der Form $\{0; n\}$, wenn n eine natürliche Zahl ist. Es gibt also unendlich viele Monozahlen.

Das Vierfache einer von 1 verschiedenen Monozahl a ist nie die Summe von zwei Primzahlen, da hier nur die Zerfällungen $a + 3 \cdot a$ oder $2 \cdot a + 2 \cdot a$ oder $3 \cdot a + a$ möglich sind; es gibt hier also *unendlich viele* «Nicht-Goldbach-Zahlen».

Über die Unabhängigkeit der Kontinuumhypothese   28

Der Beweis der formalen Unabhängigkeit der Kontinuumhypothese durch P. J. Cohen [1] hat einiges Aufsehen erregt. Es soll im folgenden untersucht werden, wie dieses Ergebnis vom Standpunkt der klassischen Mathematik aus zu verstehen ist. Es liegt nahe, einen Vergleich mit der Unabhängigkeit des Parallelenaxioms und damit der Entdeckung der nichteuklidischen Geometrie zu ziehen. Dieser Punkt sei zuerst ins Auge gefasst.

1. Das Parallelenaxiom und die Kontinuumhypothese

Man hat lange Zeit versucht, das euklidische Parallelenaxiom aus andern Axiomen der Geometrie herzuleiten und also zu beweisen. Dies ist nicht gelungen, und schliesslich hat man eingesehen, dass dies nicht gelingen kann, weil auch die gegenteilige Annahme, dass es nämlich durch einen Punkt P zu einer ihn nicht enthaltenden Geraden g mehr als eine Parallele gibt, mit den übrigen Axiomen verträglich ist. Man kann innerhalb der euklidischen Geometrie ein « Modell » einer solchen « nichteuklidischen » Geometrie konstruieren und findet damit, dass diese ebenso widerspruchsfrei sein muss wie jene. Es gibt demnach nicht nur eine einzige Geometrie. Man kann dies auch so ausdrücken, dass man sagt, die übrigen Axiome der Geometrie, ohne das Parallelenaxiom, reichen nicht aus, um die euklidische Geometrie vollständig festzulegen.

Es entsteht hier die Frage, ob bei Hinzunahme des Parallelenaxioms, also etwa durch die Gesamtheit der von D. Hilbert in seinen « Grundlagen der Geometrie » angegebenen Axiome, die euklidische Geometrie *eindeutig* festgelegt ist. Hilbert zeigt, wie man diese Geometrie mit Hilfe der Arithmetik der reellen Zahlen, also des Kontinuums, darstellen kann, und sagt : « Wie man erkennt, gibt es unendlich viele Geometrien, die den Axiomen I-IV, V 1 genügen, dagegen nur *eine*, nämlich die Cartesische Geometrie, in der auch zugleich das Vollständigkeitsaxiom

V 2 gültig ist.» Die euklidische Geometrie ist also nach HILBERT eindeutig festgelegt, wenn das (dem Vollständigkeitsaxiom genügende)
Kontinuum der reellen Zahlen eindeutig festliegt. Dass dies letztere der
Fall ist, wird in der klassischen Mathematik stets angenommen.

Wie steht es nun in Analogie zum Parallelenaxiom mit der Kontinuumhypothese? Man hat, seit diese Hypothese von G. CANTOR aufgestellt wurde, vergeblich versucht, sie aus den bekannten Eigenschaften
der reellen Zahlen zu beweisen oder zu widerlegen. Ist sie dann vielleicht von diesen Eigenschaften *unabhängig*? Dies kann *nur dann* der
Fall sein, wenn das Kontinuum durch diese Eigenschaften *nicht vollständig bestimmt* ist. Es müsste ein Zahlensystem mit den genannten
Eigenschaften geben, für welches die Hypothese richtig ist, und ein
anderes, für welches sie falsch ist; diese Zahlensysteme können dann
zum mindesten *nicht beide* mit dem Kontinuum der klassischen Mathematik identisch sein.

Die Cantorsche Kontinuumhypothese besagt, dass jede unendliche
Menge von reellen Zahlen entweder der Reihe der natürlichen Zahlen
oder aber der Menge aller reellen Zahlen, also dem ganzen Kontinuum
äquivalent ist. Dies bedeutet, dass dann das Kontinuum die zweite unendliche Mächtigkeit besitzt. Die *Äquivalenz* zweier Mengen ist dabei
eine umkehrbar eindeutige Zuordnung der Elemente der einen Menge
zu denen der andern Menge. Wenn also das Kontinuum eindeutig festliegt und auch der Begriff einer Menge von reellen Zahlen einen eindeutigen Sinn hat, dann kann die Kontinuumhypothese *nur entweder
richtig oder falsch* sein.

Wenn man aber nur *gewisse* Eigenschaften oder Axiome der reellen
Zahlen betrachtet, durch welche das Kontinuum nicht vollständig festgelegt wird, dann kann es wohl sein, dass die Kontinuumhypothese *von
diesen* unabhängig ist. Es folgt dann, dass man die Hypothese nicht
allein mit diesen Axiomen beweisen oder widerlegen kann. Es ist dann
aber gut, zu wissen, nicht nur welche Axiome zugelassen, sondern auch
welche weggelassen werden. So wird in der *formalen Mathematik* das
Hilbertsche Vollständigkeitsaxiom jedenfalls nicht zugelassen; damit
entfällt aber, wie schon HILBERT bemerkt hat, die Eindeutigkeit.

Das Kontinuum ist, wie bekannt, der Menge aller Mengen von natürlichen Zahlen, also der Menge aller Teilmengen der natürlichen
Zahlenreihe Z äquivalent. In der *formalen* Mathematik werden jedoch
nicht alle Teilmengen von Z zugelassen, sondern nur gewisse irgendwie
« konstruierbare » oder bestimmten zusätzlichen Axiomen genügende.
So kann es nun geschehen, dass sich dann das ganze formale Kontinuum

in einem tatsächlich abzählbaren Bereich « realisieren » lässt. Damit aber das Kontinuum doch formal eine höhere als die abzählbare Mächtigkeit erhält, muss dann auch der Begriff der Äquivalenz eingeschränkt werden ; es ist dann zwischen der Zahlenreihe und dem Kontinuum keine *zulässige* Abbildung möglich. Wie weit dann die so entstehende formale Kontinuumhypothese mit der Cantorschen vergleichbar ist, lässt sich wohl nicht leicht erkennen.

2. *Die natürlichen Zahlen*

Ein Analogon zur Kontinuumhypothese ergibt sich auch im Bereich der natürlichen Zahlen. Es gilt hier der Satz :

SATZ A. *Eine Menge von natürlichen Zahlen ist entweder endlich oder der Menge aller natürlichen Zahlen äquivalent.*

Man kann auch hier schliessen : Wenn die Menge aller natürlichen Zahlen (und der Begriff der Äquivalenz) *eindeutig* festgelegt ist, dann kann der Satz A *nur entweder richtig oder falsch* sein.

Es fragt sich also zunächst, ob die Menge aller natürlichen Zahlen, also die Zahlenreihe Z, tatsächlich eindeutig festgelegt ist.

Man kann die natürlichen Zahlen durch die *Peanoschen Axiome* geben. Diese lauten z. B. bei E. LANDAU [2], wenn x + 1 statt x' geschrieben wird und x und y natürliche Zahlen bedeuten, so :

AXIOM 1 : *1 ist eine natürliche Zahl.*

AXIOM 2 : *Zu jedem x gibt es genau eine natürliche Zahl, die der Nachfolger von x heisst und mit x + 1 bezeichnet werden möge.*

AXIOM 3 : *Stets ist x + 1 $\neq$ 1.*

AXIOM 4 : *Aus x + 1 = y + 1 folgt x = y.*

AXIOM 5 (Induktionsaxiom) : *Es sei m eine Menge natürlicher Zahlen mit den Eigenschaften :*

I) 1 gehört zu m.

II) Wenn x zu m gehört, so gehört x + 1 zu m.

Dann umfasst m alle natürlichen Zahlen.

Durch diese Axiome ist die Menge der natürlichen Zahlen ihrer Struktur nach, also bis auf die Bezeichnung, eindeutig bestimmt. Da dies wichtig ist, sei hier der Beweis ausgeführt.

Angenommen, es gäbe zwei Realisierungen 1, ..., n, n + 1, ... und 1*, ..., n*, n* + 1, ..., die den Axiomen genügen. Dabei ist 1 und 1* die in Axiom 1 genannte Zahl 1. Es wird behauptet, dass dann eine Beziehung hergestellt werden kann, bei der jeder Zahl n eindeutig eine

Zahl n* zugeordnet ist und der Zahl n* die Zahl n, so dass also eindeutig n∼n* gilt für alle Zahlen n und n*.

Zunächst werden die Zahlen 1 und 1* einander zugeordnet ; es gilt also 1∼1*. Weiter wird festgesetzt : Wenn die Zahl n der Zahl n* zugeordnet ist, so dass n∼n* gilt, dann soll auch die Zahl n + 1 der Zahl n* + 1 zugeordnet werden, so dass n + 1∼n* + 1 gilt. Die Existenz dieser Zahlen n + 1 und n* + 1 ergibt sich aus Axiom 2. Axiom 5 zeigt nun, dass durch diese Vorschrift jeder Zahl n eine Zahl n* zugeordnet ist und umgekehrt, denn die Menge der Zahlen, für die dies gilt, umfasst nach diesem Axiom alle Zahlen n und alle Zahlen n*

Es muss nun aber noch *ausdrücklich gesagt werden*, dass die Zuordnung *nur dann* getroffen werden soll, wenn aus der genannten Vorschrift *folgt*, dass sie getroffen werden *muss*. Andernfalls könnte man ja *jeder* Zahl der einen Menge *jede* Zahl der andern zuordnen ; die Vorschrift wäre erfüllt, aber die Zuordnung wäre *nicht eindeutig*.

Es soll also n∼m* *nur dann* gelten, wenn entweder n = 1 und m* = 1* ist, oder aber n = u + 1 (also n ≠ 1) und m* = u* + 1 (also m* ≠ 1*) ist und die Zahlen u und u* *notwendig* einander zugeordnet sind, so dass *notwendig* u∼u* gilt.

Dass es zu jeder Zahl n ≠ 1 eine Zahl u mit n = u + 1 und zu jeder Zahl m* ≠ 1* eine Zahl u* mit m* = u* + 1 gibt (Satz 3 bei LANDAU), folgt aus dem Induktionsaxiom. Ist aber n = 1, so gibt es nach Axiom 3 keine Zahl u mit n = u + 1 und es ist daher die Zahl 1 *nur* der Zahl 1* und ebenso die Zahl 1* *nur* der Zahl 1 zugeordnet.

Ist weiter die Zahl u nur der Zahl u* zugeordnet, so ist auch die Zahl u + 1 nur der Zahl u* + 1 zugeordnet. Wäre nämlich u + 1 noch einer Zahl v* + 1 zugeordnet, so müsste, da durch v* + 1 die Zahl v* nach Axiom 4 eindeutig bestimmt ist, v* der Zahl u zugeordnet und also doch mit u* identisch sein.

Nun folgt wieder nach dem Induktionsaxiom, dass jeder Zahl n nur die Zahl n* zugeordnet ist, und ebenso umgekehrt. Die Zuordnung zwischen den Zahlen n und n* ist also umkehrbar eindeutig und die Zahlenreihe ist folglich ihrer Struktur nach durch die Peanoschen Axiome vollständig festgelegt.

Wenn man die Zahl 1 als die Menge definiert, welche die Nullmenge als einziges Element besitzt, und die Zahl n + 1 als die Menge, welche die Zahl n als einziges Element besitzt, dann sind die natürlichen Zahlen nicht nur ihrer Struktur, sondern auch ihrem Wesen nach als Mengen eindeutig bestimmt.

Die Frage, ob die Peanoschen Axiome widerspruchsfrei sind, ob es also tatsächlich ein System von Dingen gibt, welches diesen Axiomen genügt, wird bei LANDAU offengelassen, sie kann aber positiv beantwortet werden [3].

Der Beweis von Satz A ergibt sich nun in üblicher Weise unter Benutzung der Tatsache, dass die natürlichen Zahlen der Grösse nach wohlgeordnet sind.

Es folgt, dass die Reihe Z der natürlichen Zahlen die *kleinste* unendliche Mächtigkeit besitzt ; diese werde mit N_θ bezeichnet.

Bei diesen Betrachtungen spielt das Induktionsaxiom eine wichtige Rolle. Lässt man es weg, so ist die Zahlenreihe nicht mehr eindeutig bestimmt. Nimmt man zur Reihe der natürlichen Zahlen noch die zweite Cantorsche Zahlenklasse hinzu, die aus den « abzählbaren » Ordnungszahlen gebildet wird, so erhält man ein System Z_1 von Zahlen, in welchem die ersten vier Axiome von PEANO erfüllt sind, das letzte aber nicht. Die Mächtigkeit von Z_1 ist N_1, die zweite unendliche Mächtigkeit. Es gibt aber ein Teilsystem von Z_1, (nämlich Z) mit der Mächtigkeit N_θ, das also weder endlich noch dem ganzen System äquivalent ist. Dies zeigt, dass das Induktionsaxiom und der Satz A von den andern Axiomen unabhängig sind. Wie man durch das Weglassen des Parallelenaxioms zu neuen Geometrien kommt, so kommt man hier durch das Weglassen des Induktionsaxioms zu neuen Zahlensystemen, für welche die dem Satz A entsprechende Behauptung nicht mehr gilt.

3. *Das Kontinuum*

Mit Hilfe der eindeutig festgelegten natürlichen Zahlenreihe Z kann nun auch das Kontinuum C der reellen Zahlen eindeutig festgelegt werden. Wie schon bemerkt, ist das Kontinuum C der Menge aller Teilmengen von Z, also der *Potenzmenge* U von Z äquivalent. Es ist etwas einfacher, an Stelle von C die Menge U zu betrachten.

Teilmenge von Z ist jede Menge, deren Elemente ausschliesslich natürliche Zahlen sind. Die Teilmengen von Z sind durch diese Erklärung *vollständig* bestimmt, und man kann ohne weiteres von *allen* Teilmengen von Z sprechen, denn der Ausdruck « alle » hat, auf einen klaren Begriff angewendet, eine klare Bedeutung. Damit ist auch die Menge U aller Teilmengen von Z *eindeutig* festgelegt.

Die Menge U ist *nicht abzählbar*, also nicht der Menge Z äquivalent. Dies ergibt sich leicht mit dem Cantorschen Diagonalverfahren :

Es sei eine abgezählte Reihe T_1, T_2, ..., T_n ... von Teilmengen von Z gegeben. Wir definieren eine Teilmenge T_0 von Z, welche dieser Reihe nicht angehört : Die natürliche Zahl n soll, für jedes n, der Menge T_0 genau dann als Element angehören, wenn die Zahl n nicht Element der Menge T_n ist. Die Menge T_0 ist mit keiner der Mengen T_n identisch, weil für jedes n die Zahl n der einen Menge angehört und der andern nicht. Es ist also unmöglich, alle Elemente von U in eine abgezählte Reihe zu bringen. Dies bedeutet, dass die Menge U eine *grössere Mächtigkeit* hat als die Menge Z.

Es ist deshalb auch unmöglich, die Menge U in irgendeinem abzählbaren Bereich zu « realisieren », also ein abzählbares « Modell » anzugeben, welches die Menge U mit allen ihren Elementen darstellen würde. Ein solches Modell könnte nur abzählbar viele Teilmengen von Z aufweisen, also nicht die ganze Menge U.

Eine Teilmenge T von Z ist gegeben, wenn von jeder natürlichen Zahl n feststeht, ob sie der Menge T angehört oder nicht. Da an sich für 29 jede der N_0 natürlichen Zahlen n diese zwei Möglichkeiten bestehen, gibt es im ganzen 2^{N_0} Teilmengen von Z, d. h. die Menge U (und also 30 auch das Kontinuum C) hat die Mächtigkeit 2^{N_0} und est gilt $N_0 < 2^{N_0}$.

Das Cantorsche Kontinuumproblem betrifft die Frage, ob es zwischen den Mächtigkeiten von Z und von U oder C noch andere Mächtigkeiten gibt oder nicht. Cantor vermutete das letztere. Man kann also die Cantorsche Kontinuumhypothese so formulieren :

HYPOTHESE B. *Eine unendliche Menge von Teilmengen der Zahlenreihe Z ist entweder der Menge Z oder der Menge aller Teilmengen von Z äquivalent.*

Diese Hypothese wurde bisher weder bewiesen noch widerlegt. Da aber die Menge aller Teilmengen von Z eindeutig festgelegt ist, so kann die Hypothese B *nur entweder richtig oder falsch* sein.

Eine *Unabhängigkeit* der Kontinuumhypothese kann sich nur auf Axiome beziehen, welche die Menge U oder das Kontinuum C *nicht vollständig festlegen*. Da sich die obigen Betrachtungen auf die Axiome von PEANO stützen, könnte man wiederum das letzte dieser Axiome, das Induktionsaxiom, weglassen. An die Stelle der natürlichen Zahlenreihe Z kann dann die Zahlenreihe Z_1 treten, die aus Z durch Hinzufügen der Zahlen der zweiten Zahlenklasse entsteht. Die Menge Z_1 ist eindeutig bestimmt, ebenso auch die Menge U_1 aller Teilmengen von Z_1. 31 Oie Mächtigkeit der Menge U_1 ist 2^{N_1} ; sie ist grösser als N_1. Die Hypothese B kann nun auf zwei Arten auf die Zahlenreihe Z_1 übertragen werden :

Entweder macht man die Annahme, dass jede unendliche Menge von Teilmengen der Zahlenreihe Z_1 entweder der Menge Z oder der Menge aller Teilmengen von Z_1 äquivalent ist. Dies ergibt aber eine *falsche* Hypothese, denn man kann auch N_1 Teilmengen von Z_1 angeben und es ist $N_0 < N_1 > {}^2N_1$. Insofern ist also die Kontinuumhypothese 32 von den vier ersten Peanoschen Axiomen unabhängig : man kann sie nicht mit diesen Axiomen allein beweisen.

Oder man macht die Annahme, dass jede *nichtabzählbare* Menge von Teilmengen der Menge Z_1 entweder der Menge Z_1 oder der Menge aller Teilmengen von Z_1 äquivalent ist. Diese Hypothese kann richtig oder falsch sein ; ob das eine oder das andere gilt, ist unbekannt.

4. *Das formale Kontinuum*

Es ist in der formalen Mathematik üblich geworden, nicht beliebige Teilmengen einer Menge (also auch der Zahlenreihe Z) zuzulassen, sondern nur solche, die noch bestimmten Axiomen genügen, insbesondere den Zermelo-Fraenkelschen oder Z-F-Axiomen. Wie man Mengen, welche nur aus Primzahlen bestehen, als Primzahlenmengen bezeichnet, so wird man auch die Mengen, welche den Z-F-Axiomen genügen, zweckmässig als Z-F-Mengen bezeichnen. Dabei ist aber zu beachten, dass die Z-F-Mengen, im Gegensatz zu den Primzahlenmengen, als solche *nicht eindeutig bestimmt* sind. Dies gilt auch dann, wenn man ein Beschränkungsaxiom voraussetzt, nach welchem nur solche Mengen zugelassen werden, welche auf Grund der andern Axiome vorkommen müssen. Das Auswahlaxiom verlangt nämlich, dass von vielen möglichen Auswahlmengen einer Menge wenigstens eine vorkommen muss ; es wird aber nicht gesagt, welche.

Die Gesamtheit der Z-F-Mengen, welche Teilmengen von Z sind, bildet dann in der formalen Mathematik ein *formales Kontinuum*. Es ist, wie schon bemerkt, nicht eindeutig bestimmt. Ausserdem kann man aber zeigen, dass es sich schon in einem abzählbaren Bereich realisieren lässt ; in Wirklichkeit ist es also gar kein Kontinuum. Mit dem Cantorschen Kontinuum hat es jedoch gewisse formale Eigenschaften gemein. Es kann deshalb insofern nützlich sein, als man aus diesen formalen Eigenschaften Sätze herleiten kann, die dann auch für das Cantorsche Kontinuum gelten müssen. In ähnlicher Weise kann man in der « absoluten Geometrie », in welcher das Parallelenaxiom weggelassen wird, Sätze herleiten, welche auch in der euklidischen Geometrie gelten müssen.

Wenn man aber zeigt, dass sich auf formalem Wege gewisse Fragen, wie das Kontinuumproblem, nicht lössen lassen, so kann man nicht schliessen, dass sie sich auf anderem Wege nicht doch lösen lassen. Entsprechend kann man in der absoluten Geometrie nicht zeigen, dass die Winkelsumme im Dreieck zwei Rechte beträgt ; in der euklidischen Geometrie gelingt dies aber.

5. *Modelle*

Um die formale Unabhängigkeit der Kontinuumhypothese zu zeigen, gibt Dana SCOTT [4] ein Modell, in welchem verschiedene Axiome mathematischer und logischer Natur gelten, die für das Kontinuum vorausgesetzt werden. An die Stelle der reellen Zahlen treten Zufallsvariable ; dabei müssen aber auch die logischen Beziehungen, wie etwa die Gleichheit, passend modifiziert werden. Durch diese Axiome ist dann das Kontinuum nicht eindeutig bestimmt, und es gelingt deshalb, ein « formales Kontinuum » hoher Mächtigkeit zu definieren, in welchem die Kontinuumhypothese nicht erfüllt ist.

Es scheint mir, dass sich für dieses Resultat, wenigstens im Prinzip, ein *einfacheres Beispiel* geben lässt :

Den unendlichen Teilmengen T von Z kann man die nichtabbrechenden echten Dualbrüche x zuordnen, indem man die n-te Dualstelle von x gleich 1 oder gleich 0 setzt, je nachdem die Zahl n als Element in T vorkommt oder nicht. Nimmt man zu diesen Teilmengen T noch die leere Menge hinzu, welcher die Zahl $x = 0$ entspricht, so erhält man das beschränkte und abgeschlossene Kontinuum C_0 der reellen Zahlen zwischen 0 und 1, $0 \leq x \leq 1$, das im folgenden an Stelle des Kontinuums C aller reellen Zahlen betrachtet wird. Es kann dies als ein Cantorsches Kontinuum bezeichnet werden ; es ist der Struktur nach vollständig und eindeutig bestimmt. Die Cantorsche Kontinuumhypothese besagt hier, dass jede unendliche Teilmenge von C_0 entweder abzählbar oder dem Kontinuum C_0 äquivalent ist. Diese Hypothese kann nur richtig oder falsch sein.

Man betrachte nun die Zahlenreihe Z_1, die man wie oben aus Z erhält, indem man zu den natürlichen Zahlen noch die Zahlen der zweiten Zahlenklasse hinzufügt. Z ist als « Folge » vom Typus ω, Z_1 als « Hyperfolge » vom Typus Ω wohlgeordnet. Z_1 kann auch als Hyperfolge von Folgen $F\nu$ dargestellt werden, wobei ν die Zahlen von Z_1 durchläuft und die Anfangszahlen der Folgen $F\nu$ die Zahl 1 und die Limeszahlen von Z_1 sind.

Als Teilmengen T von Z_1 nehme man nun nur solche Teilmengen von Z_1, welche mit jeder der eben genannten Folgen Fν entweder unendlich viele Elemente oder aber kein Element gemeinsam haben.

Jeder solchen Teilmenge T wird eine « Dualhyperfolge » oder « Hyperzahl » ξ zugeordnet, deren α-te Stelle gleich 1 oder gleich 0 ist, je nachdem die Zahl α von Z_1 in T als Element vorkommt oder nicht. Diese Hyperzahlen ξ bilden, wenn man noch die Rechenregeln passend festsetzt, ein « Hyperkontinuum » C_1.

Die Rechenregeln für die Hyperzahlen seien so festgesetzt, dass sie für jede einzelne der Folgen Fν das im Kontinuum C_0 geltende ergeben. Man erhält also das Produkt $\xi\pi$ von ξ und π, indem man für jede der Folgen Fν die entsprechenden Dualfolgen von ξ und π als Dualbrüche multipliziert, und die Summe $\xi + \pi$ (mod 1), indem man diese Dualbrüche addiert und die Summe mod 1 reduziert. Dabei soll aber jeweils die Zahl 1 nicht auf 0 reduziert werden. Es ist also z. B.

$$0,0111... + 0,0111... = 0,111... = 1, \text{ aber}$$
$$0,0111... + 0,10111... = 0,00111... \pmod 1.$$

Zusammengenommen für alle Fν erhält man $\xi\pi$ und $\xi + \pi$ (mod 1) wiederum als Dualhyperfolgen und damit als Hyperzahlen.

Die Hyperzahlen sind einfach geordnet : Es gilt $\xi < \pi$, wenn an der ersten Dualstelle, an der sich ξ von π unterscheidet, in ξ eine 0 und in π eine 1 steht.

Im Hyperkontinuum $0 \leq \xi \leq 1$ gilt auch der *Satz von der oberen Grenze* :

Zu jeder nichtleeren Menge M von Hyperzahlen gibt es eine *kleinste* Hyperzahl δ derart, dass $\delta \geq \mu$ gilt für alle $\mu\varepsilon$ M.   33

Die nichtleere Menge M sei gegeben. Da die Hyperzahlen ξ einfach geordnet sind, lassen sie sich in zwei Klassen I und II einteilen, derart, dass für alle ξ_{II} der Klasse II gilt

$$\xi_{II} \geq \text{ für alle } \mu\varepsilon \text{ M,}$$ 34

während für jedes ξ_I der Klasse I gilt

$$\xi_I < \mu \text{ für ein passendes } \mu\varepsilon \text{ M.}$$ 35

Es ist jedes ξ_I kleiner als jedes ξ_{II}. Ist die Klasse I leer, so ist $\delta = 0$ und die Menge M besteht lediglich aus der Hyperzahl 0. Die Klasse II enthält zum mindesten die Hyperzahl 1, die durch eine Hyperfolge von lauter Einsen dargestellt wird. Es ist zu zeigen, dass es unter den Hyperzahlen ξ_{II} eine kleinste gibt.

Jede Hyperzahl ξ ist als Dualhyperfolge aus N_1 Dualfolgen xν 36 zusammengesetzt, die den Folgen Fν zugeordnet sind. Für $\nu = 1$ lassen

sich die zu F_1 gehörenden Dualfolgen x_1 ebenfalls in zwei Klassen I und II einteilen, nämlich so, dass x_1 genau dann zur Klasse II gehört, wenn es eine zur Klasse II gehörende Hyperzahl ξ_{II} gibt, die mit der Folge x_1 beginnt. In dem der Folge F_1 zugeordneten Kontinuum der Zahlen x_1 ergibt sich damit ein Schnitt g_1 als kleinste der zur Klasse II gehörenden Zahlen x_1. Der Schnitt g_1 kann nämlich nicht zur Klasse I gehören, denn sonst müsste auch die Hyperzahl ξ, welche mit g_1 beginnt und sonst lauter Einsen enthält, zur Klasse I gehören. Dann würde es
37 aber ein $\mu\varepsilon$ M geben mit einer Anfangsfolge $x_1 > g_1$. Dies widerspricht der Definition von g_1.

Es gibt also Hyperzahlen ξ_{II} mit der Anfangsfolge g_1. Diese liefern in derselben Weise unter allen zur Folge F_2 gehörenden Dualfolgen x_2 einen Schnitt g_2 als kleinste der Zahlen x_2, für welche es Hyperzahlen ξ_{II} gibt, die mit den Folgen $g_1 x_2$ beginnen. Es seien in dieser Weise schon die Zahlen $g\nu$ bestimmt für alle $\nu < \alpha$. Auch wenn α eine Limes-
38 zahl ist, muss es Hyperzahlen ξ_{II} geben, die mit diesen Folgen $g\nu$ beginnen ; dies schliesst man wie oben. Dann gibt es aber auch in dem zu $F\alpha$ gehörenden Kontinuum der Zahlen $x\alpha$ einen Schnitt $g\alpha$ als kleinste der Zahlen $x\alpha$, die zusammen mit den vorangehenden Folgen $g\nu$ ($\nu < \alpha$) zu einer Hyperzahl ξ_{II} gehören. Durch transfinite Induktion erhält man
39 so alle $g\alpha$ mit $\alpha\varepsilon$ Z_1, und diese ergeben zusammen die gesuchte Hyperzahl δ. Dass δ die gewünschte Eigenschaft besitzt, ist leicht einzusehen.

So sind also für das Hyperkontinuum C_1 wichtige Gesetze des Kontinuums erfüllt. Allerdings gelten nicht alle Gesetze des Cantorschen Kontinuums, sonst wäre es ja mit diesem identisch. Es gibt z. B. in C_1 Nullteiler, also von Null verschiedene Hyperzahlen, deren Produkt gleich Null ist. Dies wird in dem Beispiel von D. Scott vermieden.

Die Kontinuumhypothese ist für C_1 nicht erfüllt, d. h. es gibt unendliche Teilmengen von C_1, die weder abzählbar noch äquivalent C_1 sind. C_1 selbst hat die Mächtigkeit $^2N_1$. Eine Teilmenge von der Mächtigkeit N_1 erhält man, wenn man alle Dualhyperfolgen nimmt, welche nur bei je einer Limeszahl von Z_1 eine Null aufweisen. Es ist aber $N_0 < N_1 <$
40 $^2N_1$. Man kann auch eine Teilmenge von der Mächtigkeit $^2N_0$ erhalten. indem man den natürlichen Zahlen in beliebiger Weise unendlich viele Einsen und sonst Nullen zuordnet, und den übrigen Zahlen von Z_1 lauter Einsen.

Es ist wohl anzunehmen, dass sich dieses Beispiel auch formal darstellen lässt. Ob dabei das neue « Kontinuum » in einem übertragenen
41 Sinn die Mächtigkeit $^2N_0$ erhält, kann ich nicht sagen ; dieser Punkt ist auch in der Arbeit von D. Scott nicht ausgeführt.

6. Die Widerspruchsfreiheit

Es fällt auf, dass wichtige Resultate der formalen Mathematik, so auch der Satz über die Unabhängigkeit der Kontinuumhypothese, an die Voraussetzung geknüpft sind, dass die zugrundeliegenden Axiomensysteme, insbesondere die Z-F-Axiome, widerspruchsfrei sind. Wenn man aber nicht weiss, ob diese Voraussetzung erfüllt ist, dann weiss man auch nicht, ob die Folgerungen stimmen ; man erhält nur hypothetische Resultate.

Weshalb führt man schwierige Beweise durch, wenn man zum Schluss doch nicht weiss, ob das Resultat richtig ist ? Manche meinen wohl, die Widerspruchsfreiheit der Z-F-Axiome sei, auch wenn sie nicht bewiesen wird (oder formal gar nicht beweisbar ist), doch als sicher erfüllt anzunehmen, und deshalb hätten die Beweise doch einen Wert. Insbesondere sei es gar nicht anders denkbar, als dass es zu jeder natürlichen Zahl eine folgende gibt ; eine grösste könne es doch nicht geben. Dem ist aber entgegenzuhalten, dass diese Ueberlegung bei den Ordnungszahlen nicht stimmt. Wenn man anstatt zu jeder Zahl zu jeder Zahlenreihe eine folgende Zahl postuliert, erhält man einen Widerspruch. Unter den Ordnungszahlen gibt es tatsächlich eine grösste. Nun wird man erwidern, dieser Fall sei eben komplizierter, bei den natürlichen Zahlen gehe das nicht. Wenn dies aber sicher ist, dann muss man es auch beweisen können ; an sich selbstverständlich ist das Unendliche nicht. Wenn man den Beweis versucht, dann sieht man, welche Voraussetzungen dafür notwendig sind und wo die Schwierigkeiten liegen.

Man stelle sich jemand vor, der behauptet, ein Dreieck mit 3 rechten Winkeln sei nicht denkbar. Sagt man ihm, auf einer Kugel gibt es das aber, dann wird er antworten, das ist komplizierter, in der Ebene geht das nicht. Wenn er sicher ist, dass das nicht geht, dann sollte er es beweisen können. Er würde dann sehen, welche Voraussetzungen dafür notwendig sind, und würde finden, dass es in der Ebene doch auch eine « elliptische Geometrie » gibt, in der solche Dreiecke vorkommen.

Bei der Kontinuumhypothese kann man nicht verlangen, man müsse sie beweisen können. Man weiss ja gar nicht, ob sie stimmt, und wird dies deshalb ohne Beweis auch nicht mit Sicherheit behaupten wollen. Ebenso, wie es zwischen den Mächtigkeiten 2 und 2^2 noch die Mächtigkeit 3 gibt, könnte es auch zwischen den Mächtigkeiten N_0 und $^2N_\theta$ noch 42 die Mächtigkeit N_1 geben. Das ist eine offene Frage.

Wenn man aber behauptet, dass es unendliche viele Zahlen gibt, dann muss man das beweisen. Ein blosser Glaube kann einen Beweis nicht ersetzen. Wenn aber ein Beweis vorgelegt wird, dann sollte man ihn ernsthaft prüfen und nicht einfach zum voraus ablehnen. Weshalb lässt man « inhaltliche » Schlüsse nicht zu ?

Ist es nicht schöner und einfacher, sagen zu können : Es gibt unendlich viele Primzahlen, als etwa sagen zu müssen : Man kann zeigen, dass es, falls die Z-F-Axiome widerspruchsfrei sind, unendlich viele Primzahlen gibt ?

P. Finsler
Zürichbergstr. 132
8044 Zürich

LITERATUR :

[1] Cohen, Paul J., *The independence of the continuum hypothesis* I and II, Proc. Nat. Acad. Sci. U.S.A., *50* (1963) 1143-1148, *51* (1964) 105-110.

[2] Landau, Edmund, *Grundlagen der Analysis* (Akademische Verlagsgesellschaft, Leipzig 1930).

[3] Finsler, Paul, *Die Unendlichkeit der Zahlenreihe*, Elemente der Mathematik 9 (1954) 29-35.

[4] Scott, Dana, *A proof of the independence of the continuum hypothesis*, (Stanford University 1966).

ANHANG

1/26 * Hier findet sich von FINSLERS Hand die Korrektur „Das System dieser Dinge, deren Existenz lediglich in ihrer [statt: „der"] Widerspruchsfreiheit [gestrichen: „des Axiomensystemes"] begründet ist . . ." (vgl. S. XV).

2/30 Dazu liegt die eigenhändige Korrektur vor, deren Wortlaut sich auf S. 53 in der Fußnote findet.

3/31 Siehe auch *16* S. 187 Abschn. 22.

4/32 Handschriftlicher Zusatz (nach „Grundsysteme") „also vollst.[ändige] Syst.[eme]!"

5/33 Handschriftlicher Zusatz „M" nach „Menge".

6/36 Die Fußnote ist handschriftlich erweitert zu „Vgl. die in Anm. 5 zitierte Arbeit".

7/43 Handschriftlich ergänzt „z. B. [Figur], wobei jede Menge M_n jeweils n Elemente hat".

Die Figur:

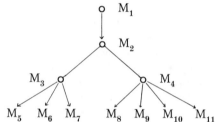

8/46 Handschriftlicher Zusatz: „3. Aufl. 355/6."

9/46 Berichtigung: es muß Satz 19 [statt 18] heißen.

10/47 Betreffend Axiom VII von ZERMELO vergleiche S. 76 und Fußnote 6 daselbst.

11/58 Handschriftlicher Zusatz: je vor „Kurz" bzw. „Dreisilbig" hinzugefügt „Das Wort", so daß die Stelle lautet: Wenn die Prädikationen „Das Wort Kurz ist kurz" und „Das Wort Dreisilbig ist dreisilbig" . . .

12/67 LIPS zitiert (frei doch in Anführungszeichen) die Stelle S. 58 Mitte: „Wenn die Prädikationen . . ."

13/90 Hier beantwortet FINSLER eine Reihe von Einwänden, welche bei den Besprechungen, hauptsächlich von P. BERNAYS, erhoben wurden. Wir geben sie auf deutsch und im Zusammenhang wieder, weil sie wohl jedem, der FINSLER studiert, begegnen, und so die Beantwortung leichter auffindbar ist.

---

* Die halbfette Ziffer vor dem Querstrich bezeichnet die — im Buch am Rand angegebene — Marginalziffer. Hinter dem Querstrich ist die Seitenzahl der vorliegenden Veröffentlichung angegeben.

Die vorgelegte Theorie stützt sich auf eine bestimmte philosophische Grundhaltung . . .

Die Begründung, die zu dem Beispiel einer formal widerspruchsfreien Aussage führt, welche aber falsch ist, muß zurückgewiesen werden, denn sie ist offensichtlich verwandt mit der RICHARDschen Paradoxie.

Was soll eigentlich „evident" heißen?

D a r f man den Begriff der Menge durch Axiome festlegen?

Einwendungen gegen das Axiom der Vollständigkeit sind bereits in verschiedener Form erhoben worden; wenn man sich die Mengen alle einzeln gegeben denkt, warum darf man dann nicht noch weitere hinzufügen? Warum nimmt man nicht eine wirkliche Totalmenge, die neben den neuen Dingen, von denen schon die Rede war, auch alles enthält, was man sich noch vorstellen könnte?

Noch nicht erwähnt worden ist die Zerfällung der Mengen in die zirkelhaften und die zirkelfreien Mengen.

Verschiedene Einwände sind schon vorher durch Herrn SKOLEM erhoben worden.

Die Überlegung, welche die Menge M betrifft, für die das Auswahlaxiom ungültig ist, sollte eher als eine Plausibilitätsbetrachtung denn als ein Beweis angesehen werden.

In den gewöhnlichen Systemen der Mengenlehre wird die Bildung der weiter oben betrachteten Menge M ausgeschlossen.

14/99   FINSLERS philosophische Haltung ist nur in bezug auf die Mathematik aus seinen Schriften festzustellen. Da aber ist sie kompromißlose Forderung der Anerkennung der natürlichen Logik, welche er nicht einmal explizit formuliert, weil sie ihm in ihrer überlieferten Form völlig ausreicht, um die vermeintlichen „inneren Widersprüche" als gewöhnliche Verstöße gegen die Logik nachzuweisen.

15/99   Eine Überlegung, die zu einem Widerspruch führt, ist nach FINSLER nicht haltbar. Sie enthält f a l s c h e   A n n a h m e n oder D e n k f e h l e r. Erstere werden bekanntlich auch absichtlich — beim indirekten Beweis — benützt, indem sich die falsche Annahme eben als widerlegt und damit der zur Rede stehende Satz als bewiesen erweist. Letztere, die Denkfehler, sind nach ihm die alleinigen Ursachen der Antinomien.

16/100 Der Hinweis darauf, daß jede Behauptung den Sinn hat, daß das, was behauptet wird, wahr sein soll, ist charakteristisch für FINSLERS „inhaltliche Überlegungen" (vergleiche auch S. 97 oben).

17/126 Inhaltliches Denken im Sinn von S. 107, letzter Absatz: ein Denken, welches sich nicht auf rein formale Darstellungen beschränkt.

Die Ausdrücke „das inhaltliche logische Schließen", „die inhaltlichen Sätze der Zahlentheorie", „das inhaltliche Schließen wird also durch ein äußeres Handeln nach Regeln ersetzt" stammen von D. HILBERT aus dem Vortrag „Über das Unendliche" (Math. Ann. 95, 1925, S. 163 ff.).

18/127 Die Formulierungen der Axiome sind gegenüber der „Grundlegung" 4 geändert. Das Isomorphie-Axiom ist ersetzt durch die Wendung „sind identisch immer, wenn möglich" und die Forderung der Nichterweiterbarkeit des Systems der Dinge, welche den Axiomen 1 und 2 gehorchen, ist durch eine Art Existenzaxiom ersetzt: „ist Menge immer, wenn möglich". Diese Formulierung wird auch später z. B. in *13* beibehalten.

Eine Erläuterung der Wendung „immer, wenn möglich" findet sich auf S. 141.

19/131   Hier tritt zum erstenmal die Kurzform auf: „nur, wenn notwendig". Das gleich darauf folgende Beispiel eines Dinges x, welches sein eigener Vorgänger ist, erläutert zugleich den Gebrauch und auch die Bedeutung dieses Gedankens. Ein solches Ding könnte mit den Axiomen 1 und 2 verträglich sein, f o l g t aber nicht aus 1 und 2 und ist daher keine Zahl.

20/134   Auch hier (vgl. Marginalziffer 19) eine Abweichung von *4* in der Definition: Im Teil I ist nicht von den in der betreffenden Menge w e s e n t l i c h e n Mengen die Rede; es wird lediglich gefordert, daß ihre Elemente z-frei sind; im Teil II tritt wiederum die Wendung auf „nur, wenn notwendig". — Das bringt eine gewisse Vereinfachung mit sich: es kann an dieser Stelle auf die Verwendung des tiefer liegenden Begriffes der in einer Menge wesentlichen Mengen verzichtet werden, um zu dem Satz zu kommen (S. 135, oben), daß eine sich selbst enthaltende Menge notwendig zirkelhaft ist.

21/135   Im Sinn des schon mehrfach erwähnten „inhaltlichen Denkens" bedeutet dieses Bild, daß man das Unendliche, auch nur der natürlichen Zahlen, nur durch ein neues Element (den Zirkel, der in der Begriffsbestimmung „zirkelfrei" liegt) erhält. Diese Charakterisierung ist nicht identisch mit der früheren, der nicht-Formalisierbarkeit, geht aber in dieselbe Richtung.

22/141   Die „inhaltliche Logik" nimmt die Identität nicht als eine Beziehung, welche durch die formale Beschreibung hinlänglich charakterisiert ist, sondern im naiven und ursprünglichen Sinn, daß gewisse Beschreibungen auf ein und dasselbe Ding hinweisen.

23/153   In der auf S. 150 erwähnten Arbeit von W. ACKERMANN wird im Grundsatz 1 die „Gesamtheit" eingeführt; im Grundsatz 2, daß Gesamtheiten mit den gleichen Elementen identisch sein sollen und im Grundsatz 3, daß nicht jede Gesamtheit von Mengen eine Menge ist. Die nähere Erläuterung auf S. 337 (l. c.) ähnelt einer Art Umschreibung des zirkelfrei-Seins: „Die zu der Gesamtheit gehörende Eigenschaft $\mathfrak{A}(x)$ muß so sein, daß sie sich bei ihrer Definition nicht auf die Eigenschaft 'ist Menge' bezieht . . ." — Im Sinne FINSLERS ist dies allerdings nicht die Einführung des Begriffes „zirkelfrei", sondern das Verbot von imprädikativen Definitionen wie seit RUSSELL üblich, nur in neuer Form. FINSLER geht nicht darauf ein, sondern auf anderes, s. S. 156.

24/155   FINSLER formuliert seinen „Platonismus" jedenfalls nicht transzendentalistisch, wie immer er da sonst denkt.

25/158   Auch hier geht es um den Unterschied zwischen dem intuitiv gefaßten Namen Gesamtheit für die vielen Dinge, gegenüber dem mathematisierbaren Begriff „Menge". (Siehe S. XII, unten).

26/164   Im Anschluß an diese Arbeit und *17* „Zur Goldbachschen Vermutung" vgl. GUERINO MAZZOLA „Finslersche Zahlen" in Comm. Math. Helv. Vol. 44 Fasc. 4, 1969 S. 495—501; „Der Satz von der Zerlegung Finslerscher Zahlen in Primfaktoren" in Math. Ann. 195, 227—244 (1972); „Diophantische Gleichungen und die universelle Eigenschaft Finslerscher Zahlen" in Math. Ann. 202, 137—148 (1973).

27/170   Vgl. Fußnote 3 auf S. 223.

28/225   Diese Arbeit ist im Gegensatz zu den anderen überaus sorgfältig edierten Arbeiten von FINSLER mit mehr Druckfehlern behaftet. Es scheint, daß es ihm nicht mehr möglich war, sie zu korrigieren.

29/230   „N_Θ" statt N_0; von jetzt ab wird dieser mehrere Male wiederkehrende Fehler nur durch die Angabe N_Θ korrigiert.

30/230   am Ende der Zeile: „es gilt $N_\Theta < {}^2N_\Theta$"

31/230   „Die"

32/231   „$N_\Theta < N_1 < {}^2N_1$"

33/233   „$\mu \varepsilon M$" [statt $\mu\varepsilon M$]

34/233   „$\xi_{II} \geq \mu$ für alle $\mu \varepsilon M$"

35/233   „$\mu \varepsilon M$"

36/233   „$\varkappa_\nu$", nächste Zeile: „F_ν"

37/234   „$\mu \varepsilon M$"

38/234   „g_ν", und sinngemäß weiter unten

39/234   „g_α mit $\alpha \varepsilon Z_1$"

40/234   „$N_\Theta < N_1$", und folgende Zeile am Ende: „${}^2N_\Theta$"

41/234   „${}^2N_\Theta$"

42/235   „N_Θ und ${}^2N_\Theta$"

Literatur (des Vorwortes)

[1] N. BOURBAKI, *Elemente der Mathematikgeschichte*, Göttingen 1971
  —, *Élements d'histoire des mathématiques*, deuxième édition, Paris 1969 p. 49
  Die in [1] erwähnte Briefstelle findet sich in dem Neudruck (Hildesheim 1966) auf S. 443 von *Gesammelte Abhandlungen* von G. CANTOR hrsg von E. ZERMELO.

[2] A. N. WHITEHEAD and B. A. RUSSELL, *Principia Mathematica* 3 vol. 2nd edition Cambridge 1925—27 Vol. I p. 37
  "Whatever involves *all* of a collection must not be one of the collection"; or, conversely: "If, provided a certain collection had a total, it would have members only derivable in terms of the total, then the said collection has no total."

VERZEICHNIS DER SCHRIFTEN VON PAUL FINSLER

Über Kurven und Flächen in allgemeinen Räumen. Diss. Göttingen 1918.

Gibt es Widersprüche in der Mathematik? Jber. Deutsche Math.-Ver. *34*, 143—155 (1925).

Formale Beweise und die Entscheidbarkeit. Math. Z. *25*, 676—682 (1926), 319—320.

Über die Grundlegung der Mengenlehre. Erster Teil. Die Mengen und ihre Axiome. Math. Z. *25*, 683—713 (1926).

Formes quadratiques et variétés algébriques. Enseignement math. *26* (1927).

Quadratische Formen und algebraische Gebilde. Verh. Schweiz. Naturforsch. Ges. *108*, 88 (1927).

(mit H. LIPPS) Über die Lösung von Paradoxien. Phil. Anzeiger *2*, 183—203 (1927).

Erwiderung auf die vorstehende Note des Herrn R. Baer. Math. Z. *27*, 540—542 (1928).

Über algebraische Gebilde. Math. Ann. *101*, 284—292 (1929).

Die Existenz der Zahlenreihe und des Kontinuums. Comment. Math. Helv. *5*, 88—94 (1933).

Nachrichten über den Sternschnuppenfall vom 9./10. '33. Astronom. Nachr. *250*, 173—174 (1933).

Über eine Klasse algebraischer Gebilde (Freigebilde). Comment. Math. Helv. *9*, 172—187 (1936/37), (Zbl. 16, 221).

Über das Vorkommen definiter und semidefiniter Formen in Scharen quadratischer Formen. Comment. Math. Helv. *9*, 187—192 (1936/37). (Zbl. 16, 199).

Einige elementargeometrische Näherungskonstruktionen. Comment. Math. Helv. *10*, 243 bis 262 (1937/38). (Zbl. 18, 268).

(mit H. HADWIGER) Einige Relationen im Dreieck. Comment. Math. Helv. *10*, 316—326 (1937/38). (Zbl. 19, 134).

A propos de la discussion sur les fondements des mathématiques. Extrait du « Les entretiens de Zürich sur les fondements et la méthode des sciences mathématiques, 6—9 décembre 1938 », pp. 162—180. (MR 2, 339).

Über Freisysteme (lineare Freigebilde). Comment. Math. Helv. *11*, 62—76 (1938/39). (Zbl. 19, 325).

Über die Darstellung und Anzahl der Freisysteme und Freigebilde. Monatsh. Math. Phys. *48*, 433—447 (1939). (Zbl. 22, 78; MR 1, 168).

Die eindimensionalen Freigebilde. Comment. Math. Helv. *12*, 254—262 (1939/40). (Zbl. 23, 160; MR 2, 138).

Über eine Verallgemeinerung des Satzes von Meusnier. Vierteljschr. Naturforsch. Ges. Zürich *85*, 155—164 (1940). (Zbl. 23, 268; MR 2, 304).

Über die Krümmungen der Kurven und Flächen. Reale Accademia d'Italia, Fondazione Alessandro Volta, Atti dei Convegni *9*, 463—478 (1939). Rom 1943. (MR 12, 54).

Reelle Freigebilde. Comment. Math. Helv. *16*, 73—80 (1943/44). (Zbl. 28, 303; MR 6, 18).

Gibt es unentscheidbare Sätze? Comment. Math. Helv. *16*, 310—320 (1943/44). (MR 6, 197).

Über die Primzahlen zwischen *n* und 2*n*. Festschrift zum 60. Geburtstag von Prof. Dr. Andreas Speiser. Zürich: Orell Füssli Verlag, 1945, 1—5. (MR 7, 243).

Über die Wahrscheinlichkeit seltener Erscheinungen. Experientia *1*, 56—57 (1945). (Zbl. 60, 286; MR 7, 310).

Über die Faktorzerlegung natürlicher Zahlen. El. Math. *2*, 1—11 (1947). (MR 8, 440).

Über die mathematische Wahrscheinlichkeit. El. Math. *2*, 108—114 (1947). (MR 9, 323).

Eine transfinite Folge arithmetischer Operationen. Comment. Math. Helv. *25*, 75—90 (1951). (Zbl. 42, 280; MR 13, 120).

Über Kurven und Flächen in allgemeinen Räumen. Unveränderter Neudruck der Dissertation von 1918. Mit ausführlichem Literaturverzeichnis von H. Schubert. Basel: Birkhäuser Verlag, 1951. 160 S. (Zbl. 44, 370—371; MR 13, 74).

Über die Berechtigung infinitesimalgeometrischer Betrachtungen. Convegno Internazionale di Geometria Differenziale, Italia, 1953, p. 8—12. (Zbl. 56, 384; MR 16, 3).

Die Unendlichkeit der Zahlenreihe. El. Math. *9*, 29—35 (1954). (Zbl. 55, 46; MR 15, 670).

Der platonische Standpunkt in der Mathematik. Dialectica *10*, 250—277 (1956).

Vom Leben nach dem Tode. 121. Neujahrsblatt zum Besten des Waisenhauses Zürich für 1958.

Näherungskonstruktionen für den Kreisumfang. El. Math. *14*, 121—123 (1959). (Zbl. 89, 372; MR 23, A 541).

Die Wahrscheinlichkeit seltener Erscheinungen. Ann. Mat. Pura Appl. (4), *54*, 311—323 (1961). (Zbl. 98, 326; MR 24, A 2458).

Totalendliche Mengen. Vierteljschr. Naturforsch. Ges. Zürich *108*, 142—152 (1963). (MR 37, 6189).

Über die Grundlegung der Mengenlehre. Zweiter Teil. Verteidigung. Comment. Math. Helv. *38*, 172—218 (1964). (MR 32, 1126).

Zur Goldbachschen Vermutung. El. Math. *20*, 121—122 (1965). (MR 32, 7528).

Über die Unabhängigkeit der Kontinuumshypothese. Dialectica *23*, 67—78 (1969, I) (erschienen anfangs 1970).

Vortrag:

G. BALASTÈR, Das Kontinuumproblem. Bericht über einen Vortrag von P. Finsler im Math. Kolloquium Winterthur vom 6. 3. 1950. El. Math. *5*, 63—65 (1950).